초보자를 위한
건축기계설비적산

박 률·박종일
성순경·강기호 공저

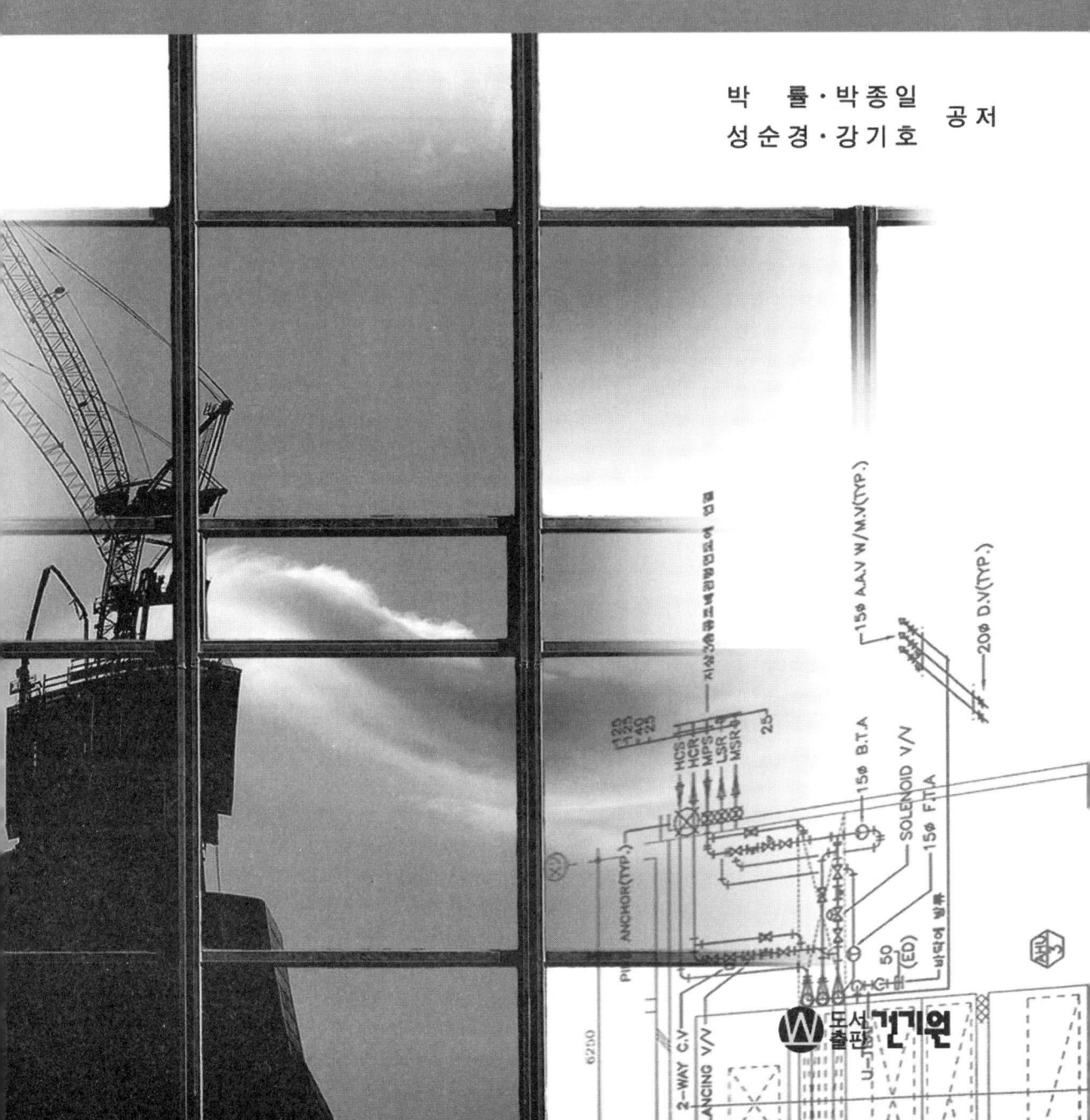

저자 약력

■ 박 률 ■
- 공학박사 / 건축기계설비기술사
- 기술사사무소 한길 근무
- 창신대학 건축설비과 교수
- 현 동의대학교 건축설비공학과 교수
- 저서 및 역서

  『건축설비제도』(태훈출판사, 1997)
  『건축환경공학』(시그마프레스, 1999)
  『건축설비재료』(세진사, 2002)

■ 박종일 ■
- 공학박사 / 건축기계설비기술사
- 한진중공업 건설부문 근무
- 생산기술연구원 근무
- 현 동의대학교 건축설비공학과 교수
- 저서

  『건축설비설계』(세진사, 1994)
  『건축설비 갱신과 진단』(건기원, 1999)
  『TAB의 이론과 실제』(기문당, 2000)
  『공기조화설비』(건기원, 2003)

■ 성 순 경 ■
- 공학박사
- 현 가천대학교 설비·소방공학과 교수
- 저서

  『공업열역학』(사이텍미디어, 1998)
  『설비자동제어』(건기원, 1999)
  『난방시스템』(세진사, 2007)

■ 강 기 호 ■
- 공학학사 / 건축기계설비기술사
- 선진엔지니어링 근무
- 삼영설비 근무
- 건설기술교육원 강사
- 유한대학 겸임 교수
- 현 한국설비연구주식회사 대표
- 저서

  『건축설비계획공저』(문운당, 1997)

초보자를 위한 건축기계설비적산   정가 25,000원

- 공 저 자   박   률·박 종 일
             성 순 경·강 기 호
- 발 행 인   차   승   녀

- 2004년 6월 20일   제1판   제1인쇄발행
- 2006년 3월 31일   제2판   제1인쇄발행
- 2010년 8월 16일   제3판   제1인쇄발행
- 2014년 3월 25일   제4판   제1인쇄발행
- 2017년 9월 20일   제4판   제2인쇄발행
- 2019년 8월 20일   개정1판 제1인쇄발행
- 2022년 9월 5일   개정1판 제2인쇄발행

도서출판 건기원
(등록 : 제11-162호, 1998. 11. 24)

경기도 파주시 연다산길 244 (연다산동 186-16)
TEL : (02)2662-1874~5   FAX : (02)2665-8281

★ 건기원은 여러분을 책의 주인공으로 만들어 드리며 출판 윤리 강령을 준수합니다.
★ 본 교재를 복제·변형하여 판매·배포·전송하는 일체의 행위를 금하며, 이를 위반할 경우 저작권법 등에 따라 처벌받을 수 있습니다.

ISBN 979-11-5767-415-2   13540

Preface

머리말

건/축/기/계/설/비/적/산

    건축기계설비 분야의 적산은 설계도면을 바탕으로 시방서, 표준품셈, 자재 및 노임 단가 등을 참조하여 공사비를 산출하는 일련의 과정이기에 표면상으로는 타 분야에 비해 그 작업과정이 용이한 것처럼 보일 수 있다. 그러나 정확한 적산업무를 수행하기 위해서는 건축기계설비 시스템에 대해 충분한 이해가 선행되어야 하며, 2차원으로 설계되어진 도면을 3차원으로 볼 수 있는 능력도 겸비하고 있어야 한다. 또한 물량 산출 과정에서는 도면에 세부적으로 표시되지 않는 부속류들을 빠짐없이 산출하여야 할 뿐만 아니라 일위대가표를 작성 시에는 상세도의 세부 내용에 대해서도 숙지하고 있어야 한다.

    물론 학생 및 초보 기술자에게는 적산이 쉬운 분야는 아니지만, 체계적인 학습 및 반복 작업을 통해 단기간에 어느 정도 습득이 가능하리라 본다. 이를 위해서는 교사의 능력 못지않게 초보자와 공유할 수 있는 생동감 있는 교재가 동반되어야 한다. 하지만 출판된 참고 서적이 아직 부족한 점이 있는 거 같아 교육자로서, 건축기계설비 기술자로서 이를 해결해야 할 책임감을 통감하며 부족하지만 집필하기로 결정하였다.

    본서를 집필함에 있어 초급자의 눈높이와 현장 실무를 최대한 반영하고자 노력하였으며, 표준품셈 및 관련법규는 2018년도를 기준으로 수록하였다. 특히 조달청에서 시행하고 있는 건축기계설비 분야의 적산 작업 간소화 및 표준화 방안을 반영하였다. 또한 학습 효과를 높이기 위해 각 장별로 적산 과정 및 방법을 우선 설명하고 참고도면을 바탕으로 예제를 서술하였으며, 본서만으로 실습이 가능하도록 구성하였다.

    아직 부족하지만 본서를 통해 건축기계설비적산을 공부하고자 하는 학생과 기술자들에게 많은 도움이 되길 바라며, 건축설비업계의 발전에 조금이나마 도움이 될 수 있는 교재가 될 수 있도록 선배 동료 여러분의 지도편달을 아울러 부탁드린다.

    끝으로 본서가 발행되기까지 많은 격려와 지도를 해 주신 재직대학 동료 교수님, 아낌없이 자료를 지원해 주신 기술사사무소 중앙을 비롯한 관련 회사, 본 교재의 제작에 많은 노력을 해 주신 도서출판 건기원에 감사드립니다.

2019년 5월
저자

차 례

CHAPTER 01 개 론

□ 1 적산의 개요 ··· 15
    1-1 적산의 정의   15
    1-2 적산의 중요성   15
    1-3 설비적산의 특징   16

□ 2 적산의 종류 ··· 18
    2-1 발주자의 적산   18
    2-2 수주자의 적산   18
    2-3 상세 및 개산 적산   20
    2-4 법적 기준에 의한 방법   22

□ 3 적산 방법 및 순서 ·· 27
    3-1 적산범위와 관련 공사   27
    3-2 적산 순서   33
    3-3 견적 시 주의사항   38
    3-4 표준품셈의 적산기준   40
    3-5 주요자재와 자재단가   45

□ 4 공사비의 구성 ·· 46
    4-1 재료비   47
    4-2 노무비   48
    4-3 경 비   48
    4-4 일반관리비   52
    4-5 이 윤   53
    4-6 부 금   53

CHAPTER 02 보온 공사

□ 1 일반 사항 ·· 57
    1-1 보온재료　　　　　　　　　　　57
    1-2 보온두께　　　　　　　　　　　61
    1-3 보온공사 방법　　　　　　　　　65
    1-4 적산 방법　　　　　　　　　　　71

□ 2 표준품셈 ·· 72
    2-1 배관보온　　　　　　　　　　　72
    2-2 덕트보온　　　　　　　　　　　77

□ 3 일위대가표 작성 ·· 77
    3-1 관보온　　　　　　　　　　　　77
    3-2 덕트보온　　　　　　　　　　　82

CHAPTER 03 도장 및 방청 공사

□ 1 일반 사항 ·· 85
    1-1 도료의 종류와 용도　　　　　　85
    1-2 도장시공 방법　　　　　　　　　87
    1-3 적산 방법　　　　　　　　　　　89

건·축·기·계·설·비·적·산

□ 2 표준품셈 ·· 89

□ 3 일위대가표 작성 ··· 94

CHAPTER 04 용접 공사

□ 1 일반 사항 ·· 99

   1-1 대상과 시공방법   99
   1-2 적산 방법   99

□ 2 표준품셈 ·· 100

   2-1 플랜트설비공사   100
   2-2 기계설비공사   108

□ 3 일위대가표 작성 ··· 111

   3-1 강관 및 강판 절단   111
   3-2 강관 및 강판 용접   112
   3-3 동관 및 스테인리스강관 용접   113
   3-4 잡철물 제작 및 설치   114

CHAPTER 05 배관 관련 공사

- □ 1 일반 사항 ··· 117
  - 1-1 배관계통의 분류   117
  - 1-2 배관재료   117
  - 1-3 배관 이음쇠   122
  - 1-4 밸브류   134

- □ 2 적산 방법 ··· 136
  - 2-1 관이음   136
  - 2-2 관지지   138
  - 2-3 터파기 및 되메우기   140

- □ 3 배관 관련 공사의 표준품셈 ···································· 141
  - 3-1 슬리브 설치   141
  - 3-2 강관 배관   141
  - 3-3 동관 배관   143
  - 3-4 스테인리스강관 배관   143
  - 3-5 주철관   145
  - 3-6 경질관 배관   146
  - 3-7 폴리부틸렌(PB)관   147
  - 3-8 가교화 폴리에틸렌관   147
  - 3-9 일반밸브 및 콕류 설치   148
  - 3-10 감압밸브장치   148
  - 3-11 스팀트랩장치   148
  - 3-12 수격방지기 설치   149
  - 3-13 유량계 설치   149

3-14	적산열량계	150
3-15	신축이음	151
3-16	온수분배기 설치	152
3-17	바닥배수구 설치	153
3-18	발열선	153

☐ 4 일위대가표 작성 ··· 154

4-1	직 관	154
4-2	배관 행거	155
4-3	관 슬리브	156
4-4	플랜지 제작	157
4-5	주철관 접합	159
4-6	터파기 및 되메우기	159
4-7	압력계 및 온도계 신설	160
4-8	밸브장치	161

☐ 5 적산 연습 ··· 167

CHAPTER 06 위생기구 설치공사

☐ 1 일반 사항 ··· 195

☐ 2 적산 방법 ··· 196

☐ 3 표준품셈 ··· 198

3-1	소변기 설치	198
3-2	대변기 설치	199

3-3	도기 세면기 설치	199
3-4	카운터형 세면기 설치	199
3-5	욕조 설치	200
3-6	청소용 수채 설치	200
3-7	수전 설치	200
3-8	욕실 금구류 설치	201

☐ 4 적산 연습 ·· 202

CHAPTER 07 덕트 공사

☐ 1 일반 사항 ·· 207

    1-1 덕트의 종류   207
    1-2 덕트 제작과 시공   208
    1-3 덕트 부속기기   213

☐ 2 적산 방법 ·· 217

    2-1 적산과정   217
    2-2 판재의 산출   217
    2-3 댐퍼 및 덕트 기구류   218
    2-4 기타 재료   218

☐ 3 표준품셈 ··· 219

    3-1 아연도강판 덕트 제작 및 설치   219
    3-2 스테인리스 덕트 제작 및 설치   220
    3-3 PVC 덕트 제작 및 설치   221
    3-4 플렉시블 덕트   221
    3-5 취출구   222

    3-6 흡입구 및 댐퍼   222
    3-7 덕트 플렉시블 조인트   223
    3-8 전실제연 급기댐퍼   223

☐ 4 일위대가표 작성 ··· 224

☐ 5 적산 연습 ··· 227

CHAPTER 08 장비 설치공사

☐ 1 일반 사항 ··· 233
    1-1 장비의 종류 및 특성   233
    1-2 장비의 설치   236

☐ 2 적산 방법 ··· 239

☐ 3 표준품셈 ··· 240
    3-1 보일러   240
    3-2 냉동기 및 냉각탑   243
    3-3 공기조화기   245
    3-4 펌프 및 송풍기   247
    3-5 배관을 위한 구멍뚫기   250

☐ 4 적산 연습 ··· 251

CHAPTER 09 소화 및 가스설비 공사

□ 1 일반 사항 ··· 257
    1-1 소방설비   257
    1-2 가스설비   258

□ 2 적산 방법 ··· 263

□ 3 표준품셈 ·· 263
    3-1 소방설비   263
    3-2 가스설비   266

□ 4 적산 연습 ··· 272

부 록

□ 1 예정가격 작성기준(기획재정부 계약예규) ···················· 281
    1-1 제2장 제3절 공사원가계산   281
    1-2 제3장 표준시장단가에 의한 예정가격작성   289

□ 2 배관재료의 주요 규격 ··· 292
    2-1 배관재별 규격 및 용도   292
    2-2 강 관   293

2-3	주철관	298
2-4	기타 금속관	300
2-5	합성수지관	301

3 이음쇠의 규격 및 용도 ··· 304

4 밸브류의 규격 및 용도 ··· 305

5 철물의 규격 및 단위중량 ·· 306

5-1	철 판	306
5-2	ㄱ형강(앵글)	306
5-3	원형봉강	307
5-4	ㄷ형강(찬넬)	308

6 철물의 도장면적 ·· 308

6-1	설치공사	308
6-2	제작공사	309

7 압력별 플랜지 규격 ·· 311

8 기계설비 일위대가표 목록 ·· 314

9 적산 연습 도면 ··· 316

CHAPTER 01

개 론

- 1 적산의 개요
- 2 적산의 종류
- 3 적산 방법 및 순서
- 4 공사비의 구성

CHAPTER 01 개 론

1 적산의 개요

1-1 적산의 정의

일반적으로 주어진 조건과 설계도서류로부터 공사비를 산출하는 일을 **적산** 또는 **견적**이라 하는데 이러한 작업은 회사나 단체 또는 개인의 관습 및 경험적인 것에 의존하여 왔기 때문에 조직적으로 확립된 학문적 체계가 없었다. 따라서 적산과 견적에 대한 명확한 정의도 없었으며 **적산**과 **견적**은 같은 의미로 사용되기도 하였다.

그러나 **적산**은 영어의 Survey를 어원으로 하여 일정한 과정을 통해서 가치를 산출하는 과정을 말하며, **견적**은 Estimate 또는 Calculate에서 기원되어 가치판단의 기준으로서 이해되어 왔다.

또한 사람에 따라서는 재료의 물량산출을 한정하여 **적산**이라고 하고 이에 단가를 기입하여 재료와 함께 금액으로 산출한 것을 **견적**이라고 구별하기도 한다. 이것은 다분히 실무 작업상의 관습으로부터 나온 것으로 받아들여지며, 이외에 다른 해석도 있을 수 있지만 여기서는 위에 제시한 개념으로 정의하여 이해하기로 한다.

1-2 적산의 중요성

적산이란 공사의 발주 또는 수주하기 위하여 설계도서로부터 공사 예정금액을 산출하는 것으로 발주자의 적산은 사업계획에 의해 정하여진 예산 범위 내에 사업을 수행하기 위하여 예정가격을 산출하여야 하는데 산출 작업 시 실수가 발생하면 사업계획 수행에 큰 지장을 초래하게 된다.

수주자 측에서는 적정한 공사가격을 산출하지 못하면 경쟁입찰에 수주를 하지 못할 뿐만 아니라 공사계약의 잘못으로 회사경영에도 큰 영향을 미치게 된다. 따라서 적산을 수행하는 기술자는 설계도서에서 가능한 정확하도록 소요자재와 노무인원을 산출하여야 한다.

또한 현장에서의 실무 기술자는 공사에 소요되는 자재를 산출하여 공정에 맞추어 현장에 반입하여 설치하여야 하는데 적산능력이 공사수행에 큰 영향을 미치는 것을 알 수 있다. 따라서 기술자에게는 적산업무 수행능력을 대단히 중요한 것으로 여겨진다.

1-3 설비적산의 특징

건축설비를 포함한 건축산업 적산의 특징을 파악하기 위해 우선 건축산업과 타 산업을 비교해서 그 생산과정의 차이점을 이해하고 건축공사의 본질을 올바르게 인식하는 데 그 중요성이 있다. 건축산업은 일반산업과 달리 다음과 같은 특수성을 갖고 있다.

(1) 도급제도에 의한 수주생산

일반산업에서는 수요예측에 의한 계획에 의해 생산이 이루어지지만 건축산업은 도급제에 의해 건축주로부터 발주하는 공사를 수주하는 방식으로 각 공정의 말단까지 각 기술별 하도급제도에 의하여 진행된다.

일반산업 중에서도 조선업, 대형 산업기기 제조 등에서 주문생산제인 도급제가 있지만 대부분 성능에 의한 발주방식이다. 건축산업에서는 설계도서류와 시방서에 의해 시공의 방법과 과정에 대한 기준을 제시하고 있지만 성능에 대한 것은 그다지 중요한 비중을 차지하지는 않는다.

(2) 개별생산제품

최근에는 건축산업에서 프리패브(prefab)화, 유닛(unit)화가 진행되고 있지만 입지조건, 설계, 기타 등에서 수많은 건축물들이 개별적인 특성을 나타내며 주택에서 고층빌딩, 지하철, 댐, 정유플랜트, TV 송신탑 등에 이르기까지 수많은 종류의 건설공사가 분류되고 있다.

건축산업에서도 타 산업과 같이 기계화, 자동화, 현대화의 필요가 절실히 요망되고 있으나 설계, 공사 등의 과정이 외형적으로는 상당히 진행된 듯하지만 실제로는 발주자의 요구, 본질적인 개별성, 예술성, 주관성 때문에 실질적인 의미의 현대화가 지연되고 지금도 각기의 설계자, 기술자의 능력과 노동자의 기능적인 재능에 의존하고 있는 실정이다.

(3) 노무와 현장중심의 산업

일반 생산산업은 대부분 기계화, 자동화가 진행되고 있으며, 건축산업에 있어서는 재래식이 현대화된 것도 많다. 그러나 어느 수준에 이르러서는 사람의 손에 의존하여야 하는 노무중심의 산업이며, 건축물의 대부분이 공장이 아닌 야외의 현장에서 건축되고 있다.

(4) 유통구조의 비조직화

일반산업에서는 생산된 제품이 적절한 공급망과 유통·판매조직 등을 통하여 최종 소비자에게 판매되도록 하여 원활한 생산활동이 이루어지도록 하고 있다. 그러나 건축산업은 수요공급의 거래관계가 주문생산이고 개별적인 제품이기 때문에 각기 회사의 영업활동에 의하여 공사의 수주를 하고 있는 실정이다. 공사의 진행도 수주된 시점에서부터 자재구매, 인원수배, 외주공사의 발주 등이 개별회사 내에서 일체 진행되어야 하는 것이 건축산업의 특징이다.

이상과 같이 건축산업의 특성을 관찰하여 알 수 있듯이 건축산업 분야에서의 적산업무는 기업의 사활을 좌우할 수 있는 매우 중요한 업무이다. 적산의 업무는 수주자 측에서는 공사의 수주, 시공에 대한 실행예산작성, 자재구입, 인원계획, 하도급 비용지불 등의 기본이 되며 또한 기업 경영의 이익 확보에 중요한 역할을 하고 있다.

발주자의 경우 적산은 공사계획, 예산작성, 설계에 의한 예정가격확인, 발주 시의 예정가격 작성, 공사 중의 기성고 지불, 설계변경금액의 산출 등에 없어서는 안 될 중요한 업무이다.

2 적산의 종류

적산은 건축의 기획, 설계, 시공, 경영의 각 부문에 있어서 그것을 다루는 사람의 입장, 목적, 내용 등에 따라 몇 가지로 나누어질 수 있지만 대별하면 다음과 같다.

2-1 발주자의 적산

(1) 계획예산의 적산

건축주가 공사를 계획할 때 건축물의 규모, 용도, 시설 등 개괄적인 공사개요를 정하고 이에 따른 공사금액을 대략 알기 위한 적산으로 건축전문가의 개략계산과 유사한 형태의 이미 완성된 건축물 등의 자료를 통하여 계산하는 가장 개략적인 내용이다.

(2) 발주 예정가격 산출용 적산

계획예산을 정하고 설계자는 그 예산을 기본으로 해서 설계를 진행하며 설계도서, 시방서, 현장설명서 등이 완성된 단계에서 산출하는 적산이다. 이는 발주자가 공사를 발주하기 위해 공사비를 정하는 적산이기 때문에 전문기술자에 의해서 설계도서 내용의 세부사항에 이르기까지 정확한 물량산출과 적정한 가격에 의하여 적산되어야 한다.

2-2 수주자의 적산

(1) 공사입찰 시의 적산

수주자가 입찰용의 공사금액을 정하기 위해서 하는 적산으로 현장 설명에 참가하여 공사 개요를 파악하고 발주자가 제시한 설계도서와 시방서에 준하여 수주자의 적산양식으로 물량을 산출하고 시장가격 등에 의하여 공사비를 결정하여 입찰 시에 제출하는 적산을 말한다.

(2) 계약 시의 적산

시공업체가 공사도급계약을 할 때에 제출하는 공사비 내역명세서를 작성하기 위한 적산이다. 입찰의 결과 시공업체와 공사금액이 결정되면 발주자로부터 계약용으로 상기 내역명세서의 제출을 요구받게 된다.

이는 입찰 시의 견적서를 발주자 측의 내역서 양식에 맞추어 다시 작성되는 것으로서 이것은 공사 중의 기성고 지불의 사정, 설계변경에 의한 증감금액의 사정, 자산평가, 세무처리 등에 필요한 서류인 것이다.

(3) 실행예산의 적산

시공업체가 공사를 실시하기 위해서 현장대리인(현장소장)을 비롯한 공사담당자를 정하고 이들에 의해 실시계획을 세워서 집행예산의 견적을 하는데 이것을 실행예산의 적산이라고 한다. 실행예산의 주목적은 현장시공에 있어 정확한 실투입 비용을 산출하기 위함이다. 따라서 내역서의 내용은 입찰시 또는 계약시의 견적과 다르며 상세하게 시공의 실제 상황에 알맞게 작성되어야 한다.

즉 현장내용을 파악하고 시공도면과 상세도면에 의하여 실제 시공되어질 물량을 산출하여 단가는 전문업자의 견적서를 수집해서 상세한 사정과 시공상의 검토가 포함되어야 한다. 이렇게 결정된 실행예산에 준하여 시공업체는 실제의 공사비를 관리하고 각 전문업자에게 발주를 한다.

(4) 설계변경 공사비 적산

공사를 진행하는 도중에 설계변경이 발생할 경우 당초 공사의 계약금액을 변경하기 위해서 변경공사비의 내역명세서를 작성하기 위한 적산이다. 보통의 경우 설계변경 도서에 준하여 계약시 제출된 내역서의 내역 분류에 따라서 변경항목의 물량 증감을 적산하여 제출내역서의 원단가 또는 시가에 의하여 견적된다.

이 견적에 따라 설계변경의 공사비를 산출한다. 한편 설계변경으로 인하여 새로운 항목이 생겼을 경우의 단가는 시가에 의한 새로운 단가를 조사하여 견적한다.

(5) 정산을 위한 적산

설계변경과는 달리 현장여건으로 인하여 계획된 설계내용을 다소 변경시켜야 하는 경우에는 변경된 공사를 그대로 진행시키고 완료한 다음 이를 반영하기 위하여 행하는 적산을 말한다.

2-3 상세 및 개산 적산

(1) 상세적산

상세적산은 실시설계를 통해 완성된 설계도면과 시방서를 바탕으로 정확한 물량을 명확하게 산출하여 집계, 정리를 한 다음 공사의 실제 상황에 맞는 적절한 단가를 조사 후 명기하여 견적하는 방법이다. 상세견적은 발주자 측의 공사 예정가격, 수주자 측의 공사 입찰금액, 실행예산, 설계변경 등의 적산에 사용되며 각각의 중요한 공사비를 결정하는 것으로서 가장 정밀도가 높은 적산방법이라 할 수 있다.

본 저서에서 언급하는 내용들은 상세적산의 방법이라 할 수 있다.

(2) 개산적산

이 방식은 상세적산과 달리 기본계획단계에서 면적당 공사비(원/m^2) 자료 등을 사용하여 공사비를 개략 추정함으로써 건축주의 자금계획을 돕고 나아가서는 시공업체의 견적금액도 검토하는 자료로 활용할 수 있다. 또한 상세적산에 의해 산출된 공사비가 적절하게 추정되었는지를 검증하고자 할 경우에도 사용할 수 있다.

개산적산을 수행하기 위해서는 기본적으로 표 1-1과 같은 면적당 공사비나 공사비 산출 회귀식 등의 기초자료가 필요하며, 이는 일반적으로 수행된 적산자료의 통계분석에 의해 산출된다.

○ 표 1-1 건물 용도별 연면적당 기계설비 공사비 현황

용도	조사건수 (건)	평균면적 (m^2)	면적당 공사비 (원/m^2)	용도	조사건수 (건)	평균면적 (m^2)	면적당 공사비 (원/m^2)
업무시설	68	24,077	282,449	군시설	8	12,288	154,121
판매시설	8	37,453	298,243	문화시설	32	12,057	296,259
교육시설	24	17,663	197,424	종교시설	11	9.620	200,090
연구소	13	11,895	306,393	공장	8	17,217	265,643
병원	16	29,297	360,256	운동시설	12	16,245	253,322
숙박시설	17	28,550	332,751	전체	217	20,240	284,562

출처 : 송승영 외 2인, 실적자료 분석에 의한 기계설비 공사비 영향인자 분석 및 공사비 예측에 관한 연구, 대한건축학회논문집 계획계 제24권 2호, pp.295~303

※ 기계설비 직접공사비(백만원)=$0.1139 \times A^{1.0816}$
　　A : 연면적(m^2)

표 1-1에서 업무시설에 대한 연면적별 단위면적당 기계설비 공사비는 표 1-2, 공종별 평균 공사비는 표 1-3과 같다.

◆ 표 1-2 업무시설의 연면적별 단위면적당 기계설비 공사비(원/m^2) 현황

연면적 (m^2)	면적당 공사비 (원/m^2)	연면적 (m^2)	면적당 공사비 (원/m^2)
1,650 이하	135,195	9,900~16,500	264,052
1,650~3,300	203,401	16,500~33,000	271,194
3,300~6,600	203,437	33,000~66,000	287,745
6,600~9,900	222,410	66,000 초과	318,998

※ 기계설비 직접공사비(백만원)=$0.0602 \times A^{1.1472}$
　A : 연면적(m^2)

표 1-2의 업무시설에 대한 기계설비 방식별 공사비 예측식은 다음과 같다.

① EHP, GHP　: 공사비(백만원)=$0.0891 \times A^{1.0843}$
② FCU　　　 : 공사비(백만원)=$0.1518 \times A^{1.0453}$
③ CAV+FCU　: 공사비(백만원)=$0.5106 \times A^{1.9327}$
④ VAV+FCU　: 공사비(백만원)=$0.5412 \times A^{1.9482}$

◆ 표 1-3 업무시설의 공종별 평균 공사비(단위: 원/m^2)

공종	재료비	노무비	합계	비율(%)
장비설치	76,354	4,180	80,534	29.0
기계실배관	10,174	6,202	16,376	5.9
공조배관	17,336	13,530	30,866	11.1
공조덕트	19,111	32,845	51,956	18.7
위생설비	8,062	10,646	18,708	6.7
소화설비	17,721	19,109	36,830	13.3
자동제어설비	16,092	5,756	21,848	7.9
가스설비	1,752	666	2,418	0.9
방음방진설비	4,954	256	5,210	1.9
연도설치	2.483	431	2,914	1.1
TAB	0	3,601	3,601	1.3
기타 공사	1,190	337	1,527	0.6
시설분담금	4,544	0	4,544	1.6
합계	179,773	97,559	277,332	100.0

* 기타 공사 : 동파방지용 열선 혹은 시스템 찬넬공사 등

표 1-4는 병원 및 호텔의 연면적당 기계설비 공사비이다.

○ 표 1-4 병원 및 호텔의 연면적당 기계설비 공사비 현황

구 분	병원	호텔
연면적당 공사비(원/m^2)	448,925	392,880

출처 : 성아영, 건축기계설비 간이 공사비 추정, 동의대 석사학위논문, 2017

건축설비 공사비의 비율은 설비내용과 그 수준 정도에 따라 차이가 있으나 현저하게 차이가 있는 경우는 건물 전체로 보아도 부정확하기 때문에 예산 산정 시에는 이를 잘 고려하여야 한다. 따라서 건축 총공사비 중에 설비공사비가 차지하는 비율 및 설비공사비 내에서 각종 설비공사비의 비율을 알고 있으면 여러 가지로 편리하므로 여기에 참고용으로 국내의 그 비율을 정리하면 표 1-5와 같다.

○ 표 1-5 건축 총공사비 중의 설비공사비가 차지하는 비율(단위: %)

용 도	기계	전기	통신	합계
대형청사	21	10	5	36
도서관, 대학교	21	10	4	35
병원	23	13	5	41
전시시설	14	15	4	33
우체국	20	13	5	38
연구소	41	7	2	50

출처 : 대한설비공학회, 설비공학 편람 제3판 제1권 기초, p.2.6-2

2-4 법적 기준에 의한 방법

건설 공사비 산출 시 적용되는 법률로는 「국가를 당사자로 하는 계약에 관한 법률」를 중심으로 공사입찰 시 기준이 되는 예정가격을 작성하기 위한 「예정가격 작성기준」(기획재정부계약예규), 산업안전보건법 등 기타 관계 법령이 있다. 이중 공사비의 예정가격을 결정하는 기준에는 「국가를 당사자로 하는 계약에 관한 법률 시행령」(대통령 제29360호, 2018.12.11.)제9조 1항에 다음과 같이 4가지가 있다.

① 적정한 거래가 형성된 경우에는 그 거래실례가격(법령의 규정에 의하여 가격이 결정된 경우에는 그 결정가격의 범위안에서의 거래실례가격)

② 신규개발품이거나 특수규격품 등의 특수한 물품·공사·용역 등 계약의 특수성으로 인하여 적정한 거래실례가격이 없는 경우에는 원가계산에 의한 가격. 이 경우 원가계산에 의한 가격은 계약의 목적이 되는 물품·공사·용역 등을 구성하는 재료비·노무비·경비와 일반관리비 및 이윤으로 이를 계산한다.
③ 공사의 경우 이미 수행한 공사의 종류별 시장거래가격 등을 토대로 산정한 표준시장단가로서 중앙관서의 장이 인정한 가격
④ 상기 규정에 의한 가격에 의할 수 없는 경우에는 감정가격, 유사한 물품·공사·용역 등의 거래실례가격 또는 견적가격

특히 조달청에서는 최근 건축기계설비 분야의 적산 작업 간소화 방안을 제시한 바 있는데, 그 주요내용을 정리하면 다음과 같다.

① 부속자재를 주자재의 공사비 비율로 표기하는 방안

선진국에서 사용하고 있는 것과 같이 주자재 품목에 부속자재를 포함시켜 표현하는 방법으로 다양한 부속자재가 존재하는 건축기계설비 분야의 적산 작업의 간소화를 위한 효율적 방안이라 할 수 있다. 이 경우 부속자재의 비율을 통계처리에 의해 제시되어야 하며, 아울러 부속자재가 명확히 정의되어야 한다. 일반적으로 부속자재란 주자재 접속에 필요하며 인건비가 계상되지 않는 자재, 행거 및 지지류 등을 말한다.

◯ 표 1-6 기존 배관공사의 내역서

품 명	규 격	단위	수량	재 료 비 단가	재 료 비 금액	노 무 비 단가	노 무 비 금액	비고
STS 304	D50	M	98	11,940	1,170,120			
	D65	M	81	14,800	1,198,800			
엘보	D65	EA	6	9,280	55,740			
티	D50	EA	1	6,520	6,520			
레듀서	D65	EA	5	8,500	42,500			
스트레이너	D50	EA	2	15,200	30,400			
플랜지	D50	EA	8	21,000	168,000			
행거	D50	EA	50	1,200	60,000			
슬리브	D50	EA	10	15,400	154,000			

○ 표 1-7 간소화 방안에 의한 배관공사의 내역서

품 명	규 격	단위	수량	재 료 비		노 무 비		비고
				단 가	금 액	단 가	금 액	
STS 304	D50	M	98	11,940	1,170,120			
	D65	M	81	14,800	1,198,800			
부속자재	주자재의	%	1	21.8%	517,160			

본 방식을 적용하고자 할 경우 요구되는 부속자재의 요율에 대한 기존 연구결과를 정리하면 표 1-8 및 표 1-9와 같다.

○ 표 1-8 개별난방 공동주택의 배관 부속자재 요율

공 종	배관재	요 율(%)		
		접합류	지지류	계
급수 급탕	STS	71.8	76.0	147.8
	동관	27.4	42.0	69.3
	PB	57.0	-	57.0
오배수	PVC	93.2	36.9	130.2
난방	XL	3.2	-	3.2
가스	백관	19.3	4.0	23.3
소방	백관	30.5	20.7	51.3
	CPVC	56.4	11.1	67.4

출처 : 박률 외 1인, 적산작업 간소화를 위한 개별난방 공동주택의 배관 부속자재 요율 산출, 대한건축학회연합논문집 15권 1호, pp.107~114

○ 표 1-9 사무소 건축물의 배관 부속자재 요율

공 종		배관재	접합방식	요 율(%)		
				접합류	지지류	계
기계실	냉각수	백관	용접	109.1	46.0	155.1
	증기	흑관	나사/용접	63.0	124.6	187.6
	냉온수	동관	용접	108.2	48.1	156.3
		STS	용접	137.3	88.7	226.0
			비용접	452.4	110.3	562.7
	급수 급탕	STS	용접	88.4	129.9	218.3
			비용접	389.9	54.2	444.1

공종		배관재	접합방식	요 율(%)		
				접합류	지지류	계
공조	냉각수	백관	용접	48.3	15.2	63.5
	증기	흑관	나사/용접	41.1	101.3	142.4
	냉각수	동관	용접	82.8	24.3	107.0
		STS	용접	61.1	19.7	80.8
			비용접	262.3	39.3	301.6
급수급탕		STS	용접	115.0	43.0	158.0
			비용접	241.8	57.5	299.3
오배수		주철관	No-hub	487.9	17.9	505.8
		PVC	냉간	122.6	26.6	149.2
통기		PVC	냉간	35.8	63.0	98.8
가스		백관	나사/용접	100.2	23.7	123.9
소방	옥내소화	백관	나사	14.1	6.0	20.1
			용접	18.0	9.4	27.4
			비용접	112.9	9.1	122.0
	스프링클러	백관	나사	31.8	11.8	43.7
			용접	37.0	26.9	63.9
			비용접	258.8	36.9	295.7
	소화가스	압력배관	용접	16.3	52.4	68.7

출처 : 박률, 사무소 건축물의 건축기계설비 배관 부속자재 요율 산출, 설비공학논문집 29권 4호, pp.185~194.
박률 외 2인, 업무용 건축물의 기계소방시설 배관 부속자재 요율 제시, 대한건축학회 연합논문집 20권 6호, pp.1~8

② 주자재를 중심으로 재료비와 노무비를 합산하여 일위대가화하는 방안

배관재의 경우 단위기준(m)당 재료비와 노무비를 합산하여 일위대가표를 작성하고 이의 단가를 내역서에 반영하는 방식으로서 현재 건축공정에는 적용하고 있지만 설비공정에서는 재료비와 노무비를 분리하여 산출하는 기존의 방식을 적용하고 있어 표준화를 위해 적용되어야 할 방안이다.

본 직관에 대한 일위대가화 방식이 내역서 작성 시에 정확히 적용되기 위해서는 직관과 관련 있는 잡재료 및 소모재료와 공구손료에 대한 적용기준이 정립되어야 한다. 일반적으로 잡재료 및 소모재료는 주재료(배관공사의 경우 직관)의 2~5%를 반영하기에 내역서 상에서 직관 재료비에서 바로 산출하면 된다. 이에 반해 직접노무비의 3% 이내를 반영하는 공구손료의 경우 아래와 같이 직관에 대한 일위대가표가 작성되면 내역서 상에서 공구손료가 반영되지 않는

품명의 공사를 모두 확인하여야 하는 문제가 발생될 수 있다. 따라서 일위대가표 상에 공구손료를 반영하면 내역서 상에서는 일위대가표를 작성하지 않지만 밸브 등과 같이 노무비가 반영되지 않는 것에 한해 공구손료를 반영하면 된다.

◯ 표 1-10 기존방식(내역서)

품 명	규 격	단위	수량	재 료 비		노 무 비		비고
				단 가	금 액	단 가	금 액	
배관용탄소강관	D15	M	10	1,200	12,000			
잡재료비	직관 3%	1	식		360			
노무비	배관공	인	1.06			83,000	87,980	
	보통인부	인	0.26			60,000	15,600	
공구손료	노무비 3%	1	식		3,170			

◯ 표 1-11 일위대가 방식

(a) 내역서

품 명	규 격	단위	수량	재 료 비		노 무 비		비고
				단 가	금 액	단 가	금 액	
배관용탄소강관	D15	M	10	1,510	15,100	10,358	103,580	일대
잡재료비	직관 3%	1	식		360			

(b) 일위대가표(배관용탄소강관 D15)

품 명	규 격	단위	수량	재 료 비		노 무 비		비고
				단 가	금 액	단 가	금 액	
배관용탄소강관	D15	M	1	1,200	1,200			
노무비	배관공	인	0.106			83,000	8,798	
	보통인부	인	0.026			60,000	1,560	
공구손료	노무비 3%	1	식		310			
계					1,510		10,358	

3 적산 방법 및 순서

3-1 적산범위와 관련 공사

적산에 착수하기 전에 적산범위를 명확하게 설정하는 것은 중복이나 산출누락을 방지하기 위한 매우 중요한 작업이다. 적산은 일반적으로 그룹작업으로 되기 때문에 각각의 개인마다 작업 내용과 범위를 정확히 파악하여야 하며, 적산의 범위를 개략적인 문장으로 정리하는 방법보다 도표로 분리하는 편이 효과적이다.

물론 이와 같이 하여도 적산의 누락 중복은 피할 수 없으며 가능한 경험에 의해 의심이 가는 부분은 적산 담당자 간의 확인 및 협의에 의하여 진행되어야 한다.

건축기계설비에 해당하는 공사로는 장비설치공사, 기계실 배관공사, 냉·난방배관공사, 위생배관공사(급수·급탕·환탕·오배수·통기관), 위생기구 설치공사, 덕트 설치공사, 가스설비공사, 자동제어공사, 소화설비공사 등이 있다. 이러한 분류방법은 관례에 따른 것으로 통상 설계도면의 경우 이에 준하여 분리 작성된다.

(1) 장비설치공사

보일러·냉동기와 같은 열원기기, 공기조화기·송풍기와 같은 공조기기, 급수펌프·배수펌프·각종 순환펌프와 같은 펌프류, 급수탱크·저유탱크·서비스탱크·급탕탱크·응축수탱크와 같은 탱크류 등의 제작, 운반, 설치 및 부대공사가 포함된다.

(2) 기계실 배관공사

기계실에 설치된 열원기기나 펌프류, 탱크류 등 여러 가지 장비를 건물 내 각 유닛과 기기로 연결하거나 설치된 장비가 원활한 기능을 발휘할 수 있도록 관련된 부속설비를 포함하여 보일러실과 공조기계실 내에서 이루어지는 냉·난방 배관, 급수·급탕·환탕배관, 배수·오수·통기배관 등 모든 공종의 배관, 보온 및 부대공사를 포함한다.

(3) 냉·난방 배관공사

냉방 및 난방을 위한 팬코일 유닛(fan coil unit), 유닛 히터(unit heater), 컨벡터(convector), 주철 방열기(radiator) 등 방열기기를 비롯하여 그에 따른 설치 작업, 증기관(steam supply)과 환수관(condensate water return), 온수공급관(hot water supply)과 온수환수관(hot water return), 냉수공급관(chilled water supply)과 냉수환수관(chilled water return) 및 보온, 부대공사를 포함한다.

(4) 위생 배관공사

수전이나 위생기구로 공급되는 급수·급탕·환탕배관과 우수를 비롯하여 배수·오수·통기 등의 배관 및 부대공사를 포함한다.

(5) 위생기구 설치공사

샤워, 세면기, 소변기, 대변기, 욕조 등과 같은 위생기구의 조립 및 설치와 화장거울, 화장대, 수건걸이, 휴지걸이의 설치 및 그와 관련되는 부대공사를 포함한다.

(6) 덕트 설치공사

덕트의 제작 및 설치, 디퓨저(diffuser), 레지스터(register), 그릴(grille)과 같은 급기구와 흡입구의 설치, 풍량조절 댐퍼(volume damper), 방화 댐퍼(fire damper)와 같은 댐퍼류의 설치 및 보온, 부대공사를 포함한다.

(7) 가스설비공사

가스설비용 배관, 밸브 및 정압기 등의 부대공사를 포함한다.

(8) 자동제어공사

건축설비시스템에 적용된 2방 및 3방밸브 등의 자동제어용 밸브와 제어 프로그램을 포함한 설비자동제어 및 부대설비 등의 공사를 포함한다.

(9) 방진 및 방음공사

펌프 및 팬이 설치되는 장비에 대한 방진공사와 기계실, 공조실 등에 설치되는 방음공사를 포함한다.

(10) 연도 설치공사

버너가 부착된 보일러 및 냉온수 유닛 등에 설치되는 연소가스를 배출하는 연도공사를 포함한다.

(11) 소화설비공사

옥내소화전 설비, 스프링클러 설비, 물분무설비, 소화약제설비 등의 소화설비와 화재 시 재실자의 안전을 위한 재해방지설비를 포함한다.

(12) 주방설비공사

부엌 싱크(kitchen sink), 후드(hood), 조리용 장비 등의 설비공사를 포함한다.

(13) 정화조 설치공사

정화조 설치 및 그와 관련 있는 오수배관, 통기배관을 비롯하여 부대공사를 포함한다.

(14) 기타 공사

상기의 공사 외에 견적작업 시 설비공사에 부가되는 기타 공사를 포함한다.

일반적으로 기계설비공사는 건축, 토목, 전기 및 정보통신공사와 상호 간섭이 이루어진다. 따라서 기계설비공사에 대한 정확한 공사비를 산출하기 위해서는 적산에 착수하기 전에 표 1-12와 같이 설비관련 공사 간의 구분표를 시방서에 명기하면 적산작업이나 공사가 원활해질 수 있다.

표 1-12 설비관련 표준공사 구분표

번호	공 사 항 목	건축	설비전	설비위	설비공	설비수	별도	비 고
	1. 별도공사							
①	상수·하수·가스인입공사 및 인입부담금						○	공사 신청수속은 위생
②	LPG 봄베 본체						○	
③	소화기 및 피난기구						○	
④	공사 중의 법규 개정 지방자치단체로부터의 지도사항에 의한 변경						○	
	2. 건축과 설비 공통							
①	철골보의 관통 슬리브	○						
②	RC보의 관통 슬리브		○	○	○			
③	구체 벽 및 바닥의 설비용 구멍뚫기		○	○	○			반송설비용 구멍뚫기 및 마감은 건축공사
④	슬리브, 개구부 부근의 철근 보강	○						
⑤	특수마감재의 구멍뚫기 및 보강	○						대리석, 테라조, 기타
⑥	천장 구멍뚫기 및 골격보강	○						
⑦	샤프트 최상부의 입상하는 부분 우수방지	○						
⑧	중량설비기기를 위한 바닥구조 보강	○						
⑨	설비기기의 기초 본체		○	○	○	○		특수한 것은 건축
⑩	지중매설 유류탱크의 콘크리트공사	○						
⑪	콘크리트제 수조 내의 연통관	○						수수조, 배수조의 연결배관용 슬리브, 기타
⑫	콘크리트 트랜치	○						방수, 사다리, 맨홀 및 뚜껑
⑬	기계실의 방음	○						흡음재, 방음문 등
⑭	기계실의 바닥방수	○						
⑮	기계실, 전기실, 주방 등의 바닥경량콘크리트	○						
⑯	맨홀의 화장덮개	○						
⑰	유닛욕조 및 유닛주방	○						위생, 조명, 환기구 포함·배관, 배선은 설비
⑱	세면화장대	○						
⑲	의료용 캐비넷	○						
⑳	환풍기 부착용 틀(테두리)	○						환풍기 자체는 설비
㉑	벽 및 옥상용 환풍기		○	○				동력부의 강제송풍형
㉒	상기 설비 가대 및 방수 처리	○						
㉓	루프 벤틸레이터			○				동력부의 자연송풍형
㉔	천장, 바닥, 샤프트 등에 설치하는 점검구	○						설비기기에 부속하는 점검구는 제외
㉕	연돌 및 청소구	○						내부내화마감, 단열 포함
㉖	후드(렌지용)		○	○				

번호	공사항목	건축	전	위	공	별도	비고
	3. 건축과 위생						
①	용수용 연통관	○					보의 슬리브, 통기, 배수, 지하2중벽의 물빼기
②	콘크리트제 수수조 및 침사조	○					방수, 사다리, 맨홀뚜껑, 기타
③	콘크리트제 각종 배수조(잡배수, 용수, 오수)	○					방수, 사다리, 맨홀뚜껑, 기타
④	콘크리트제 방화용 수조	○					방수, 사다리, 맨홀뚜껑, 기타
⑤	급수탑(옥외고가수조용)	○					
⑥	펌프실 및 LPG 봄베실	○					
⑦	기계실, 주방, dry area 등의 배수구	○					배수금물, 덮개, 내부마감
⑧	옥외 L형구 및 U형 맨홀	○					배수맨홀, 배수배관은 위생
⑨	세탁기용 배수밸브	○					
⑩	현장 제조 욕조(타일부)	○					
⑪	현장제싱크대, 기성싱크대, 기타 가스렌지	○					선반, 후드 포함
⑫	욕실, 화장실 등의 타일 붙이기	○					
⑬	주방기구			○			
⑭	콘크리트제 그리스트랩, 콘크리트제 가솔린트랩	○					방수, 뚜껑, 내부마감, 기타 기성제품은 위생
⑮	세면기 앞의 기성제 거울			○			기성제품 이외의 특수한 것은 신축공사
⑯	세면기 앞의 기성제 화장대	○					기성제품 이외의 특수한 것은 신축공사
⑰	옥상우수배수(roof drain)	○					
⑱	소각설비			○			
⑲	정화조공사			○			
⑳	우물파기공사	○					
㉑	현관매트(mat)의 배수	○					
	4. 건축과 공조						
①	외벽면에 부착하는 급배기 그릴	○					방화댐퍼 포함
②	콘크리트제 축열조	○					방수, 사다리, 단열, 맨홀뚜껑, 기타
③	콘크리트 덕트	○					방수, 사다리, 단열, 맨홀뚜껑, 기타
④	콘크리트제, 급배기타워	○					방수, 사다리, 단열, 맨홀뚜껑, 기타
⑤	자연배연구(옥외측에 설치)	○					옥외측의 배연구는 공조공사
⑥	기계배연구				○		
⑦	도어그릴(D.G)	○					
⑧	리턴그릴(R.G)				○		특수마감·대형은 건물
	5. 건축과 운송설비						
①	승강기의 삼방틀					○	대형틀은 건축
②	승강기의 중간보					○	철골구조시 중간보의 지지브라켓은 건축
③	승강기의 모판					○	
④	승강기의 기초					○	
⑤	승강기의 피트방수	○					
⑥	승강기의 각층 출입구 및 승강구멍뚫기	○					

번호	공 사 항 목	공사 구분						비 고
		건축	설비				별도	
			전	위	공	수		
⑦	승강기의 기계반입구 브래킷 또는 드라이 빔	○						
⑧	승강기의 기계실 구멍뚫기 및 보강	○						
⑨	승강기의 피트하부사용 시 건축보강	○						
⑩	승강기 통과층이 있을 때 비상구, 사다리	○						
⑪	승강기의 샤프트 우수침입장치	○						
⑫	승강기 기계실 바닥의 경량콘크리트	○						먼지방지용 도장 포함
⑬	에스컬레이터의 외장					○		트러스 저면, 측면, 손잡이, 내부측판 등
⑭	에스컬레이터 최하부 기계실의 내화구조	○						
⑮	에스컬레이터 주위의 천장, 바닥의 마감	○						층표시, 보호대, 낙하방지설비 포함
⑯	에스컬레이터 천장협각부의 보호설비	○						
⑰	에스컬레이터 주위의 방화·방범 셔터	○						
	6. 설비 상호							
①	플로트 스위치		○					전극봉, 수위레벨 스위치
②	액면제어 스위치		○					전극봉, 수위레벨 스위치
③	연감지기 연동댐퍼				○			
④	장기용 조작반 및 배선		○					
⑤	설비기기의 조작반 및 2차측 배선		○					냉동기, 보일러, 진공펌프, 반송설비 조작반 제외
⑥	자동제어기기 및 전기배관배선				○			전기공급은 전기
⑦	중앙감시반 등에 들어가는 온습도계측 기록기기				○			중앙감시반은 전기
⑧	상기용 배관·배선				○			
⑨	오일탱크 급유용 연결장치		○					인터폰 또는 벨
⑩	방재수신반, 중계기, 소화전상자의 구멍뚫기		○					
⑪	스프링클러용 알람밸브의 전기배관, 배선		○					표시는 전기
⑫	하론, 공기포, 분말소화설비의 탐지, 음향장치		○					배관, 배선 포함
⑬	승강기의 기계실 환기장치				○			
⑭	승강기의 기계실 조명		○					
⑮	승강기의 전화, 경보, 인터폰						○	샤프트 외의 배관, 배선은 전기
⑯	승강기의 기계, 피트의 점검용 콘센트		○					
⑰	승강기의 승강로 내의 화재감지기		○					
⑱	에스컬레이터 저면의 스프링클러			○				
⑲	에스컬레이터 저면, 손잡이의 조명					○		
⑳	턴테이블의 배수			○				
㉑	방화셔터	○						
㉒	각 모터용 진상콘덴서		○					
㉓	각 모터용 접지공사		○					

공사 구분의 기호 내용
- 건축 : 건축공사
- 전 : 전기공사
- 위 : 위생설비공사
- 공 : 공기조화설비공사
- 수 : 수송설비공사
- 별도 : 별도공사(건축주 자체처리공사)

3-2 적산 순서

(1) 적산의 준비서류 정리 및 검토

적산을 시작하기 전에 다음과 같은 서류를 준비할 필요가 있다.

① 설계도면

② 시방서・특기시방서・표준시방서・표준상세도

①과 ②의 서류 중 설계도면과 특기시방서는 통상 발주자로부터 제공된다. 그 외의 표준시방서와 표준상세도는 일반적으로 각 공사종목별로 사용기기, 재료, 시공법 등 기타 공사에 필요한 내용이 기재되어 있는 것으로 국토해양부에서 발행한 건축기계설비공사 표준시방서(국토해양전자정보관 참조; www.codil.or.kr)가 있으며, 표준상세도는 엔지니어링협회 등에서 발간한 자료를 참고한다.

③ 제작사 명부

설비관계 공사에 사용하는 기기, 재료를 제조 또는 판매하는 회사, 보온, 도장, 배관, 덕트 기타 전문공사업체에 대하여 적산 시 견적을 의뢰한다든지 단가를 조회하기 위해서 제작사 명부와 연락처를 기자재와 공사의 종류별로 정리하여 놓으면 적산 시 편리하게 선택하여 사용할 수 있다.

④ 카탈로그의 정리

카탈로그는 적산에 중요한 자료로 사용되고 있다. 특히 동일한 기기류에 있어서 제조회사에 따라서 능력, 크기, 가격 등이 다르며, 설계도면과 시방서에 기기의 모델번호가 명시되어 있을 때 정리되어진 카탈로그에서 쉽게 찾을 수 있다.

개인이 소유하는 카탈로그는 한계가 있으므로 각 부서별로 정리 보관을 하며 제조회사, 대리점에서 신상품의 출하, 제조 중지의 상품 등에 대한 정보를 신속히 입수하여 보완하고 사용하는 사람들의 필요할 때 신속하고 정확하게 볼 수 있도록 종목별, 제조회사별로 정리를 한다.

⑤ 참고자료

・물가자료(한국물가협회)
・물가정보(한국물가정보센터)
・정부구매물자 가격정보(조달청)

- 실적공사비단가 및 건설공사비 지수(한국건설기술연구원)
- 각종 제작사의 가격표
- 공정가격(한국공정가격협회)
- 거래가격(건설협회)
- 유통물가(한국응용통계연구소)
- 건설공사표준품셈(기계설비, 전기, 통신, 건축, 토목분야 등)
- 전문업자의 해당공사에 관한 견적가격, 거래예정단가표, 업종별 협회의 표준공사비기준
- 자사의 실적자료에 의한 품셈표, 개산공사비

⑥ 각종 적산용지

적산용지는 업계 공통의 양식이 제정되어 있는 것은 아니고 공사종목 또는 주요자재별 물량산출용지, 집계표, 내역명세서 등의 서식이 있지만 지정된 것이 없으면 자사의 용지로 통일한다.

(2) 공사내용의 파악

설계도면, 시방서에 준하여 공사내용을 파악하는 것은 물론이고 현장설명서, 기타 관련 도서(공통시방서, 표준도 등)를 잘 검토하고 공사현장을 직접 조사하여 공사 전반의 개요를 인식한 뒤 적산에 착수한다.

공사 내용 중 불분명한 점은 현장설명과 입찰 사이에 설계자와 입찰자의 입회하에 질의응답 시기가 있으므로 이때에 공사내용을 확실하게 문의할 필요가 있다.

(3) 기기, 재료의 물량 산출

설계도면, 시방서에 기재되어 있는 공사종목, 설치장소, 계통 등으로 분류, 소정의 산출용지를 사용하여 각 공종별 도면 장별로 설계물량을 산출(위생배관공사의 경우 배치도, 계통도, 확대평면도, 각층 평면도의 각 장별로 산출)한다. 일반적으로 관지지 개수, 관보온 길이는 직관의 설계물량을 바탕으로 산출된다. 기기류의 물량은 설계도면으로부터 명확하게 산출하고 형식, 종별, 능력, 치수 등은 특기 시방에 준하여 적으며 특기시방의 경우는 그 조건을 기록한다.

배관, 덕트 등의 물량은 설계도면상의 계통, 치수, 종별, 축척(scale) 등에 유의하여 착오를 일으키지 않도록 정확하게 산출하고, 색연필을 사용하여 적산 진행 여부를 확인할 수 있도록 한다. 또한 2차원적 설계도면에 표시되지 않는 입상관(立上管),

입하관(立下管) 등의 물량은 누락되지 않도록 주의하고, 제3자가 보아도 알 수 있도록 그 산출근거를 산출조서에 명시하도록 한다.

(4) 물량집계와 공수 산출

설계도면을 바탕으로 지금까지 산출한 물량(설계물량)을 공사종별로 집계한 후 실제 공사에 투입되는 물량, 즉 소요물량을 산출하기 위해 표 1-13에 따라 재료의 운반, 절단, 가공 및 시공 중에 발생되는 손실량을 가산해 주기 위해 해당 품목을 할증한다. 또한 설계물량에 대해 표준품셈을 기준으로 노무자수를 산출하며, 야간 작업 등 특별한 경우에는 품을 할증하여 가산한다. 단, 표준품셈의 각 항목에 할증률이 포함되어 있거나 명기되어 있을 경우에는 이 표를 적용하지 않는다.

○ **표 1-13 재료의 할증률(%)**

종 류	할증률	종 류	할증률	종 류	할증률
원형철근	5	봉강(棒鋼), 대강(帶鋼)	5	위생기구(도기, 자기류)	2
이형철근	3	평 강(平 鋼)	5	슬 레 이 트	3
일반볼트	5	리 벳 제 품	5	유 리	1
고장력볼트	3	스테인리스강관	10	석 고 보 드	5
강 판	10	스테인리스강관	5	도 료	2
강 관	5	동 판	10	코 르 크 판	5
대형형강	7	동 관	5	단 열 재	10
소형형강	5	덕트용 금속관	28	붉은벽돌, 내화벽돌	3
경량형강	5	프레스접합식 스테인리스강관 및 부속류	5	기와, 시멘트벽돌	5
각 파이프	5			블 록	4

· 강관, 스테인리스강관의 할증률은 옥외공사를 기준한 것이며, 옥내공사용 재료의 할증률은 10% 이내로 한다.
· 형강의 대형 구분은 100mm 이상을 말한다.

(5) 일위대가표 작성

일위대가표란 어떤 일을 할 때 하나의 기준 단위당 소요되는 재료 및 인력의 수량을 표시한 서식을 의미한다. 이는 설계가 종료된 이후에 실제로 공사에 필요한 물품과 인력품을 파악하고, 공사비 산출을 위한 내역서 작성에 기초가 된다.

일위대가표는 기본적으로 정부에서 매년 제시하는 표준품셈을 바탕으로 작성된다. 건축기계설비 분야의 경우 건설공사 표준품셈의 기계설비부분 중 기계설비공사를 기본으로 작성하며, 이 공사에 없는 품에 대해서는 표준품셈에서 제시한 기준에 따라 건축부문 또는 플랜트설비공사를 참조하여 계상한다. 기계설비공사 표준품셈은 배관공사, 밸브장치설치, 단열공사, 도장 및 방청공사 등과 같은 공통공사, 장비나 덕트공사 등에 대한 공기조화 설비공사, 위생기구 및 소화설비공사, 가스설비공사로 구성되어 있다.

특히 관보온, 관용접, 일반행거, 덕트 제작 및 설치 등과 같이 단일품목에 복수개의 물량이 들어가는 항목의 경우 동일한 품목을 반복하여 물량을 산출하는 것은 매우 번거로울 수 있다. 따라서 이런 경우에는 품목별로 일위대가표를 작성한 후 내역서에서 공사비를 산출 시에 일위대가표 상의 금액을 내역서에 단가로 반영하면 적산작업이 보다 체계화될 뿐만 아니라 작업이 용이하게 된다. 또한 이 일위대가표는 한번 작성을 하면 단가나 품의 변동이 없는 한 반복해서 사용할 수 있다.

(6) 내역서 작성

물량집계 단계에서 산출된 소요물량을 내역서 양식에 옮겨 적은 후 내역서의 단가란에 물자자료, 물가정보, 가격정보지의 가격 중 최저 금액이나 일위대가표의 금액을 기입하고, 비고란에 참고자료 페이지 또는 일위대가표 번호를 명시한다. 특히 관급공사의 경우에는 조달청에서 발간하는 가격정보를 기준으로 함을 원칙으로 한다. 또한 단가가 높은 장비의 경우 물가정보지 가격보다 제조사의 견적서를 반영할 수 있다. 노무비의 단가는 표준품셈에서 제시하고 있는 정부노임단가를 반영함을 원칙으로 한다.

(7) 순공사비 산출

상기 과정을 통해 작성된 내역서에서 수량과 단가를 기준으로 재료비와 노무비를 계산한다. 이때 잡재료 및 소모품비를 주 재료비의 2~5% 계상하고, 공구손료를 직접노무비의 3%까지 계상하여 직접공사비를 산출한다. 또한 시공조건 등을 고려하여 경비를 적용하여 공사원가를 산출한다.

(8) 실공사비 산출

상기에서 산출된 공사원가를 바탕으로 공사원가계산서 양식에서 일반관리비, 이윤 및 부가가치세를 시공조건 등에 따라 부가하여 실공사비를 산출한다.

이상의 적산과정을 도시하면 그림 1-1과 같다.

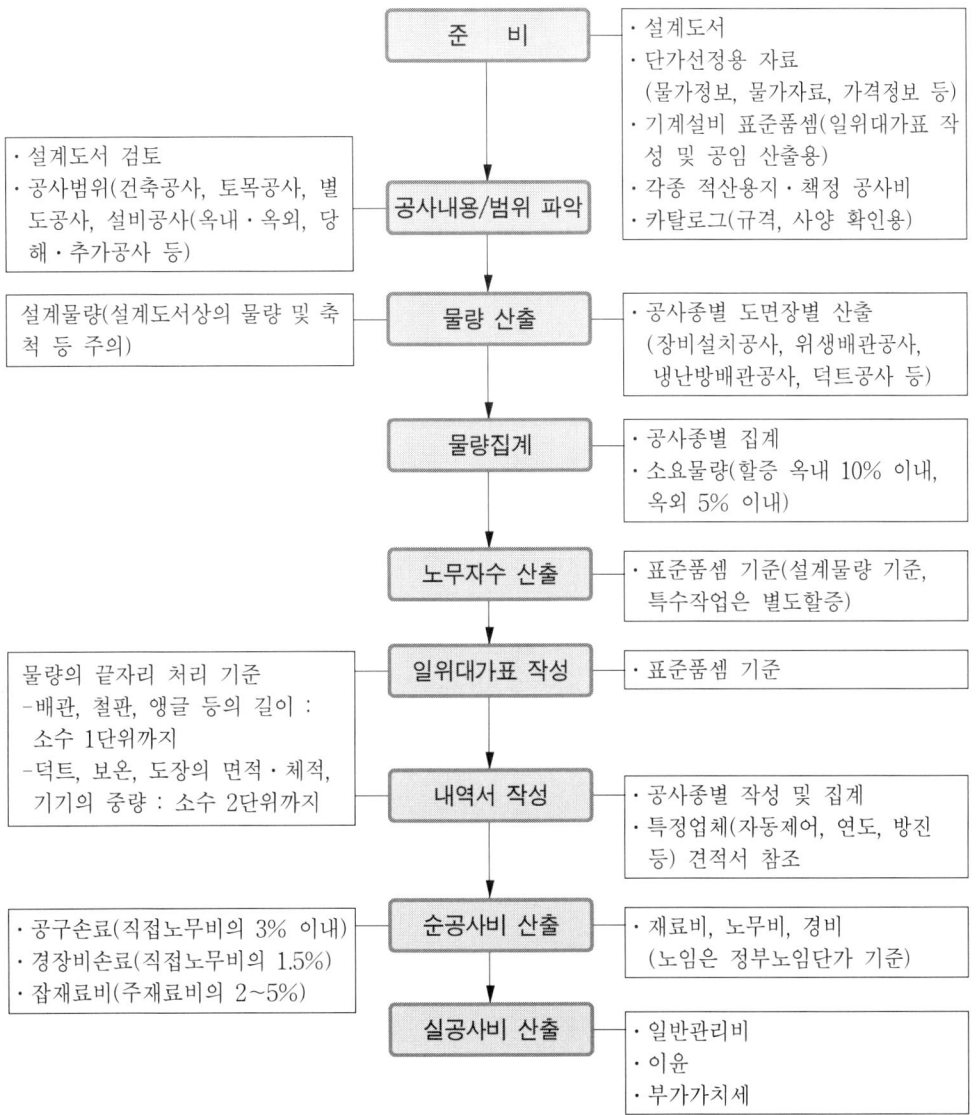

○ 그림 1-1 적산 순서

3-3 견적 시 주의사항

물량산출로부터 내역명세를 완료하기까지의 작업에 있어서 일반적인 주의사항은 다음과 같다.

(1) 설계도면, 시방서, 현장설명서 등에 의해 공사내용을 충분히 파악하고 공사범위를 확인한다.

(2) 설계도서에 대하여 의문점이 있으면 서류, 기타의 방법으로 질문하여 회답을 구한다.

(3) 공사의 규모가 크고 적산기간이 짧을 경우에는 여러 명이 참여하여 진행을 하는데 이때는 작업내용에 따른 정확한 분할을 하여 상호 간에 산출누락, 중복산출 등의 착오가 없도록 한다.

(4) 물량산출 시 일정한 규격의 용지를 사용하여 산출순서와 과정이 쉽게 이해될 수 있도록 정리하여 둔다. 이는 물량산출 후 검산, 발주자와 수주자 간에 물량 차이의 발생에서 확인할 수 있는 근거서류가 되며 이를 보통 물량산출 기초서라고 한다. 물량산출 단계에 있어 착오하기 쉬운 점은 다음과 같다.

① 산출누락

산출누락의 예는 입상관, 입하관, 밸브류, 에어벤트, 관말트랩장치, 온도계, 압력계, 덕트기구류, 에어 챔버, 방화댐퍼, 주요장비의 기초가대 등이 있다.

② 중복산출

중복산출의 예는 장비에 포함되어 있는 부속품의 산출, 자동제어설비에서 밸브류는 배관공사에서 산출 평면도와 계통도에서의 중복이 발생하는 경우가 많다.

③ 계산 잘못(숫자의 자릿수 틀림, 설계도면의 축척 틀림)

계산의 잘못은 물량 산출의 과정에서 곱셈계산시 자릿수 틀림이 상당히 많다. 꼭 검산하는 습관을 몸에 익히도록 하는 것이 필요하다. 문자의 읽기 잘못의 예는 배관재료가 도면상 동관(銅管)이라고 적혀져 있는데도 강관(鋼管)으로 산출한다든지, 플렉시블 조인트(flexible joint)와 익스팬션 조인트(expansion joint)의 혼동, 배관의 관경을 잘못 읽어서 산출하는 것과 같은 것을 말한다.

산출누락과 중복산출은 역관계가 되지만 이들의 방지수단으로 설계도면 상의 기기대수 또는 배관, 배선, 덕트 등 길이의 산출이 끝난 부분에 대하여 색연필로 표시하는 방법을 사용한다.

(5) 산출된 물량을 집계 정리하여 내역서에 옮겨 적는 단계에서의 주의사항은 다음과 같다.
  ① 산출된 물량을 명확히 하여 부재자와 잡자재 산출 시 물량과다 및 부족현상이 발생하지 않도록 한다.
  ② 산출된 물량에 대한 보온, 비 보온, 도장의 종류와 횟수 등의 내용을 정확히 파악하여 물량 및 노무품을 구한다.
  ③ 내역서의 명세에 있어서 일괄하여 금액을 산출하는 경우는 그 내역이 설명될 수 있도록 별도의 명세서를 작성하여 둔다.

(6) 단가의 기입에서 내역서 작성까지의 주의사항은 다음과 같다.

  ① **단가 잘못을 없앤다.**

  단가 잘못은 기기의 시방, 용량, 크기 등의 잘못 읽기에 의한 것이나 부속품 부대공사의 포함 여부, 도매가격과 소매가격의 착오, 공장도 가격과 현장인도가격의 착오 등 여러 가지 경우가 있기 때문에 주의를 요한다.

  ② **계산 잘못을 없앤다.**

  계산 잘못은 단가를 곱할 때 자릿수를 착각해서 예를 들면 100,000원을 10,000원으로 하는 것과 같은 경우가 많다. 이런 것을 방지하기 위해서는 검산을 그때마다 하는 것이 가장 좋은 방법이다.

  ③ **제조업자, 전문업자의 견적을 조사할 경우**

  그 내용이 설계도면, 시방서 등에 적합한가를 상세히 검토한다.

3-4 표준품셈의 적산기준

품셈이란 정부 등 공공기관에서 시행하는 건설공사의 적정한 예정가격을 산정하기 위한 일반적인 기준을 제공하기 위한 것으로 국가, 지방단체, 정부투자기관 및 상위기관의 감독과 승인을 요하는 기관에서는 표준품셈을 건설공사 예정가격 산출의 기초로 활용한다. 그러나 표준품셈은 현재 국내 민간건설의 전체에 적용하는 기준으로 활용되고 있으며 공통사항 중 설비와 관련된 기준과 내용은 다음과 같다.

(1) 물량의 소수점 처리

물량의 단위 및 소수위는 표 1-14와 같이 표준품셈 단위표준에 의한다. 그러나 일반적으로 설비와 연관된 소수의 기준은 배관류, 철판, 앵글 등의 재료길이는 소수 1단위까지로 하며, 덕트, 보온, 도장 등의 면적, 체적 및 기기의 중량은 소수 2단위까지를 기준으로 하고 끝수는 사사오입한다.

○ 표 1-14 설계서의 단위 및 소수처리 표준

종 목	단위수량		비 고
	단 위	소 수	
직공인부	인	2위	대가표에서는 2위까지 이하 버림
토 적	m³	2위	체적
모래, 자갈	m³	2위	
벽돌, 블록	개	단위한	
시 멘 트	kg	단위한	대가표에서는 3위까지 이하 버림
모 르 타 르	m³	2위	대가표에서는 3위까지 이하 버림
콘 크 리 트	m³	2위	대가표에서는 3위까지 이하 버림
아 스 팔 트	kg	단위한	
철 강 재	kg	3위	총량 표시는 ton으로 하고 단위는 3위까지 이하 버림
용 접 봉	kg	1위	
함 석 류	m²	2위	
볼트, 너트	개	단위한	
철 선 류	kg	2위	
산 소	l	단위한	
도 료	l, kg	2위	
도 장	m³	1위	
관 류	m(길이)	단위한	

① 설계서 수량의 단위와 소수위 표시는 상기 표에 따르고, 상기 표에서 지정한 소수위 미만은 버리는 것으로 함.
② 일위대가표 또는 설계기초 계산과정에서는 표준품셈의 내용에 따른 것으로 함.
③ 상기 표에 없는 품종에 대하여는 C.G.S 단위로 하는 것을 원칙으로 하며, 단위는 그 가격에 따라 의사 품종의 소수위의 정도를 채용토록 함.

(2) 금액의 단위표준

일위대가표 금액란 또는 기초계산금액에서 소액이 산출되어 공종이 없어질 우려가 있어 소수위 1위 이하의 산출이 불가피할 경우에는 소수위의 정도를 조정 계산할 수 있다.

◎ 표 1-15 금액의 단위표준

종 목	단 위	지위(地位)	비 고
설 계 서 의 총 액	원	1,000	이하 버림(단, 10,000원 이하의 공사는 100원 이하 버림)
설 계 서 의 소 계	원	1	미만 버림
설 계 서 의 금액란	원	1	미만 버림
일위대가표의 계 금	원	1	미만 버림
일위대가표의 금액란	원	0.1	미만 버림

(3) 공구손료 및 잡재료 등

표준품셈에 명시되어 있는 공구손료, 잡재료에 대해서는 이를 계상하며 표준품셈에 명시되어 있지 않은 공구손료, 잡재료, 경장비손료 등을 계상하고자 할 때에는 다음에 따라 별도 계상하되 산정 근거를 명시하여야 한다.

① 공구손료

공구손료는 일반공구 및 시험용 계측기구류(스패너류, 렌치류, 턴버클, 샤클, 스프레이건, 바이스, 클립 또는 클램프류, 용접봉 건조통, 게이지류, V블록, 마이크로메타, 버어니어 캘리퍼스 및 이와 유사한 것으로 공사 중 상시 일반적으로 사용하는 것으로서 별도의 동력을 필요로 하지 않는 것)의 손료로서 공사 중 상시 일반적으로 사용하는 것을 말하며, 직접노무비(노임할증과 작업기간 증가에 의하지 않은 품할증 제외)의 3% 이내까지 총괄표 상의 간접재료비 항목으로 계상한다. 특수공구(철골공사, 석공사, 설비공사 등) 및 검사용 특수계측기류의 손료는 별도 계상한다.

② 잡재료 및 소모재료

잡재료(지름 10mm, 길이 10cm 이하의 볼트류, 지름 10mm 이하 너트류, 지름 10mm, 길이 5cm 이하의 소나사, 목나사, 스테이프, 플러그류 등과 같이 소량이나 소금액의 재료) 및 소모재료(접착제, 장갑, 땜납, 테이프류, 가솔린, 오일, 용접가스, 왁스 등과 같이 작업 중에 소모되어 없어지거나 작업이 끝난 후에 모양이나 형태가 변하여 남아 있는 재료)는 설계내역에 표시하여 계상하되 주재료비의 2~5%까지 내역서 상에 직접재료비로 계상한다.

③ 경장비 손료

경장비(전기용접기, 그라인더, 윈치 등 중장비에 속하지 않는 동력장치에 의해 구동되는 장비류, 즉 휴대용 전기드릴, 휴대용 전기그라인더, 체인블록, 기초 수정용 콘크리트브레이커, 임팩트렌치, 세어링머신, 벤딩롤러, 수압시험용 펌프 및 이와 유사한 것으로 주로 동력에 의하여 구동되는 장비류) 손료는 일반공구류를 제외한 특수공구와 검사용 특수계측기구 등의 손료를 말하며 직접노무비(노임할증 제외)의 1.5%로 산출하며 기계경비에 포함시킨다.

(4) 노임과 시공직종

각 직종별 노임은 매년 정부에서 책정하는 정부노임 단가를 기준으로 하며 노임의 할증은 근로시간, 시간 외, 야간 및 휴일의 근무가 불가피할 경우에는 근로기준법 제49조, 제55조, 유해 위험작업인 경우 산업안전보건법 제46조에 정하는 바에 따른다.

◯ 표 1-16 기계설비 분야의 시공직종(기능공)의 구분

직 종	작 업 구 분
① 배 관 공	설계압력 $5kg/cm^2$ 미만의 일반 배관시공 및 보수
② 플 랜 트 배 관 공	유해가스 및 설계압력 $5kg/cm^2$ 이상의 기계실 배관 및 플랜트 배관시공과 보수
③ 철 공	형강, 강판의 간단한 현장가공 제작설계 시공
④ 제 관 공	강제 구조물의 가공 제작 시공 및 보수
⑤ 플 랜 트 제 관 공	정밀을 요하는 플랜트의 강제 구조물과 압력용기의 가공 제작 시공 및 보수
⑥ 제 철 축 로 공	제철용 각종 로(1,000~1,400℃) 내화물 시공(R오차±1mm 이내)
⑦ 덕 트 공	금속판을 가공 덕트제작 설치
⑧ 보 온 공	기기 및 배관류의 보온시공
⑨ 기 계 설 치 공	일반기계설비의 조립설치, 조정, 검사 및 보수
⑩ 플랜트기계설치공	정밀을 요하는 플랜트 기계설비의 조립 설치 조정, 검사 및 보수
⑪ 용 접 공	설계압력 $5kg/cm^2$ 미만의 일반기기 및 배관용접
⑫ 플 랜 트 용 접 공	유해가스 및 설계압력 $5kg/cm^2$ 이상의 기계실 배관, 플랜트 기기 및 배관용접
⑬ 비 파 괴 시 험 공	플랜트 설비 용접개소 방사선 투과시험
⑭ 철 관 공	철판의 가공제작
⑮ 플랜트특수용접공	사용압력 $10kg/cm^2$ 이상인 배관 및 압력 용기 또는 합금강의 용접작업을 하거나 tig, mig 등 inert gas arc 용접

(5) 품의 할증

정부 제정의 표준품셈은 건설공사 중 가장 대표적이고 보편적인 공종, 공법을 기준하였으며 지역에 따른 기후의 특수성, 작업능률의 저하, 기타 조건에 대하여는 조정 적용하여 적정한 공사비가 산출될 수 있도록 하였으며 그 내용은 다음과 같다.

① 군사작전 지구 내에서 작업능률에 현저한 저하를 가져올 때는 작업할증률을 20%까지 가산할 수 있다.
② 도서지구(본토에서 인력동원 파견 시), 공항(김포, 김해. 제주공항 등에서 1일 비행기 이착륙 횟수 20회 이상) 및 도로개설이 불가능한 산악지역에서는 작업할증(인력품)을 50%까지 가산할 수 있다.
③ 차량통행 빈도별 일반 할증률은 본선상의 열차통과에 따라 작업이 중단되는 경우에 한하여 적용하며 그 내용은 다음 표 1-17과 같다.

○ 표 1-17 열차통과 빈도할증표

공 종 별 \ 열차통과횟수(8시간)	11~25	26~40	41~50	51~70	71~90	91~110
복 선 구 간	10%	15%	20%	30%	40%	50%
단 선 구 간	15%	20%	30%	40%	60%	80%

④ 야간작업

PERT/CPM 공정계획에 의한 공기산출결과 정상작업(정상공기)으로는 불가능하여 야간작업을 할 경우나 공사특성상 부득이 야간작업을 하여야 할 경우에는 작업능률 저하를 20%까지 계상한다.

- 작업능률 저하 20%의 경우 적용 예시 : $\dfrac{1}{1-0.2} = 1.25$

⑤ 위험할증률

㉠ 교량상작업
- 인도교 : 15%
- 철교 : 30%
- 공중작업 : 70%

㉡ 고소작업(비계틀 불사용)
- 지상 4m 이하 : 0%
- 지상 5~10m : 20% 증
- 지상 11~15m : 30% 증
- 지상 16~20m : 40% 증
- 지상 21~30m : 50% 증
- 지상 31~40m : 60% 증
- 지상 41~50m : 70% 증
- 지상 51~60m : 80% 증
- 60m 이상 매 10m 증가마다 10%씩 가산한다.

ⓒ 고소작업(비계틀 사용)
- 지상 10m 이상 : 10% 증
- 지상 20m 이상 : 20% 증
- 지상 30m 이상 : 30% 증
- 지상 50m 이상 : 40% 증
- 지상 70m 이상 매 20m 증가마다 10%씩 가산한다.

ⓓ 지하작업
- 지하 4m 이하 : 10%

ⓔ 터널내 작업
- 인도 : 15%
- 철도 : 30%

터널내 사다리작업으로 작업능률이 현저하게 저하될 경우에는 위 할증률에 10%까지 가산할 수 있으며, 터널 내 작업 할증률은 터널입구에서 25m 이상 터널 속에 들어가서 작업 시에 적용한다.

⑥ 건물 층수별 할증률

ⓐ 지상층 할증
- 2층~5층 이하 : 1%
- 10층 이하 : 3%
- 15층 이하 : 4%
- 20층 이하 : 5%
- 25층 이하 : 6%
- 30층 이하 : 7%
- 30층 초과에 대하여는 매 5층 이내 증가마다 1% 가산한다.

ⓑ 지하층 할증
- 지하 1층 : 1%
- 지하 2~5층 : 2%
- 지하 6층 이하는 상황에 따라 별도 계상한다.

⑦ 유해내용별 할증률

ⓐ 고온·고압기기 접근작업 : 30%

ⓑ 고열·미탄실·위험물·극독물의 보관실 내 작업 : 20%

ⓒ 정화조, 축전지실, 제빙실 내 등 유해가스 발생장소 : 10%

⑧ 특수작업 할증률

ⓐ 중요 기기 및 설비의 분해, 가공 또는 조립작업, 특별한 사양 및 공법에 의한 작업, 기타 중요한 기기 및 설비를 취급하는 작업 등과 같이 작업의 중요성 또는 특별한 시방에 따라 특수한 기술과 안전관리 등을 위하여 기술원(기술사 및 기사, 특수자 격자, 특수기능사, 안전관리자 등) 및 감독원이 투입될 때는 필요에 따라 본 작업에 대하여 5~10%까지 계상할 수 있다.

ⓛ 작업조건이 특별한 작업조를 편성하여 작업하여야 할 경우에 각 작업조에 따라 기술원 또는 감독원 1인을 계상할 수 있으며, 작업조건에 따라 전공장을 공사현장에 배치할 경우에는 별도 계상한다.

⑨ 휴전시간별 할증률

휴전 시간에 대한 할증률은 표 1-18과 같다.

○ 표 1-18 휴전 시간별 할증률

구 분	1일 3시간 휴전시	1일 5시간 휴전시	1일 6시간 휴전시	1일 8시간 휴전시
할 증 률	30%	20%	10%	0

⑩ 기타 할증률

동일장소에 수종의 증기가동, 작업장소의 협소, 소음, 진동, 위험 등과 같은 이유로 작업능력 저하가 현저할 때 50%까지 가산할 수 있으며, 기타 작업조건이 특수하여 작업시간 및 통행제한으로 작업능률 저하가 현저할 경우는 별도 가산할 수 있다.

3-5 주요자재와 자재단가

건설재료 및 자재단가의 결정은 실제 거래 가격을 기준으로 하며 재료 및 자재단가에 운반비가 포함되어 있지 않은 경우 구입 장소로부터 현장까지의 운반비를 계상할 수 있다. 공사에 대한 주요자재의 관급은 **국가를 당사자로 하는 계약에 관한 법률 시행규칙** 및 재정경제원 회계예규 등 관계규정이나 계약조건에 따르며 자재구입은 필요에 따라 시방서를 작성하고 그 물건의 기능, 특징, 용량, 제작방법, 성능, 시험방법, 부속품 등에 관하여 명시하여야 한다.

국내에서 생산되는 자재를 우선적으로 사용함을 원칙으로 하며, 그 중에서도 한국산업규격 표시품 또는 건설기술관리법 제25조 제1항의 규정에 의한 국·공립시험기관의 시험결과 한국산업규격 표시품과 동등 이상의 성능이 있다고 확인된 자재를 우선하여 한국산업규격에 없는 제품 사용 시 공사조건에 맞는 관련규격 및 시방(외국규격 등) 등을 검토하여 사용토록 한다.

4 공사비의 구성

공사비(총원가)는 직접공사비와 간접비(경비, 일반관리비, 이윤)로 구성된다. 직접공사비는 건축설비시공에 소요되는 비용 중 직접 소요되는 재료비와 노무비를 말하며, 설계도 및 시방서에 준하여 공사종목－과목－세목별로 견적하여 구한다. 간접비는 일반관리비, 경비, 이윤 등을 말하며, 총공사비 중 상기 직접공사비를 제외한 간접적인 비용을 말한다.

그러나 설계도와 시방서에 의한 산출이 아니라 공사의 내역, 공사기간, 입지조건, 시공조건 등에 따라 크게 다를 수 있기 때문에 금액 작성 시 유의하여야 하며, 공사비는 일반적으로 그림 1-2와 같이 구성된다.

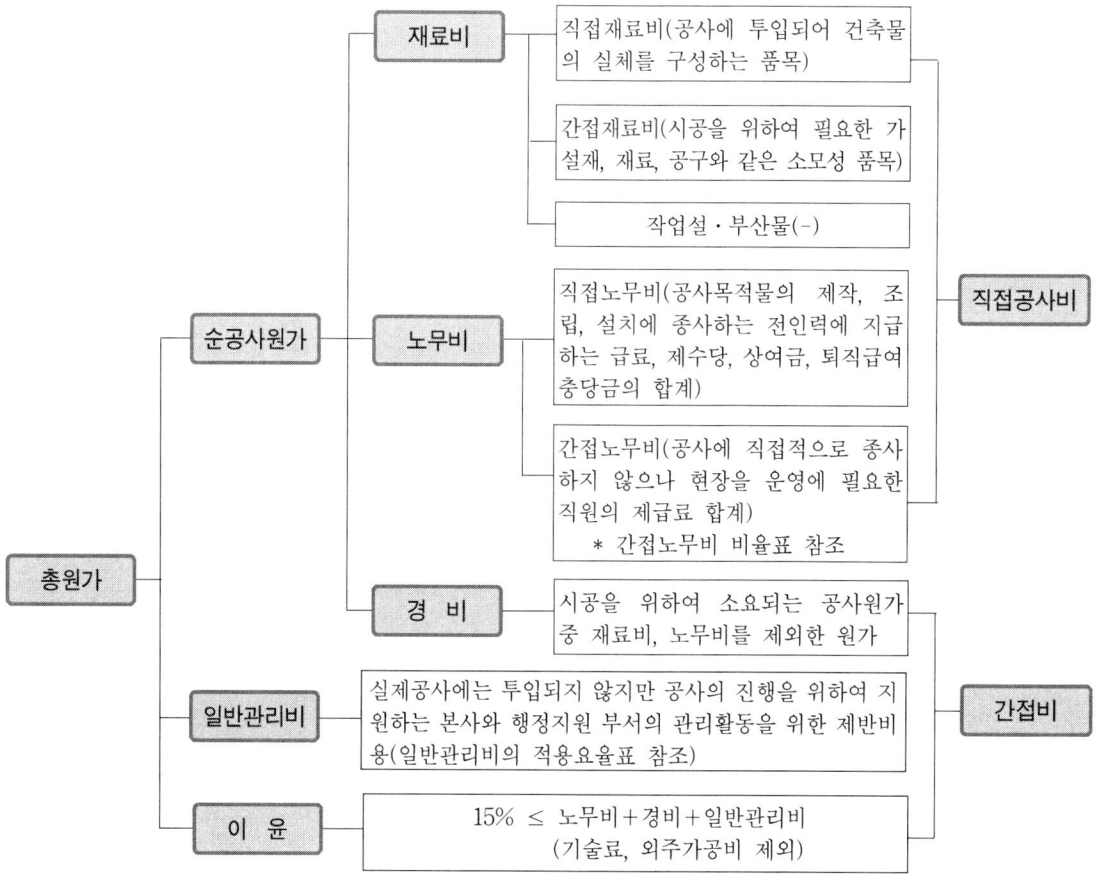

○ 그림 1-2 공사비의 구성

4-1 재료비

재료비는 공사원가를 구성하는 직접재료비와 간접재료비로 나누며, 이는 공사의 진행에 직·간접으로 투입되는 자재류를 총괄하는 것으로 이에 대한 내용은 다음과 같다.

(1) 직접재료비

공사에 투입되어 건축물의 실체를 구성하는 품목을 말하며 파이프, 엘보, 티와 같은 단일재료와 열교환기, 급탕탱크, 유닛히터, 특정한 규격을 갖고 있는 외주가공품이 이에 해당된다. 또한 일일이 산출하기가 곤란하거나 그 상품적 가치가 미미한 재료에 대해서는 잡재료 및 소모품비가 있으며, 이는 기계설비 표준품셈에 그 비율이 명시되어 있는 경우를 제외하고는 주자재비의 2~5%를 내역서 상에 반영한다.

(2) 간접재료비

기계오일·접착제·용접가스·장갑 등 소모성 물품, 내용연수 1년 미만으로서 구입단가가 법인세법(소득세법) 규정에 의한 상당금액 이하인 감가상각 대상에서 제외되는 소모성 공구·기구·비품, 비계, 거푸집, 동바리 등과 같이 공사목적물의 실체를 형성하는 것은 아니나 시공을 위하여 필요한 가설재, 재료, 공구와 같은 소모성 물품을 말한다.

일반적으로 사용되는 공구(예 파이프렌치, 스패너 등)나 시험용 계측기기류는 직접공사에 참여하는 노무비의 3%까지 공구손료로서 설계내역에 계상할 수 있으며, 전기 용접기, 윈치, 공기 압축기, 발전기와 같은 장비들은 기계경비 산정표에 의하여 정해진 손료를 별도로 포함시켜야 한다.

(3) 작업설·부산물

파이프나 철판과 같은 철물류를 가공하고 남은 스크랩(scrap)이라든지 시멘트, 유류 등과 같이 내용물을 사용한 후 시멘트 포장지, 드럼(drum)과 같은 재료는 공사를 진행하는 과정에서 발생되는 작업설·부산물로서 그것의 매각처분이 가능하므로 재료비에서 공제할 수 있다.

4-2 노무비

노무비란 공사의 진행을 위하여 필요로 하는 각 기술 직종의 노무인력의 수에 일일단가를 곱하여 계산을 하며 직접노무비와 간접노무비로 분류한다.

(1) 직접노무비

공사목적물의 제작, 조립 및 설치에 종사하는 노무인력에게 지급하는 급료, 제수당, 상여금과 퇴직급여 충당금을 합한 금액을 말한다. 이는 설계도면으로부터 산출된 물량을 표준품셈에 적용하여 계산하며 직접 설계내역서에 포함시키도록 되어 있다.

(2) 간접노무비

작업에 직접적으로 종사하지는 않으나 작업현장에서 업무를 수행하고 있는 현장기사, 자재담당, 경리담당, 야간경비 등 현장을 운영하는 데 필요한 사무소 직원의 급료, 제수당, 상여금 및 퇴직급여 충당금 등의 합계액으로 소요금액을 직접 계산할 수 있는 경우에는 그대로 적용(간접노무비=노무량×단가)할 수도 있으나, 일반적으로 표 1-19에 예시한 바와 같은 공사종류별, 공사규모별, 공사기간별로 구분된 간접노무비율에 따라 계산(간접노무비=직접노무비×간접노무비율)한다.

○ 표 1-19 간접노무비 비율

구	분	간접노무비율 (%)
공사종류별	건 축 공 사	14.5
	토 목 공 사	15.0
	특수공사(포장, 준설 등)	15.5
	기타(전문, 전기, 통신 등)	15.0
공사규모별	50 억 원 미 만	14
	50억원 이상 300억원 미만	15
	300억 원 이 상	16
공사기간별	6 개 월 미 만	13
	6개월 이상 12개월 미만	15
	12 개 월 이 상	17

4-3 경비

경비는 공사를 위해 소요되는 공사원가 중 재료비, 노무비를 제외한 원가를 말하여 기업의 유지를 위한 관리활동 부문에서 발생하는 일반관리비와 구분된다.

(1) 전력비, 수도광열비

공사목적물을 시공하기 위하여 직접 소요되는 비용으로 전력비의 경우 표준품셈에서 제시하는 양에 따라 계산한다.

(2) 운반비

재료비에 포함되지 않은 운반비로서 원재료, 반재료 또는 기계기구의 운송비, 하역비, 상하차비, 조작비 등을 말한다. 소요 화물자동차의 차량대수는 파이프와 같이 비중량이 재료의 경우 중량을, 보온재와 같이 비체적이 큰 자재는 적재량을 기준으로 산출한다.

(3) 기계경비

정부의 표준품셈에서 제시하고 있는 건설기계의 경비산정기준에 의한 비용을 말한다.

(4) 특허권 사용료

타인이 소유하고 있는 특허권을 사용할 때 지불되는 사용료를 말한다.

(5) 기술료

공사목적물을 시공하는 데 직접 필요한 노하우(know-how)비와 그 부대비용으로서 외부에 지급되는 비용을 말한다. 법인세법상의 정한 비율에 따라 산출한다.

(6) 연구개발비

공사목적물을 시공하는 데 직접 필요한 기술개발 및 연구비로서 시험 및 샘플(sample) 제작에 소요되는 비용 또는 연구기관에 의뢰한 기술개발 용역비, 법령에 의한 기술개발촉진비 및 직업훈련비를 말하며 법인세법의 규정한 바에 따라 계산한다.

(7) 품질관리비

관련 법령이나 계약조건에 의하여 품질시험이 요구되는 경우 적용하며 실제 소요되는 비용을 계상한다.

(8) 가설비

공사목적물의 실체를 형성하는 것은 아니고 현장사무소, 창고, 식당, 숙소, 화장실 등 시공에 필요한 가설물의 설치에 소요되는 비용이다.

(9) 지급임차료

공사목적물을 시공하는 데 직접 사용되거나 제공되는 토지, 건물, 건설기계를 제외한 기계기구의 사용료이다.

(10) 보험료

법령 또는 계약조건에 의하여 가입이 요구되는 보험료를 말한다.

(11) 복리후생비

공사목적물을 시공하는 데 종사하는 노무자, 종업원, 현장사무소 직원 등의 의료 위생 약품대, 공상치료비, 지급피복비, 건강진단비, 급식비 등 작업조건 유지에 직접 관련되는 복리후생비를 말한다.

(12) 보관비

재료 및 기자재의 창고 사용료로서 외부에 지급되는 것에 한하여 계상하며 이중 재료비에 계상하는 것은 제외한다.

(13) 외주가공비

재료를 외부에 가공시키는 비용으로서 실제 소요되는 비용을 계상하며 이중 재료비에 계상하는 것은 제외한다.

(14) 산업안전보건관리비

작업현장에서 산업재해 및 건강장해 예방을 위하여 법령(산업안전보건법 제30조)에 의하여 요구되는 비용으로「건설업 산업안전보건관리비 계상 및 사용기준(노동부 고시 제2018-94호)」에 의하여 다음과 같이 산출하여 계상한다.

① 대상액이 5억원 미만 또는 50억원 이상인 경우에는 대상액에 표 1-20에서 정

한 비율을 곱한 금액

② 대상액이 5억원 이상 50억원 미만일 때에는 대상액에 표 1-20에 정한 비율을 곱한 금액에 기초액을 합한 금액

○ 표 1-20 안전관리비 비율

구 분	5억원 미만 (%)	5억원 이상 50억원 미만		50억원 이상 (%)
		비율(%)	기초액(원)	
일반건설공사(갑)[1]	2.98	1.86	5,349,000	1.97
일반건설공사(을)[2]	3.09	1.99	5,449,000	2.10
중 건 설 공 사[3]	3.43	2.35	5,40,000	2.44
철도·궤도 신설 공사[4]	2.45	1.57	4,411,000	1.66
특수 및 기타건설공사[5]	1.85	1.20	3,250,000	1.27

1) 일반건설공사(갑) : 중건설공사, 철도 또는 궤도신설공사, 기계장치공사 이외의 건축건설, 도로신설 등의 공사와 이에 부대하여 해당 공사를 현장 내에서 행하는 공사
2) 일반건설공사(을) : 각종의 기계·기구장치 등을 설치하는 공사
3) 중건설공사 : 고제방(댐), 수력발전시설, 터널 등을 신설하는 공사
4) 철도·궤도 신설공사 : 철도 또는 궤도 등을 신설하는 공사
5) 특수 및 기타 건설공사 : 다른 공사와 분리 발주되어 시간·장소적으로 독립하여 행하는 준설공사, 조경공사, 택지조성공사(경지정리공사 포함), 포장공사, 전기공사, 전기통신공사
6) 상기 공사별 세부 공사는 「건설업 산업안전보건관리비 예상 및 사용기준」 별표 5 건설공사의 종류 예시표를 참조한다.

(15) 소모품비

공사현장에서 사용되는 문방구, 장부와 같은 소모용품에 대한 비용이다.

(16) 여비·교통비·통신비

현장에서 소요되는 여비 및 차량유지비, 전신전화 사용료, 우편료 등이 포함된다.

(17) 세금, 공과금

공사현장에서 공사와 관련하여 부담하여야 하는 재산세, 차량세 등의 세금과 공공단체에 납부하는 제반 공과금을 말한다.

(18) 폐기물 처리비

공사목적물 시공과정에서 발생되는 오물, 잔재물, 폐유, 폐알칼리, 폐고무, 폐합성수지 등 공해유발 물질을 법령에 의거 처리하기 위하여 소요되는 비용이다.

(19) 도서인쇄비

공사목적물 시공에 필요하여 참고서적 구입, 각종 유인물의 인쇄, 사진(VTR 포함) 제작 및 공사 시공기록 자료의 제작에 소요되는 제반비용을 말한다.

(20) 지급수수료

법률로서 규정되어 있거나 의무화된 수수료로서 다른 비목에 계상되지 않는 수수료를 말한다.

(21) 환경보전비

공사목적물 시공에 필요한 제반 환경오염 방지시설을 위한 것으로 법률로서 규정되어 있거나 의무화된 비용을 말한다.

(22) 보상비

당해 공사로 인하여 공사현장에 인접한 도로·하천·기타 재산을 훼손시키거나 지장물을 철거함에 따른 보상·보수비로서 해당공사의 용지보상비는 제외한다.

(23) 건설근로자퇴직공제부금비

관계법령에 의하여 건설근로자퇴직공제에 가입하는 데 소용되는 비용으로서 간접노무비에 퇴직급여충당금을 산정하여 계상한 경우에는 제외한다.

(24) 기타 법정경비

위의 항목 이외에 법률로서 규정되어 있거나 의무 지어진 경비가 이에 해당한다.

4-4 일반관리비

일반관리비란 실제 공사에는 투입되지 않지만 공사의 진행을 위하여 지원하는 본사와 행정지원 부서의 관리활동 부문에서 발생하는 제반비용을 말하며, 일반관리비의 적용요율은 「예정가격 작성기준(기획재정부계약예규)」에 따라 표 1-21과 같이 적용하며 제시된 값은 각각 상한요율로서 관급(지급)하는 자재에는 해당 요율에 50%를 감하여 적용할 수 있도록 하고 있다.

○ 표 1-21 일반관리비 적용요율

건　설　공　사		전문·전기·전기통신·소방	
공　사　원　가	일반관리비율(%)	공　사　원　가	일반관리비율(%)
5　억　원　　　미　만	6.0	5　천　만　원　　　미　만	6.0
5억원 이상 30억원 미만	5.5	5천만원 이상 3억원 미만	5.5
30　억　원　　　이　상	5.0	3　억　원　　　이　상	5.0

4-5 이 윤

공사에 따른 영업이익을 말하며 공사원가 중 노무비, 경비와 일반관리비의 합계액(기술료 및 외주가공비 제외)에 대해 이윤을 15% 초과하여 계상할 수 없다.

4-6 부 금

빌딩, 공장 등을 건설할 경우 건축공사 및 각 설비공사를 분리 발주하여 시공할 때 시공자들 간에 상호 친분이 없어도 후에 참여하는 단독수주를 한 설비업체는 건축업체에 대하여 가설물의 공용, 가설물의 사용료, 마감손상보수비, 현장관리비 명목으로 적당액의 부금을 납부하는 관례가 외국에는 있다.

이 부금은 현장공익비, 비계손료 등으로도 알려져 시공업체 간에 있어서는 오래 전부터 분담되어 왔지만 그 내용을 명확하게 한 것은 없고 보통 설비공사도급금액의 몇 %라고 하는 개산적으로 결정한 것이기 때문에 후일 상호 견해가 엇갈림으로 인한 분쟁의 원인이 되는 경우가 적지 않다.

협의내용에 따라서는 1% 이상의 현장도 있지만 0.5% 이하로 타결한 예도 있기 때문에 부금액은 시공업체 간에 있어서 부담구분, 부담비율 등을 충분히 협의하여 결정할 필요가 있다.

02

건·축·기·계·설·비·적·산

CHAPTER 02

보온 공사

- 1 일반 사항
- 2 표준품셈
- 3 일위대가표 작성

CHAPTER 02 보온 공사

1 일반 사항

1-1 보온재료

보온에 사용하는 재료는 보온대상 재료의 온도, 옥내·외 노출, 은폐, 매몰 여부 등의 내용에 따라 보온재료, 시공방법을 달리하고 있으며, 사용하고 있는 보온재료의 내용은 다음과 같다.

(1) 보온재

① 암면 보온재

KS F 4701(암면단열재 제품)에 규정하는 보온판, 펠트, 보온통, 보온대 및 블랭킷으로서 보온판은 1호 및 2호, 보온대 및 블랭킷은 1호로 한다.

② 유리면 보온재

KS L 9102(유리면 보온재)에 규정하는 보온판, 펠트, 보온통, 보온대 및 블랭킷으로서 보온판 및 보온대는 2호 24k, 32k 및 40k로 한다.

③ 발포 폴리스티렌 보온재

KS M 3808(발포 폴리스티렌 보온재)에 규정하는 보온판 및 보온통은 3호로 한다.

④ 발포 폴리에틸렌 보온재

KS M 3862(발포 폴리에틸렌 보온재)에 규정하는 보온통 2종은 길이방향에 따라 절개부를 넣어 염화비닐시트로 피복한 것으로 한다.

⑤ 규산칼슘 보온재

KS L 9101(규산칼슘 보온재)에 규정된 보온판 및 보온통이다.

⑥ 발수성펄라이트 보온재

KS F 4714(발수성 펄라이트 보온재)에 규정된 보온판 및 보온통이다.

⑦ 경질우레탄폼 보온재

KS M 3809(경질 우레탄폼 보온재)에 규정된 보온판 및 보온통이다. 암면 유리면 발포 폴리스티렌 보온재에 알루미늄 박판(ALK), 알루미늄 유리 직물(ALGC) 및 유리 직물(GC)로 표면을 피복해도 된다.

(2) 외장재

① 금속판

㉠ 아연 철판

KS D 3506(용융 아연도금 강판 및 강대)에 의한 것으로서 판 두께는 보온 외경 250mm 이하의 관, 밸브 등에 사용하는 경우는 0.3mm, 기타는 0.4mm로 한다.

㉡ 칼라 아연철판

KS D 3520(도장 용융 아연도금 강판 및 강대)에 의한 것으로서 판 두께는 보온 외경 250mm 이하의 관, 밸브 등에 사용하는 경우는 0.27mm, 기타는 0.35mm로 한다.

㉢ 알루미늄판

KS D 6701(알루미늄 및 알루미늄 합금판 및 조)판 두께는 보온 외경 250mm 이하의 관, 밸브 등에 사용하는 경우는 0.4mm, 250mm를 초과하는 경우는 0.6mm, 기타는 0.8mm로 한다.

㉣ 스테인리스강판

KS D 3698(냉간 압연 스테인리스 강판 및 강대)판 두께는 보온 외경 140mm 이하의 관 및 보온 외경 250mm 이하의 마감폭에 사용하는 경우는 0.15mm, 기타는 0.2mm로 한다.

② 외장용 테이프

㉠ 면포

직포 중량 $115g/m^2$로 하고 관 등에 사용하는 경우는 적당한 폭으로 절단하고, 테이프 모양을 한 것으로 한다.

ⓛ 유리 직물

KS L 2508(유리직물)에 규정하는 EP21C에 풀림방지가 된 무알칼리 평직 유리직물로서 관 등에 사용하는 경우는 적당한 폭으로 재단하고, 테이프 모양을 한 것으로 한다. 다만 덕트류 내부에 부착하는 것으로 사용되는 것은 EP18로 한다.

ⓒ 알루미늄 유리 직물

두께 0.02mm 이상의 알루미늄박에 KS L 2508(유리직물)에 규정하는 EP11E를 아크릴계 접착제에 접착시킨 것으로 하고, 관 등에 사용하는 경우는 적당한 폭으로 재단하고 테이프 모양을 한 것으로 한다.

ⓔ 방식용 폴리염화비닐 점착 테이프

KS A 1530(방식용 폴리염화비닐 점착테이프)에 준하는 것으로 두께 0.2mm의 비점착성의 것으로 한다.

③ 알루미늄 가공시트

- 알루미늄박판 : KS D 6705(알루미늄 및 알루미늄합금박)에 따른 두께 0.007mm 알루미늄박에 그라프트지를 맞붙인 것으로 한다.

④ 폴리프로필렌 가공시트

- 폴리프로필렌 가공시트 : KS M 3154(폴리프로필렌 성형용 수지)에 의한 폴리프로 시트 두께 0.3mm 이상의 성형 가공품으로 한다.

(3) 보조재

① 방습·방수재

㉠ 아스팔트 루핑

KS F 4902(아스팔트 루핑)에 규정하는 아스팔트 루핑으로서 $1,500g/m^2$의 것으로 한다.

㉡ 아스팔트 펠트

KS F 4901(아스팔트 펠트)에 규정하는 아스팔트 펠트로서 $650g/m^2$의 것으로 한다.

㉢ 아스팔트 크라프트지

KS A 1503(아스팔트 크라프트 방습지)에 규정된 테이프 모양을 한 것으로 한다.

ⓔ 폴리에틸렌 필름

KS M 3509(포장용 폴리에틸렌 필름)에 따른 두께 0.05mm의 것으로 하고, 관 등에 사용하는 경우는 적당한 폭으로 재단하고, 테이프 모양을 한 것으로 한다.

② 정형재

㉠ 정형용원지

판지 잡종 370g/m^2 이상의 것으로 한다.

㉡ 난연원지

무가소성 염화비닐수지를 사용한 비닐원지로 500g/m^2 이상으로 하고, KS M 3030(플라스틱 필름의 난연성 및 연소속도 시험방법)에 규정하는 방염 2급에 합격한 것으로 한다.

㉢ 정형엘보

폴리에틸렌 수지를 사용한 난연성 비닐 엘보로 KS M 3030(플라스틱 필름의 난연성 및 연소속도 시험방법)에 규정하는 방염 2급에 합격한 것으로 한다.

③ 부착재

㉠ 비닐점착테이프

KS A 1527(포장용 폴리 염화비닐 점착테이프)에 의한 0.2mm의 것으로 한다.

㉡ 알루미늄 유리직물 점착 테이프

알루미늄 유리직물의 유리직물 면에 점착재를 도포하고, 박리지가 부착되어져 있고, 점착강도를 완전하게 유지된 것으로 한다.

㉢ 알루미늄 박판 점착 테이프

알루미늄 박판의 지면에 점착테이프를 도포하고, 박리지가 부착되어져 있고, 점착강도를 완전하게 유지된 것으로 한다.

④ 보강재

㉠ 아연철선

KS D 3552(철선)에 의한 아연도금 철선으로서 굵기는 0.6mm 이상으로 한다.

㉡ 메탈라스

KS F 4552(메탈라스)에 의한 호칭망눈 21~28의 것으로 사용철선은 지름이 0.4mm 이상의 아연도금이 되어진 것으로 한다.

㉢ 보온핀(리벳)

스폿 용접용의 동 도금 또는 동제 보온핀 및 절연관좌금이 부착된 동 보온핀으로 한다. 다만, 공조덕트 및 배연덕트에 사용하는 경우에는 강판제관좌금에 못이 부착된 접착용 보온핀으로 하여도 된다.

⑤ 보강재

㉠ 강판틀
원칙적으로 KS D 3506(용융 아연도금 강판 및 강대)에 의한 0.4mm 이상의 아연철판을 가공한 것으로 한다. 경량형강의 경우에는 방식처리가 되어진 것으로 된다.

㉡ 코너비드
KS D 3506(용융 아연도금 강판 및 강대)에 규정하는 평판 0.2mm 이상의 것으로 한다.

⑥ 기타

㉠ 평밴드
KS D 3698(냉간 압연 스테인리스 강판 및 강대)에 따라 제작한 것으로서 어느 쪽이든 두께 0.15mm 이상으로 한다.

㉡ 조이너, 코너
알루미늄 또는 플라스틱제의 것으로 한다.

㉢ 밀봉재
클로로프렌 고무계 밀봉재 또는 실리콘 밀봉재로 한다.

1-2 보온두께

보온두께는 보온재만의 두께를 말하며 기기, 배관, 덕트의 사용 조건, 보온재의 종류에 따라 상이하고 외장재 및 보조재의 두께는 포함하지 않는다. 결로 및 동파방지 또는 보온과 보냉이 동시에 필요할 경우는 두 가지 중에 두께가 큰 쪽을 선택한다.

(1) 기기의 보온두께

기기류의 보온두께는 다음 표 2-1과 같다.

표 2-1 기기류의 보온두께

(a) 결로방지 두께

종 류	조 건	보 온 재	두께(mm)
급 수 탱 크 류	일반적인 장소 • 탱크 내 수온 15℃ • 주위온도 30℃ • 상대습도 85%	암면 보호판 1호 유리면 보온판 2호 24k, 34k, 40k 발포 폴리스티렌 보온판 3호	25 25 30
	다습한 장소 • 탱크 내 수온 15℃ • 주위온도 30℃ • 상대습도 90%	암면 보호판 1호 유리면 보온판 2호 24k, 34k, 40k 발포 폴리스티렌 보온판 3호	50 50 50

(b) 보온용 보온재 두께

종 류	조 건	보 온 재	두께(mm)
보 일 러, 연 도	내부온도 300℃ 주위온도 20℃ 표면온도 40℃ 이하	암면 블랭킷 1호 암면 보온판 1호, 2호	75 75
온수헤더, 열교환기 저탕탱크, 팽창탱크	내부온도 100℃ 주위온도 20℃ 표면온도 40℃ 이하	유리면 보온판 2호 24k, 32k, 40k 암면 보온판 1호, 2호 및 블랭킷 1호	50 50
증기, 온수헤더 열교환기, 온수탱크	내부온도 150℃ 주위온도 20℃ 표면온도 40℃ 이하	유리면 보온판 2호 24k, 32k, 40k 암면 보온판 1호, 2호 및 블랭킷 1호	50 50
고압증기, 고온수 헤더, 고온수용 팽창탱크, 열 교 환 기	내부온도 220℃ 주위온도 20℃ 표면온도 40℃ 이하	유리면 블랭킷 2호 암면 보온판 1호, 2호	50 50

(c) 보냉용 보온재 두께

종 류	조 건	보 온 재	두께(mm)
냉 동 기	내부온도 5℃ 주위온도 30℃ 상대습도 85%	유리면 보온판 2호 40k 암면 보온판 2호 발포 폴리스티렌 보온판 3호	50 50 50
냉수, 냉온수용 펌 프 헤 더, 탱 크 류	내부온도 5℃, 100℃ 주위온도 30℃, 20℃ 상대습도 85% 표면온도 40℃ 이하	유리면 보온판 2호 40k 암면 보온판 2호 발포 폴리스티렌 보온판 3호	50 50 50
공 기 조 화 기	내부온도 12~40℃ 외부온도 5~33℃ 상대습도 70%	유리면 보온판 2호 24k, 32k, 40k (냉수코일부는 40k로 한다.) 암면 보온판 1호, 2호 발포 폴리스티렌 보온판 3호	25 25 25

종류	조건	보온재	두께(mm)
송풍기	내부온도 12~40℃ 외부온도 5~33℃ 상대습도 70%	유리면 보온판 2호 24k, 32k, 40k(냉풍용 송풍기는 40k로 한다.) 암면 보온판 1호, 2호 발포 폴리스티렌 보온판 3호	25 25 25
온수보일러, 온수탱크, 온수가열기 배기통	내부온도 200℃ 주위온도 20℃ 표면온도 40℃ 이하	암면 보온대 1호, 블랭킷 1호 유리면 보온판 24k 발수성 펄라이트 보온판 1호	50 50 50

(2) 덕트의 보온두께

덕트의 종류별 보온두께는 표 2-2와 같다.

◐ 표 2-2 덕트의 보온두께

종류	조건	보온재	두께(mm)
노출 장방형 덕트	내부온도 12~40℃ 외부온도 5~33℃ 상대습도 70%	유리면 보온판 2호 24k, 32k, 40k(40k는 유리직물 마감의 경우에 사용한다.) 암면 보온판 1호, 2호 (2호는 유리직물 마감의 경우에 사용한다.)	25 25
은폐 장방형 덕트	내부온도 12~40℃ 외부온도 5~33℃ 상대습도 70%	유리면 보온판 2호 24k, 32k, 40k 암면 보온판 1호	25 25
노출 및 은폐 원형 덕트	내부온도 12~40℃ 외부온도 5~33℃ 상대습도 70%	유리면 보온판 2호 24k, 32k 유리면 보온대 2호 24k, 32k 암면 보온대 1호 암면 펠트	25 25 25 25
배연 덕트		유리면 보온판 2호 24k, 32k, 40k 유리면 보온대 2호 24k, 32k, 40k 암면 보온판 1호, 2호 암면 보온대 1호 암면 펠트	25 25 25 25 25

(3) 배관의 보온두께

배관 종류별 설치장소에 따른 보온두께는 일반적으로 표 2-3에 따른다.

◎ 표 2-3 배관 종류별 보온두께

종류	조건		보온재	관경 · 두께			
급수관 배수관	일반적인 경우	관내수온 15℃ 주위온도 30℃ 상대습도 85%	암면 보온통, 보온대 1호 유리면 보온통, 보온판 24k 발포 폴리스티렌 보온통 3호	관경(A)	15~80	100 이상	
				보온두께(mm)	25	40	
	다습한 경우	관내수온 15℃ 주위온도 30℃ 상대습도 90%	암면 보온통, 보온대 1호 유리면 보온통, 보온판 24k 발포 폴리스티렌 보온통 3호	관경(A)	15~25	32~300	350 이상
				보온두께(mm)	25	40	50
급탕관 온수관 기름관 증기관	일반적인 경우	관수온도 61~90℃ 주위온도 20℃ 표면온도 40℃ 이하	암면 보온통, 보온대 1호 유리면 보온통, 보온판 24k 발수성 펄라이트 보온통, 규산칼슘 보온통	관경(A)	25~40	50~125	150 이상
				보온두께(mm)	25	40	50
		관내수온 91~120℃ 주위온도 20℃ 표면온도 40℃ 이하	암면 보온통, 보온대 1호 유리면 보온통, 보온판 24k 발수성 펄라이트 보온통, 규산칼슘 보온통	관경(A)	15~40	50~125	150 이상
				보온두께(mm)	40	50	75
	고온의 경우	관내수온 121~175℃ 주위온도 20℃ 표면온도 40℃ 이하	암면 보온통 유리면 보온통 발수성 펄라이트 보온통 규산칼슘 보온통	관경(A)	25 이하 / 32~65	80~300	300 이상
				보온두께(mm)	40 / 50	75	100
		관내수온 220℃ 주위온도 20℃ 표면온도 40℃ 이하	암면 보온통 유리면 보온통 발수성 펄라이트 보온통 규산칼슘 보온통	관경(A)	20~40 이하	50~150	200 이상
				보온두께(mm)	50	75	100
냉수관 냉·온수관	일반적인 경우	관내온도 5℃ 주위온도 30℃ 상대습도 85%	암면 보온통 유리면 보온통 발포폴리스티렌 보온통 3호	관경(A)	15~25	32 이상	
				보온두께(mm)	25	40	
		관내온도 10℃ 주위온도 30℃ 상대습도 85%	암면 보온통 유리면 보온통 발포폴리스티렌 보온통 3호	관경(A)	15~50	65 이상	
				보온두께(mm)	25	40	
	다습한 경우	관내온도 5℃ 주위온도 30℃ 상대습도 90%	암면 보온통 유리면 보온통 발포폴리스티렌 보온통 3호	관경(A)	15~32	40~100	125 이상
				보온두께(mm)	40	50	75
		관내온도 10℃ 주위온도 30℃ 상대습도 90%	암면 보온통 유리면 보온통 발포폴리스티렌 보온통 3호	관경(A)	15~80	100 이상	
				보온두께(mm)	40	50	

(4) 공조용 냉매관 보온두께

◎ 표 2-4 냉매배관 종류별 보온두께

종 별		보 온 두 께 (mm)									
		관 경 (mm)									
		6.35	9.52	12.7	15.88	19.05	22.22	25.4	28.58	31.8	34.92	38.1
압축기 옥외 히트펌프	가스관	20	20	20	20	20	20	20	20	20	20	20
	액관	7.5	7.5	10	10	10	10	10	10	10	10	10
압축기 옥외 냉방전용	가스관	20	20	20	20	20	20	20	20	20	20	20
	액관	7.5	7.5	10	10	10	10	10	10	10	10	10
압축기 옥내 히트펌프	가스관	20	20	20	20	20	20	20	20	20	20	20
	액관	7.5	7.5	10	10	10	10	10	10	10	10	10
압축기 옥내 냉방전용	가스관	7.5	7.5	10	10	10	10	10	10	10	10	10
	액관	7.5	7.5	10	10	10	10	10	10	10	10	10
보 온 재		발포 폴리에틸렌 보온통 2호										

공조용 이외의 냉동·냉장용 냉매관의 보온재 및 보온두께는 특기시방에 따른다.

1-3 보온공사 방법

(1) 보온시공 공통사항

보온시공 시 일반적인 공통사항은 다음과 같다.

① 건축물의 방화구획, 방화벽, 기타 법규로 지정된 칸막이 또는 벽 등을 관통하는 관 등의 소요부분에 대해서는 필요한 내화성능이 있도록 불연재료를 충진한다.
② 건축법, 소방법 등의 법규상 불연공법이 요구되어지는 곳은 불연재 또는 불연재에 준하는 내화성능이 있는 보온재, 외장재 및 보조재를 사용하여 피복 시공한다.
③ 보온재의 이음부분은 틈새가 없도록 시공하고 겹침부위의 이음선이 동일선 상에 있지 않도록 한다.
④ 배관의 철선감기는 대(帶) 모양 재료일 때는 50mm 피치 이하의 나선감기로 조이고 통 모양 재료일 때는 1본에 대해 2개소 이상 감아 조인다. 원형덕트의 철선감기는 150mm 피치 이하의 나선으로 감아 조인다.

⑤ 아스팔트 펠트와 정형용 원지의 겹쳐 감는 폭은 30mm 이상으로 한다.
⑥ 외장용 테이프류의 겹쳐 감는 폭은 15mm 이상으로 하고 입상관일 때는 아래에서 위쪽으로 감아 올라간다. 단, 폴리에틸렌 필름의 경우는 1/2 겹침 감기를 한다. 수평배관인 경우에는 900mm 간격으로 수직배관은 600mm 간격으로 알루미늄 밴드를 감아서 외장용 테이프가 풀리지 않도록 한다.
⑦ 금속판 등을 감아 마무리하는 경우 관, 원형덕트의 직관부, 장방형 덕트 및 각형 탱크류는 시임(seam)이음으로 하고 관 및 원형덕트의 굽힘부는 형태에 맞게 제작 또는 공장가공에 의한 성형품으로 한다. 이음매는 삽입이음으로 하되 탱크류는 필요에 따라 겹침부위에 피스로 고정할 수 있다. 옥외 및 옥내 다습한 곳의 이음매는 밀봉재로 마감한다.
⑧ 보온핀의 부착 수는 장방형 덕트의 경우는 300mm 간격에 밑면 및 측면은 2개, 윗면은 1개로 한다. 흡음재 내장의 경우는 $1m^2$당 30개 정도로 하고 모양에 따라 필요한 곳에 보온핀을 부착하여야 한다.
⑨ 원칙적으로 덕트의 강판틀은 덕트의 네 모퉁이 및 종·횡 방향에 450mm×900mm 이하의 격자모양으로 설치한다. 또 공기조화기나 탱크류에서는 900mm×900mm 이하의 격자모양으로 할 수 있다.
⑩ 옥내 노출배관의 바닥 관통부는 보온재의 보호를 위하여 바닥에서 150mm 높이까지 아연 철판 또는 스테인리스 밴드 등으로 피복한다.
⑪ 냉수 및 냉온수 배관의 지지부는 보온두께와 같은 합성수지제 등의 지지대로 설치하고 그 위에 행거밴드 또는 U-볼트로 고정하여 보온재를 넣은 다음 외장재로 마감한다. 부득이 배관을 보온재 내부에서 지지하는 경우는 보온표면보다 150mm의 높이까지 결로 방지를 위해 두께 20mm로 지지부를 피복한다.
⑫ 옥내 노출관의 보온 변형부분과 분기굴곡부 등에는 밴드로 고정한다. 밴드 폭은 보온 외경 150mm 이하는 20mm로, 150mm 이상은 25mm로 한다.
⑬ 보온을 필요로 하는 기기의 문 및 점검구 등은 개폐에 지장이 없고 보온효과가 감소하지 않도록 시공한다.
⑭ 보온을 필요로 하는 덕트 등의 지지대, 벽체부착 브래킷의 지지부 및 지지하는 곳에 대하여도 보온한다.
⑮ 밸브 및 플랜지의 보온시공은 배관 시공에 준하고 노출 주철밸브류의 외장재는 특기사항에 따른다.
⑯ 배관보온용으로 보온통의 사용이 곤란한 곳은 동질의 보온대 및 보온판 등을 사용한다.

⑰ 외기조건 등이 특수하여 보온통의 두께가 기성제품의 시방에 맞지 않을 때에는 보온통 위에 동질의 보온판 및 보온대를 감든가 또는 보온통을 이중으로 겹쳐 시공한다.

(2) 기기의 보온시공

기기의 보온시공 시 사용 구분과 재료 및 시공순서는 표 2-5에 따르며 보온재료와 외장용 금속판은 특기시방서에서 지정한 내용에 준하여 시공한다.

◯ 표 2-5 기기의 보온시공 재료 및 순서

사 용 구 분	재 료 및 순 서	비 고
급 수 탱 크 류	1) 보온핀 또는 접착제 2) 보온재 3) 아스팔트펠트 또는 폴리에틸렌 필름 4) 아연철선 또는 강판틀 5) 금속판	각형탱크의 경우에는 원칙적으로 강판틀을 사용한다.
보 일 러, 연 도	1) 보온핀 또는 스폿 용접 2) 보온재 3) 아연철선 4) 메탈라스 또는 강판틀 5) 금속판	각형연도의 경우에는 원칙적으로 강판틀을 사용한다.
증기, 온수헤더 열 교 환 기 저 탕 탱 크 온 수 탱 크 급수, 온수팽창탱크	1) 보온핀 2) 보온재 3) 아연철선 4) 메탈라스 또는 강판틀 5) 금속판	① 보온핀은 필요장소에만 사용한다. ② 각형탱크의 경우에는 원칙적으로 강판틀을 사용한다.
냉 동 기	1) 보온핀 또는 접착제 2) 보온재 3) 아스팔트펠트 또는 폴리에틸렌 필름 4) 아연철선 5) 금속판	
급수, 냉온수펌프 헤더 및 탱크류	1) 보온핀 또는 접착제 2) 보온재 3) 아스팔트펠트 또는 폴리에틸렌 필름 4) 아연철선 (강판틀) 5) 금속판	각형탱크의 경우에는 원칙적으로 강판틀을 사용한다.
공기조화기 송풍기 (냉 풍 용)	1) 보온핀 2) 보온재 3) 강판틀 4) 금속판 및 불연, 준불연재판	
배 기 통	1) 암면 보온대 2) 아연철선 3) 메탈라스	유리면매트 단열 커버(두께 20mm)를 사용하는 경우는 특기시방서에 따른다.

냉온수 발생기의 재생기 보온은 보일러에 준하여 시행한다.

(3) 덕트의 보온시공

덕트의 보온시공 재료 및 순서는 표 2-6과 같다.

◎ 표 2-6 덕트의 보온시공 재료 및 순서

종류	사용구분	재료 및 순서	비고
장방형 덕트	옥내노출 덕트	1) 보온핀 2) 보온재 3) 코너비드 4) 접착제 5) 외장재 6) 밴드	
	천장 내 등 옥내은폐 덕트	1) 보온핀 2) ALK 또는 ALGC 부착 보온재 3) 알루미늄 점착 테이프 4) 알루미늄 또는 PP 밴드 5) 메탈라스	ALGC 부착 암면보온판 또는 유리면 보온판 2호 40k를 사용하는 경우는 5) 메탈라스를 제외한다.
	옥내외 노출 및 욕실, 주방 등 다습한 장소의 덕트	1) 보온핀 2) 보온재 3) 폴리에틸렌 필름 또는 아스팔트 펠트 4) 아연철선(강판틀) 5) 외장재 6) 밀봉재	① 덕트 폭이 900mm 이상의 경우는 원칙적으로 강판틀을 사용한다. ② 옥내 노출의 경우는 3)의 방습재, 4) 아연철선 및 6) 밀봉재를 제외한다.
원형 덕트	옥내노출 덕트	1) 보온재 2) 아연철선 3) 접착제 4) 외장재 5) 밴드	
	천장 내 등 옥내 은폐덕트	1) ALK 또는 ALGC 부착 보온재 2) 알루미늄 점착 테이프 3) 알루미늄 또는 PP 밴드 4) 메탈라스	ALGC 부착 암면보온재 1호 또는 유리면 보온재 2호 40k를 사용하는 경우는 4) 메탈라스를 제외한다.
	옥내외 노출 및 욕실, 주방 등 다습한 장소의 덕트	1) 보온재 2) 아연철선 3) 폴리에틸렌 필름 또는 아스팔트 펠트 4) 아연철선 5) 외장재 6) 밀봉재	옥내 노출의 경우는 3)의 방습재, 4) 아연철선 및 6) 밀봉재를 제외한다.
배연 덕트	은폐 장방형 및 원형 덕트	1) 보온핀 또는 스폿 용접 2) ALK 또는 ALGC 부착 3) 알루미늄 점착 테이프 4) 알루미늄 밴드 또는 메탈라스	원형 덕트의 경우는 1) 보온핀을 제외한다.
덕트 체임버	소음 내장재	1) 보온핀 또는 접착제 2) GC 부착 보온판 3) 철망 또는 펀칭 메탈	① GC 부착 보온판 및 두께는 특기에 따른다. ② 환기측 및 취출 체임버에는 원칙적으로 3)을 제외한다.

플랜지 부분(보강을 포함)은 플랜지 부분이 보온재의 내부에 알맞게 들어가 있도록 시공한다.

(4) 배관의 보온시공

① 결로방지 및 보온의 시공

급수관 및 배수관 등의 결로방지 및 급탕관, 온수관, 기름관, 증기관의 보온 시공순서는 표 2-7에 의하며 보온재와 외장재는 특기 시방에 제시된 내용에 준하여 시공한다.

◎ 표 2-7 위생배관의 보온시공 재료 및 순서

사 용 구 분	재 료 및 순 서	비 고
옥내 노출 배관	1) 보온재 2) 아연철선 3) 외장재 4) 밴드 5) 정형용 원지 및 정형 엘보	정형이 유지되는 외장재의 경우 3), 5)를 제외할 수 있다.
천장 내, 파이프 샤프트 등의 옥내 은폐 배관	1) 보온재 2) 아연철선 3) 외장재 4) 밴드 또는 메탈라스	알루미늄 가공시트의 경우 부착재를 사용한다.
지하층, 지하 피트 내 배관(트렌치, 피트 내를 포함)	1) 보온재 2) 아연철선 3) 밴 드 4) 외 장 재 5) 폴리에틸렌 필름 또는 아스팔트 펠트	점검이 용이하고 다습한 장소가 아닌 경우 3)을 제외하고 정형이 유지되는 외장재의 경우 5)를 제외할 수 있다.
옥내외 노출 및 욕실, 주방 등의 다습한 장소의 배관	1) 보온재 2) 아연철선 3) 폴리에틸렌 필름 또는 아스팔트 펠트 4) 아연철선 또는 보온못 5) 외장재 6) 밀봉재	옥내 노출의 경우는 3) 및 4)를 제외한다.

급탕관 등 부득이 매설하는 경우에는 시공종별 c로 한다.

② 냉수관, 냉온수관 및 냉매관의 보온시공

냉수관, 냉온수관 및 냉매관의 보온시공 재료 및 순서는 표 2-8과 같다.

표 2-8 공조배관의 보온시공 재료 및 순서

사 용 구 분	재 료 및 순 서	비 고
옥외 노출 배관	1) 보온재 2) 아연도철선 3) 폴리에틸렌 필름 또는 아스팔트 펠트 4) 정형용 원지 및 정형엘보 5) 외장재 6) 밴드	외장용 테이프는 특기에 따른다.
옥내 노출 배관	1) 발포 폴리에틸렌 보온통 2) 부착재 3) 외장재 4) 밴 드	정형이 유지되는 외장재의 경우 4)를 제외할 수 있다.
천장 내, 파이프 샤프트 등의 옥내 은폐 배관	1) 보온재 2) 아연철선 3) 폴리에틸렌 필름 또는 아스팔트 펠트 4) 외장재 5) 밴드 또는 메탈라스	
천장 내, 파이프 샤프트 등의 옥내 은폐 배관	1) 보온재 2) 아연철선 3) 폴리에틸렌 필름 또는 아스팔트 펠트 4) 알루미늄 가공시트 5) 밀봉재	알루미늄 가공시트의 경우 부착재를 사용한다.
	1) 발포 폴리에틸렌 보온통 2) 부착재	
지하층, 지하 피트 내 배관(트렌치, 피트 내를 포함)	1) 보온재 2) 아연철선 3) 폴리에틸렌 필름 또는 아스팔트 펠트 4) 외장재 5) 밴드	점검이 용이하고 다습한 장소가 아닌 경우 3)을 제외하고 정형이 유지되는 경우 5)를 제외할 수 있다.
	1) 발포 폴리에틸렌 보온통 2) 부착재	
옥내외 노출 및 욕실, 주방 등의 다습한 장소의 배관	1) 보온재 2) 아연철선 3) 폴리에틸렌 필름 또는 아스팔트 펠트 4) 아연철선 또는 보온못 5) 외장재 6) 밀봉재	옥내 노출의 경우는 3) 및 4)를 제외한다.
	1) 발포 폴리에틸렌 보온통 2) 부착재 3) 외장재 4) 밀봉재	

냉수 및 냉온수용 옥내 노출 배관으로 관경 65mm 이상의 밸브, 스트레이너 등은 피스 등에 의해 탈착이 용이한 금속제 덮개로 외장을 마감한다.

1-4 적산 방법

보온 공사란 기기, 배관, 덕트에 대하여 보온, 보냉, 결로방지, 동파방지 등을 목적으로 단열재를 피복하는 것으로 일반적으로 단열공사라 하기도 한다. 보온재의 적산은 산출된 배관, 덕트의 수량을 이용하여 시방서에 제시된 규격에 따라 표준품셈을 적용하여 수행한다.

보온시공 외에 덕트의 내화피복, 단열피복, 급수온도가 매우 낮은 경우의 결로방지 피복, 한·냉지에서의 동파방지 피복 등은 별도의 시공방법을 선택하여야 하며 일반적으로 결로가 안 생기거나 발생하여도 기능적으로 문제가 없는 부분, 열손실이 많은 영향을 미치지 않는 복잡한 부분의 단열공사는 생략을 하며 이에 대한 주요 개소는 다음과 같다.

(1) 기 기

① 패키지형 및 유닛형의 공기조화기로 내부에 보온처리된 것
② 보냉이 되어 있는 냉동기
③ 환기용, 외기흡입용, 배기용 및 배연용 공기조화기로서 내부에 보온효과가 있는 흡음재를 내장한 체임버와 송풍기
④ 오일탱크 및 가열하지 않는 오일 서비스 탱크
⑤ 냉수, 냉·온수용 및 고온수용 펌프 이외의 펌프

(2) 덕 트

① 공조되고 있는 실 및 그 천장 속의 환기덕트
② 보온효과가 있는 흡음재를 내장한 덕트 및 챔버
③ 보온효과가 있는 소음기 및 소음 엘보
④ 환기용(換氣用) 덕트
⑤ 배기용 덕트
⑥ 단독으로 방화구획된 샤프트 내의 배연덕트(노출, 천장 속 배연덕트는 보온)

(3) 배관, 밸브 및 플랜지

① 난방되고 있는 실내(천장 내를 포함)의 난방용 수직관(주관은 제외) 및 분기관
② 방열기 주위 배관

③ 증기관, 온수관 및 기름배관에 있어서 옥내 및 지하 피트 내의 신축이음, 밸브, 플랜지 및 각종 장치의 주위배관
④ 천장내 및 욕탕, 주방 등의 다습한 장소를 제외한 옥내 급수배관에 설치된 밸브 및 플랜지
⑤ 급수관 및 배수관의 콘크리트 내 매설배관
⑥ 위생기구의 부속품에 해당되는 배관
⑦ 지하 피트 내에 급수관의 밸브 및 플랜지
⑧ 급수관 및 배수관의 지중매설관
⑨ 최하층의 바닥하부, 지하 피트 내, 옥외노출 배수관
⑩ 옥내 및 지하 피트 내에 급탕관의 신축이음 및 플랜지
⑪ 주방기기 및 순간온수기 주위 급수, 배수 및 급탕관
⑫ 통기관(단, 배수관과의 분기점에서 위쪽으로 100mm까지의 부분은 제외)
⑬ 오수처리 설비의 배관
⑭ 가열하지 않은 기름배관
⑮ 냉동기 및 패키지형 공조기용의 냉각수 배관
⑯ 각종 탱크류의 오버플로관 및 밸브 이하의 배수관
⑰ 공기빼기 및 물빼기 밸브 이후 배관

2 표준품셈

2-1 배관보온

(1) 배관보온

(m)

구분		단위	고무발포보온재		발포폴리에틸렌보온재	
규격(mm)	보온두께(mm)		보온공	보통인부	보온공	보통인부
ø15	25 이하 50 이하	인 인	0.034 0.057	0.005 0.008	0.024 0.040	0.002 0.003
20	25 이하 50 이하	인 인	0.040 0.065	0.005 0.008	0.028 0.046	0.002 0.003
25	25 이하 50 이하	인 인	0.045 0.069	0.006 0.009	0.031 0.048	0.002 0.003

구분		단위	고무발포보온재		발포폴리에틸렌보온재	
규격(mm)	보온두께(mm)		보온공	보통인부	보온공	보통인부
32	25 이하	인	0.053	0.007	0.036	0.002
	50 이하	인	0.082	0.011	0.055	0.005
40	25 이하	인	0.062	0.008	0.042	0.002
	50 이하	인	0.095	0.012	0.064	0.005
50	25 이하	인	0.073	0.010	0.049	0.004
	50 이하	인	0.112	0.015	0.075	0.006
65	25 이하	인	0.089	0.012	0.059	0.005
	50 이하	인	0.120	0.016	0.080	0.007
80	25 이하	인	0.106	0.014	0.070	0.005
	50 이하	인	0.140	0.018	0.092	0.007
100	25 이하	인	0.128	0.017	0.084	0.006
	50 이하	인	0.160	0.021	0.105	0.008
125	25 이하	인	0.155	0.021	0.101	0.008
	50 이하	인	0.194	0.026	0.126	0.010
150	25 이하	인	0.183	0.025	0.119	0.009
	50 이하	인	0.227	0.031	0.147	0.011
200	25 이하	인	0.235	0.032	0.154	0.012
	50 이하	인	0.267	0.036	0.175	0.014
250	25 이하	인	0.283	0.039	0.186	0.014
	50 이하	인	0.303	0.042	0.202	0.015
300	25 이하	인	0.328	0.047	0.217	0.017
	50 이하	인	0.344	0.049	0.228	0.018

비고
- 유리면보온재(글라스울)로 보온하는 경우는 고무발포보온재 품에 90%를 적용한다.
- 결로방지를 위해 보온전 사전 비닐감기가 필요한 경우는 발포폴리에틸렌보온재 설치 품의 15%을 적용한다.
- 다음의 경우에는 기준품을 할증하여 적용한다.

할 증 요 인	할증율
- 고무발포보온재의 마감재를 시공하지 않는 경우	-10%
- 은박 발포폴리에틸렌보온재로 시공할 경우	-5%
- 마감재를 폴리프로필렌 sheet(APS 또는 TS커버)로 시공할 경우	15%

① 본 품은 고무발포보온재, 발포폴리에틸렌보온재로 기계설비 배관을 보온하는 품이다.
② 본 품은 보온재의 소운반, 보온재 재단, 보온재, 마감재 및 알루미늄 밴드 설치, 마무리 작업을 포함한다.
③ 마감재는 PVC 보온테이프(매직테이프)를 기준한다.
④ 배관부속 및
⑤ 높이는 3.5m를 기준하여 직관에 한한다.
⑥ 배관부속 및 밸브 등의 보온은 "플랜트설비공사"의 배관 보온을 참조하여 별도로 계상한다.

(2) 칼라함석 배관보온

① 공장가공

(m당)

구분		단위	발포폴리에틸렌보온재	
규격(mm)	보온두께(mm)		보온공	보통인부
ø15	25t	인	0.075	0.012
20	25t	인	0.079	0.013
25	25t	인	0.083	0.013
32	25t	인	0.089	0.014
40	25t	인	0.093	0.015
50	25t	인	0.101	0.016
65	40t	인	0.133	0.021
80	40t	인	0.142	0.023
100	40t	인	0.159	0.026
125	40t	인	0.177	0.028
150	40t	인	0.194	0.031
200	50t	인	0.243	0.039
250	50t	인	0.278	0.045
300	50t	인	0.314	0.051

① 본 품은 공장에서 가공된 상태의 칼라함석을 사용하여 배관을 보온하는 품이다.
② 본 품은 보온재의 소운반, 보온재 설치, 마무리 작업을 포함한다.
③ 규격은 본관의 규격을 의미하며, 보온두께는 관보온재 설치두께를 의미한다.

② 현장가공

(m당)

규 격	보온두께(T)	보온통(m)	함 석(m²)	보온공(인)	함석공(인)
ø15			0.38	0.049	0.078
20			0.40	0.052	0.082
25	25	1.05	0.43	0.056	0.088
32			0.50	0.062	0.103
40			0.52	0.068	0.106
50			0.57	0.074	0.116
65			0.71	0.090	0.146
80			0.76	0.099	0.156
100	40	1.05	0.86	0.129	0.177
125			0.97	0.148	0.199
150			1.07	0.174	0.220
200			1.35	0.218	0.227
250	50	1.05	1.55	0.265	0.318
300			1.76	0.326	0.362

① 원자재상태의 함석을 가공하여 마감하는 품이다.
② 함석두께 0.3mm를 기준으로 한 것이다.
③ 본 품은 보온재 소운반이 포함되었으며 잡자재는 별도 계상한다.

(3) 함석마감 밸브보온

① 공장가공

(개소당)

규격(mm)	단위	보온공(인)	보통인부(인)
ø50 이하	인	0.206	0.033
65	인	0.231	0.036
80	인	0.255	0.040
100	인	0.288	0.046
125	인	0.329	0.052
150	인	0.370	0.058
200	인	0.452	0.071
250	인	0.534	0.084
300	인	0.616	0.097

① 본 품은 공장에서 가공된 상태의 함석을 사용하여 밸브를 보온하는 기준이다.
② 본 품은 보온재의 설치 및 마무리 작업이 포함된 것이다.
③ 본 품은 개폐형을 기준으로 한 것이다.

② 현장가공

(개소당)

규 격 (mm)	함 석 (m^2)	보온공 (인)	함석공 (인)
ø50 이하	1.21	0.194	0.653
65	1.31	0.206	0.746
80	1.51	0.219	0.840
100	1.72	0.285	0.933
125	2.06	0.311	1.028
150	2.39	0.338	1.120
200	3.16	0.379	1.306

① 본 품은 보온재 소운반이 포함되었으며, 잡자재는 별도 가산한다.
② 원자재상태의 함석을 가공하여 마감하는 품이다.
③ 함석마감은 밸브의 보수가 용이한 개폐형을 기준으로 한 것이다.
④ 함석두께 0.3mm를 기준으로 한 것이다.

(4) 피팅 및 밸브 보온(플랜트설비공사)

(개)

보온두께 (mm)	규 격 (ø)	피 팅		밸브 및 플랜지	
		보온공(인)	특별인부(인)	보온공(인)	특별인부(인)
30 이하	50 이하	0.032	0.034	0.160	0.160
	65	0.043	0.047	0.170	0.175
	80	0.056	0.061	0.190	0.190
	100	0.088	0.096	0.225	0.225
	125	0.126	0.136	0.245	0.245
	150	0.161	0.174	0.245	0.245
	200	0.255	0.285	0.275	0.275
31~40	50 이하	0.038	0.040	0.175	0.175
	65	0.052	0.056	0.200	0.200
	80	0.072	0.079	0.225	0.225
	100	0.106	0.114	0.260	0.260
	125	0.148	0.160	0.275	0.275
	150	0.187	0.202	0.290	0.290
	200	0.280	0.303	0.340	0.340
41~60	50 이하	0.063	0.067	0.270	0.270
	65	0.078	0.084	0.290	0.290
	80	0.101	0111	0.310	0.310
	100	0.149	0.162	0.350	0.350
	125	0.207	0.225	0.390	0.390
	150	0.259	0.287	0.420	0.420
	200	0.400	0.435	0.430	0.430

① 본 품은 플랜트 배관보온에 적용하는 것으로서 성형물로 보온하는 품이며 물량은 정미 수량이다.
② 엘보, 밸브 등은 보온재를 절단 가공해서 보온하는 품이다.
③ 본 품은 보온재 소운반이 포함되어 있다.
④ Pipe 외경 750mm(30″) 이상은 750mm(30″)의 품을 적용한다.
⑤ 2매 이상 겹쳐 보온하는 경우는 각각의 품을 합산한다.
  예 파이프 ø100에 보온두께 90mm를 50mm+40mm로 2회 보온하는 경우 아래의 ㉠+㉡로 한다.
    ㉠ 파이프 ø100에 보온두께 50mm 보온품 ㉡ 파이프 ø200에 보온두께 40mm 보온품
⑥ Prefabricated Sheet로 Lagging할 때는 본 품에 50%를 가산한다. 2매 이상 겹쳐 보온하는 경우에는 전체 두께를 1회 보온하는 품의 50%를 가산한다.
⑦ 칼라강판, 아연도강판 등 원자재(Raw Material)로 시공할 때는 본 품에 100%를 가산한다. 2매 이상 겹쳐 보온하는 경우에는 전체 두께를 1회 보온하는 품의 100%를 가산한다.
⑧ 본 품의 Lagging Sheet 물량을 3′×6′ Sheet로 환산 시는 3′×6′ Sheet 1매를 1.35m^{2}로 보고 환산한다.
⑨ 철선은 Pipe길이 1m에 5회 감는 것으로 한다.
⑩ Cold 보온시공은 Hot 보온품에 적량 할증 가산할 수 있다.
⑪ 본 품은 보온 기본사양(Pipe+성형보온재+철선+Piece 연결)을 기준으로 한 것이므로 이외의 사양에 대하여는 별도 계산할 수 있다.

2-2 덕트보온

(1) 각형 덕트보온

(m²)

구분	단위	고무발포보온재 발포폴리에틸렌보온재		유리면보온재 (글라스울)	
		보온공	보통인부	보온공	보통인부
25mm 이하	인	0.257	0.046	0.304	0.054
50mm 이하	인	0.286	0.051	0.338	0.060

① 본 품은 접착제가 부착된 고무발포 보온재, 발포 폴리에틸렌 보온재와 접착제가 부착되지 않은 유리면보온재(글라스울)로 덕트를 보온하는 품이다.
② 본 품은 보온재의 소운반, 보온재 재단, 보온재 및 알루미늄밴드 설치, 마무리 작업을 포함한다.

(2) 원형 덕트보온

(m²)

구분	단위	고무발포보온재 발포폴리에틸렌보온재		유리면보온재 (글라스울)	
		보온공	보통인부	보온공	보통인부
25mm 이하	인	0.261	0.047	0.308	0.056
50mm 이하	인	0.290	0.052	0.343	0.061

① 본 품은 접착제가 부착된 고무발포 보온재, 발포 폴리에틸렌 보온재와 접착제가 부착되지 않은 유리면보온재(글라스울)로 덕트를 보온하는 품이다.
② 본 품은 보온재의 소운반, 보온재 재단, 보온재 및 알루미늄밴드 설치, 마무리 작업을 포함한다.

3 일위대가표 작성

3-1 관보온

급수·급탕·환탕관, 증기관 및 냉온수관이 천장이나 파이프 샤프트 및 옥외에 노출 배관되는 경우에 적용되는 그림 2-1의 관보온 상세도이다.

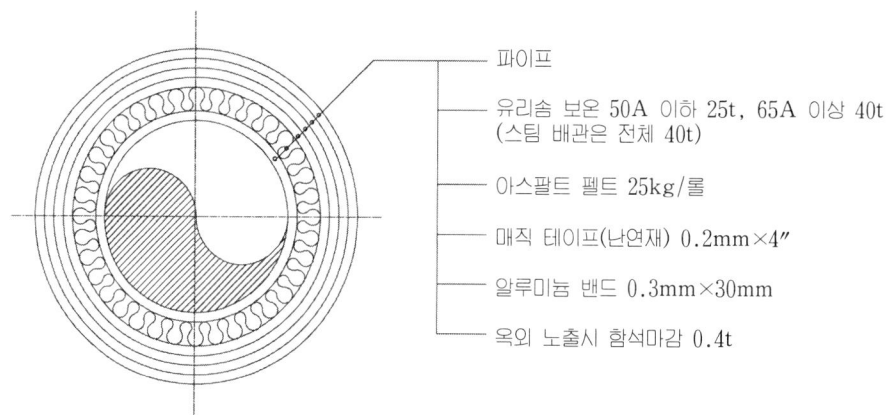

○ 그림 2-1 옥내은폐 및 옥외노출 관보온 상세도

상세도를 바탕으로 옥내에 설치되는 15A 급수배관에 대해 일위대가표를 작성하면 표 2-9와 같다. 유리솜 보온재이기에 배관보온 표준품셈에서 고무발포보온재 품의 90%를 반영하며, 마감재와 알루미늄 밴드의 수량은 기존의 표준품셈을 적용한다.

○ 표 2-9 관보온(옥내배관) 25T×15A

(m)

품 명	규 격	단위	수량	재 료 비		노 무 비		비고
				단가	금액	단가	금액	
유리솜보온통	25T×15A	m	1.05	792	831.6			
아스팔트펠트	25kg	m²	0.31	547	169.5			
매직테이프	0.2mm×14″	m²	0.31	825	255.7			
알루미늄밴드	0.3×30W	m	0.27	170	45.9			
잡 재 료 비	보온재의 3%	식	1		24.9			
노 무 비	보온공	인	0.31			112,777	3,496.0	
	보통인부	인	0.005			94,338	471.6	
공 구 손 료	노무비의 3%	식	1		119.0			
계					1,446		3,967	

옥외에 노출되는 15A 냉온수배관을 공장가공 및 현장가공 칼라함석으로 마감할 경우의 일위대가표를 작성하면 표 2-10, 표 2-11과 같다.

표 2-10 칼라함석 배관보온(옥외, 공장가공) 25T×15A

(m)

품 명	규 격	단위	수량	재료비		노무비		비고
				단가	금액	단가	금액	
유리솜보온통	25T×15A	m	1.05	792	831.6			
알루미늄밴드	0.3×30W	m	0.27	170	45.9			
칼라함석 커버	25T×15A	m	1.05	3,040	3,192.0			
잡 재 료 비	보온재의 3%	식	1		24.9			
노 무 비	보온공	인	0.075			112,777	8,458.2	
	보통인부	인	0.012			94,338	1,132.0	
공 구 손 료	노무비의 3%	식	1		287.7			
계					4,382		9,590	

표 2-11 칼라함석 배관보온(옥외, 현장가공) 25T×15A

(m)

품 명	규 격	단위	수량	재료비		노무비		비고
				단가	금액	단가	금액	
유리솜보온통	25T×15A	m	1.05	792	831.6			
알루미늄밴드	0.3×30W	m	0.27	170	45.9			
칼라함석	0.4T	m	0.38	4,128	1,568.6			
잡 재 료 비	보온재의 3%	식	1		24.9			
노 무 비	보온공	인	0.049			112,777	5,526.0	
	덕트공	인	0.078			116,121	9,057.4	
공 구 손 료	노무비의 3%	식	1		437.5			
계					2,908		14,583	

밸브보온 및 배관부속보온을 함석 외의 마감재, 즉 매직 테이프 및 포리마 테이프로 시공 시의 일위대가표는 대한기계설비건설협회 등에서 작성한 일위대가표를 참고하여 작성한다. 이때 노무비 산정을 위한 품은 표준품셈의 플랜트설비공사편의 배관 및 기기보온공사에 있는 보온공 및 특별인부를 적용한다. 대한기계설비건설협회의 일위대가표에 있는 보온통 및 매직테이프의 물량은 표 2-12와 같다.

○ 표 2-12 부속류 및 밸브보온의 보온통 및 매직테이프 물량

구분	배관경	65A	80A	100A	125A	150A	200A
부속류 보온 (50T)	보온통(m)	0.14	0.17	0.23	0.29	0.35	0.47
	마감재(m^2)	0.11	0.14	0.22	0.31	0.41	0.66
	알미늄밴드(m)	0.1	0.12	0.19	0.27	0.36	0.57
밸브보온 (25-50T)	보온통(m)	0.5	0.5	1.0	1.0	1.0	1.0
	매직테이프(m^2)	4	4	5	5	5	5

65A의 관부속류 및 밸브에 대해 50T의 보온재를 사용하여 보온할 경우의 일위대가표는 표 2-13 및 표 2-14와 같다.

○ 표 2-13 관부속 보온(유리솜보온통) 50T×65A

(개소)

품 명	규 격	단위	수량	재 료 비		노 무 비		비고
				단가	금액	단가	금액	
유리솜보온통	65A×50T	m	0.14	4,956	693.8			
보루지	25kg	m2	0.11	278	30.5			
매 직 테 이 프	0.2mm×14″	m2	0.11	1,280	140.8			
알 루 미 늄 밴 드	0.3×30W	m	0.1	360	36.0			
잡 재 료 비	보온재의 3%	식			20.8			
노 무 비	보온공	인	0.078			112,777	8,796.6	
	특별인부	인	0.084			115,272	9,682.8	
공 구 손 료	노무비의 3%	식			554.3			
계					1,476		18,479	

○ 표 2-14 관부속 보온(유리솜보온통) 50T×65A

(개소)

품 명	규 격	단위	수량	재 료 비		노 무 비		비고
				단가	금액	단가	금액	
유리솜보온통	65A×50T	m	0.5	4,956	2,478.0			
매 직 테 이 프	0.2mm×14″	m^2	4	1,280	5,120.0			
잡 재 료 비	보온재의 3%	식			74.3			
노 무 비	보온공	인	0.29			112,777	32,705.3	
	특별인부	인	0.29			115,272	33,428.8	
공 구 손 료	노무비의 3%	식			1,984.0			
계					9,656		66,134	

표 2-15는 밸브를 공장가공 함석으로 마감할 경우의 일위대가표이다. 이때 보온재 물량은 표 2-16과 같은 대한기계건설협회의 자료를 참조하면 된다.

◯ 표 2-15 함석마감 밸브보온(공장가공) 50T×65A

(개소)

품 명	규 격	단위	수량	재 료 비		노 무 비		비고
				단 가	금 액	단 가	금 액	
유리솜보온통	65A×50T	m²	0.62	5,200	3,198.0			
밸브함석 커버	50T	개	1	35,000	35,000			
잡 재 료 비	보온재의 3%	식	1		95.9			
노 무 비	보온공	인	0.231			112,777	26,051.4	
	보통인부	인	0.036			94,338	3,396.1	
공 구 손 료	노무비의 3%	식	1		883.4			
계					39,177		29,447	

◯ 표 2-16 함석마감 밸브보온 시의 보온통 물량

배관경	50A	65A	80A	100A	125A	150A	200A
보온통(m²)	0.54	0.62	0.73	0.88	1.08	1.26	1.78

연습 1 그림 2-1을 참조하여 관경 15A~200A까지의 보온두께 25T 및 40T 옥내배관용 관보온에 대한 일위대가표를 각각 작성하시오.

연습 2 그림 2-1을 참조하여 관경 20A~300A까지의 칼라함석 관보온에 대한 일위대가표를 작성하시오.

연습 3 65A~200A까지의 50T 칼라함석 밸브보온에 대한 일위대가표를 작성하시오.

3-2 덕트보온

아래의 그림 2-2는 옥내은폐용 각형덕트 보온상세도로서 이를 일위대가표로 정리하면 표 2-17과 같다.

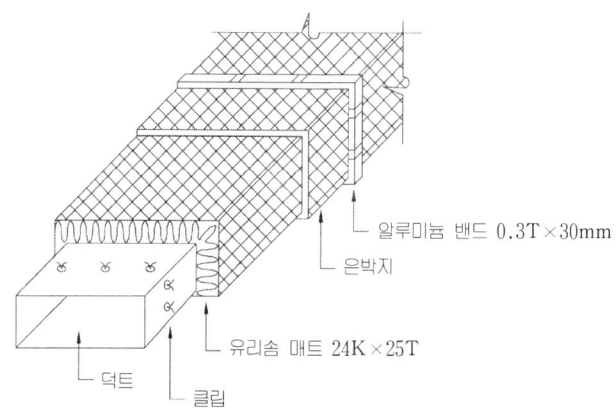

◎ 그림 2-2 각형덕트 보온상세도(옥내은폐)

◎ 표 2-17 각형덕트 보온(은박지) 25T

(m^2)

품 명	규 격	단위	수량	재 료 비		노 무 비		비고
				단가	금액	단가	금액	
유리솜매트(24kg)	25T	m^2	1.2	1,140	1,368.0			
클 립		개	12	55	660.0			
접 착 제	유리섬유	kg	0.1	1,600	160.0			
은 박 지 (양면)	1m×300m	m^2	1.3	480	624.0			
잡 재 료 비	보온재의 5%	식	1		68.4			
노 무 비	보온공	인	0.304			112,777	34,284.2	
	보통인부		0.054			94,338	5,094.2	
공 구 손 료	노무비의 3%	식	1		1,181.3			
계					4,061		39,378	

연습 4 50T 유리솜매트를 사용할 경우의 각형덕트보온 일위대가표를 작성하시오.

CHAPTER 03 도장 및 방청 공사

□ 1 일반 사항

□ 2 표준품셈

□ 3 일위대가표 작성

CHAPTER 03 도장 및 방청 공사

1 일반 사항

 본 장은 기기류, 덕트, 배관, 지지철물, 보온용 피복 및 금속제 재료 등의 방청, 방식과 마감 도장에 적용하며 도장은 원칙적으로 조합된 도료를 그대로 사용한다. 다만, 바탕면의 상태, 흡수성, 온습도 조건 등에 따라서 도장에 알맞도록 조정할 수 있다.
 도장 공정의 건조 시간은 도료의 종류, 기후조건에 따라서 적절하게 정하여 시공하여야 하며 도장 재료는 한국산업규격의 기준이 있는 것에 대하여는 KS 마크 표시품으로서 상표 등의 표시가 있는 것을 공사현장에 반입한다.
 마감의 색 배합은 견본 또는 도장 견본 책을 제시하여 감리원의 승인을 받도록 하고 상수(上水)에 접하거나 접촉할 수 있는 기기, 탱크 및 관류 등에 사용하는 방청, 방식 및 마감 도장용 재료는 수질에 악영향을 미치지 않으며 보건위생상 무해한 것으로 한다. 가연성 도료는 전용 창고에 보관하여야 하며 반입한 도료 및 사용 중인 도료는 현장 내에서 감리원이 승인하는 창고에 보관하고 그 주변에서의 화기 사용을 금한다.

1-1 도료의 종류와 용도

 도료는 설계도서의 지정에 따라서 피도장체에 적용 사용한다. 도장공사에 사용하는 주요한 도료의 종류는 다음과 같다.

(1) 에틸프라이머(ethyle-primer)

 피도장물에 강력히 부착할 수 있도록 도막 표면에 미세한 굴곡형상을 형성하여 도장을 반복하면 도막과 밀착성을 높이는 성능이 있으므로 덕트와 배관의 아연표면

처리에 사용된다. 그러나 도장 시 습도가 높으면 본래의 성능을 발휘하는 도막을 형성하기가 어렵다.

(2) 녹막이방지 페인트(광명단조합페인트)

도금처리가 시공되지 않은 강관 또는 강재 등은 녹방지 페인트를 선택 사용한다.

(3) non-bleed형 타르에폭시

피도장물에 대한 부착성과 방청성이 높고 수회 중복하여 도장을 할 때는 각종 합성수지도료에 적합한 도막을 형성한다. 따라서 염화고무계도료·에폭시수지도료·우레탄수지도료 등의 초벌도장에 사용되는 경우가 많다. 또한 아연도금면에 대하여 부착성이 높기 때문에 (1)에 기술한 도료를 대체하여 사용하는 경우가 있다.

(4) 합성수지 조합페인트(유성페인트)

일반적으로 옥내외의 덕트·배관·기기·지지가대의 외부 착색을 위한 마감도장에 사용된다.

(5) 프탈산수지 도료

래커마감과 유사하여 경도가 있는 매끄러운 도막을 형성하기 때문에 기구·기기 등의 마감미장에 사용되며 옥외에는 옥외용이 사용된다.

(6) 알루미늄페인트

알루미늄가루는 도막을 형성 광택·반사성이 있으므로 수분과 습기투과를 방지하는 성능이 높다. 증기관의 보온이 아닌 부분·옥외기기·배관·덕트 등의 도장에 사용된다.

(7) 염화고무계 도료

높은 내기후성을 유지하기 위하여 옥외덕트·배관·기기 등의 도장내구성이 특히 중요한 경우에 사용된다.

(8) 에폭시 수지도료

높은 내산성·내알칼리성·내약품성을 가지는 고경도 도막을 형성하므로 옥내외의 특정부분의 덕트와 배관에 사용된다.

(9) 염화비닐 수지도료

내산성·내알칼리성을 가지는 도료로 특수 배기계통의 덕트 내면, 산·알칼리성 환경에 노출된 덕트 또는 배관의 방호도료용으로 사용되나 내열성은 일반적으로 낮다.

(10) 실리콘수지 내열도료

일반적으로 도료의 내열한도는 80~120℃로 그 이상의 내열성을 필요로 하는 보일러·연도·증기 관말 이외의 내열도료로 사용된다.

(11) 타르에폭시 수지도료

피도장물에 대한 부착성이 높고 내수성·내습성을 요구하는 두꺼운 방식도료로 탱크 내 배관 또는 매설배관에 사용된다.

(12) 고농도 아연분말도료

도막 내에 일정한 함수성을 유지하는 도료로 덕트·배관·기구 등의 결로방지에 사용되고 있다. 예를 들면 실내온도 20℃, 피도장물온도 10℃, 실내습도 80%인 경우 도료두께를 1.8mm 정도를 도포하면 약 10시간 동안 결로를 방지할 수 있다.

1-2 도장시공 방법

(1) 도장 범위

설비에서의 도장 범위는 각종 기기 부재 중에서 다음 부분을 제외하고 전체 도장을 한다.
① 매설되는 것(방식도장은 제외)
② 아연도금 이외의 도장 마감면
③ 아연도금 및 수지 코팅한 것으로서 은폐되는 부분
④ 특수 의장으로 표면 마감 처리한 면

⑤ 알루미늄, 스테인리스강, 동 등 도장할 필요가 없는 면

(2) 도장 방법

① 솔도장은 적합한 솔을 사용하고 솔의 방향은 올바르게 한쪽 방향으로 칠한다.
② 분무도장은 도장용 스프레이 건을 사용하고 캔의 종류, 구경 및 공기압은 사용한 도료의 성질에 따라 적절한 것을 선택하고 얼룩이 없도록 정확한 방법으로 칠한다.
③ 롤러 브러시 도장은 롤러 브러시를 사용하고 모퉁이 및 구석 등은 솔 또는 전용 롤러를 사용해 면이 균일하게 되도록 칠한다. 연마지는 면의 상태에 의해 생략할 수 있다.
④ 에어레스 분무도장은 압축기로부터 도료에 압력을 넣어 분무한다.
⑤ 열처리도장은 열처리 건조로, 분무용 압축기 및 분무용 부스 등이 설비되어진 공장에서 도장하고 열처리한다.
⑥ 분체도장은 열처리로 분체도장 부스 및 정전도장기 회수장치 등이 설비되어진 분체도장 공장에서 도장하고 열처리한다.

(3) 방청도장

배관기기 지지철물 및 기타 철재면에 대한 1회의 방청칠은 가공 공장에서 가공 직후에 실시하고 조립 후 도장이 곤란한 부분은 조립하기 전에 2회의 방청칠을 실시한다. 2회 도장은 공사현장에 부착물을 제거한 후 1회 도막의 불완전한 부분을 보수 도장한 후 전체 도장을 실시한다.

(4) 시공 시 유의사항

① 색의 얼룩, 칠의 떨어짐, 몰림, 거품, 주름 및 솔자국 등의 결점이 없도록 전체 면을 균일하게 칠한다.
② 도장부분의 주변을 오염 및 손상되지 않도록 주의하고 필요에 따라 적절한 보호조치를 한다.
③ 도장장소의 온습도 및 환기 등에 주의하고 도료의 종류와 건조조건에 따라 적합하게 정한다.
④ 도장을 하는 환경은 환기를 잘하여 용제에 의한 중독을 방지한다.
⑤ 도장 시에는 화기 및 전기스파크로 인한 인화에 주의하고 화재 및 폭발 등의

발생을 방지한다.
⑥ 도장장소의 기온이 5℃ 이하, 습도가 85퍼센트 이상 또는 환기가 충분하지 않고 결로가 있는 등 도료의 건조에 적당치 못한 장소에서는 원칙적으로 칠을 하지 않아야 한다. 부득이 칠을 할 경우는 가온(加溫) 및 환기 등의 보양을 실시한다.
⑦ 외부 도장은 강우의 우려가 있는 장소 및 강풍 시에는 원칙적으로 작업을 하지 않아야 한다.

1-3 적산 방법

도장공사의 적산은 물량산출 시 실제 작업을 필요로 하는 면적을 산출하여야 한다. 이에 대하여 사용도료의 종류, 도장횟수, 바탕처리방법 등에 대하여 특기시방서의 내용을 검토한 후 표준품셈을 적용하여 일위대가표를 작성한다.

녹막이(방청)페인트는 철재면, 함석면, 배관 등에 방청용으로, 유성페인트는 마감용으로 사용한다. 2013년 이전 표준품셈에는 철재면, 함석면 등에 대한 재료량과 품이 함께 제시되어 있지만, 2013년 이후에는 배관에 대한 품(m당)만 제시되어 있으며, 재료량은 건축부문의 도장공사를 적용토록 하고 있다. 따라서 배관에 대한 도장공사는 기계설비편의 품셈을 기준으로, 철재면에 대해서는 건축부문의 품셈을 기준으로 일위대가표 작성한다.

2 표준품셈

(1) 도장 면적환산

구 분	소 요 면 적 계 산	비 고
철판 및 형강류	작은부재 : 55~66 m^2/ton 보통부재 : 33~50 m^2/ton 큰 부 재 : 23~26.4 m^2/ton	두께가 4~4.5 t의 철판 및 형강구조 두께가 5~8.0 t의 철판 및 형강구조 두께가 6~11 t의 철판 및 형강구조
기 기 류 (표 면)	소형 tank 및 heater : 13 m^2/ton compressor 및 pump : 6 m^2/ton fan류 : 10 m^2/ton moter류 : 6 m^2/ton	

(2) 바탕만들기

(m²)

구 분	자 재			공 량	
	규 격	단 위	수 량	계령공 (인)	보통인부 (인)
shot blast	steel Shot ø1mm기준	kg	0.215 0.415	0.0375	0.0125
sand blast	규사함유량 80%	m²	0.0508	0.0329 (모래분사공)	0.036
power tool	동 력 brush	개	0.03	0.1	
wire brush	gasoline wire Brush	l 개	0.05 0.016		0.05

① 본 품에는 모래의 현장 소운반 shot의 소운반 및 회수가 포함되어 있다.
② 모래 및 shot의 수량은 녹의 정도 및 회수 조건에 따라 조정 적용한다.
③ 모래의 채집, 적사, 운반 굵기는 채집조건에 따라 별도 계상한다.
④ 장비 및 기구손료 소모자재는 별도 계상한다.
⑤ 소형 형강(100mm 미만)구조일 경우 50% 가산한다.

※ 위 표의 계령공은 철강교나 철강재 등 철재 표면의 페인트나 기타 부패물의 제거 작업을 하는 사람을 말한다.

(3) 녹막이페인트 칠

① 배관면

(m당)

규격(mm)	도장공(인)	보통인부(인)
ø50mm 이하	0.010	0.002
100mm 이하	0.015	0.003
200mm 이하	0.024	0.004
300mm 이하	0.034	0.006

① 본 품은 기계설비 배관에 방청 페인트를 붓으로 1회 칠하는 기준이다.
② 본 품은 부착물 제거, 붓칠 및 마무리 작업이 포함된 것이다.
③ 재료량은 건축부문 "17-4 녹막이페인트"를 적용하여 계상한다.
④ 비계사용 시에는 높이 6~9m까지는 품을 15% 가산하고, 높이 9m를 초과하는 경우 매 3m 증가마다 품을 5%씩 가산한다.

② 철재면(건축부문 표준품셈)

(m²)

구 분	단위	수량
도장공	인	0.015
보통인부	인	0.003
비 고	\- 천장은 본 품의 20%를 가산한다.	

① 본 품은 철재면에 방청 페인트를 붓으로 1회 칠하는 기준이다.
② 철재면 바탕만들기는 공장에서 기수행 후 반입된 기준으로 별도 계상하지 않는다.
③ 비계사용 시 높이별 품 할증은 "17-1-1 도장 전 바탕만들기"에 준하여 계상한다.
④ 재료량은 다음을 참고하며, 상세 수량은 도료종류에 따라 제조사에서 제시하고 있는 수량을 적용할 수 있다.

구 분	단위	1회	2회	3회
녹막이페인트	ℓ	0.080	0.161	0.182
시너	ℓ	0.004	0.008	0.012

① 위 재료량은 할증이 포함된 것이며, 각 횟수의 재료량은 합산한 누계 수치이다.
② 잡재료비는 주재료(페인트·시너)비의 3%로 계상한다.

(4) 유성페인트 칠

① 배관면

(m)

규격(mm)	도장공(인)	보통인부(인)
ø50mm 이하	0.008	0.001
100mm 이하	0.012	0.002
200mm 이하	0.021	0.004
300mm 이하	0.030	0.005

① 본 품은 기계설비 배관에 유성 도료를 롤러로 1회 칠하는 기준이다.
② 본 품은 부착물 제거, 롤러칠, 보조붓칠 및 마무리 작업이 포함된 것이다.
③ 재료량은 건축부문 "17-3 유성페인트"를 적용하여 계상한다.
④ 비계사용 시에는 높이 6~9m까지는 품을 15% 가산하고, 높이 9m를 초과하는 경우 매 3m 증가마다 품을 5%씩 가산한다.

② 바탕면(건축부문 표준품셈)
- 붓칠

(m²)

구 분		단위	수량
바탕면	인력		
철 재 면	도장공 보통인부	인 인	0.020 0.004
콘크리트·모르타르면 석 고 보 드 면	도장공 보통인부	인 인	0.024 0.004
비 고	- 천장은 본 품의 20%를 가산한다.		

① 본 품은 유성페인트를 1회 칠하는 기준이다.
② 콘크리트·모르타르면, 석고보드면의 바탕만들기는 "17-1 바탕만들기"에 준하여 계상하며, 철재면 바탕만들기는 공장에서 기수행 후 반입된 기준으로 별도 계상하지 않는다.
③ 비계사용 시 높이별 품 할증은 "17-1-1 도장 전 바탕만들기"에 준하여 계상한다.
④ 재료량은 다음을 참고하며, 상세 수량은 도료종류에 따라 제조사에서 제시하고 있는 수량을 적용할 수 있다.

구 분		단위	1회	2회	3회
철재면	조합페인트 시너	ℓ ℓ	0.081 0.004	0.166 0.008	0.246 0.012
콘크리트· 모르타르면 석고보드면	조합페인트 시너	ℓ ℓ	0.099 0.004	0.199 0.008	0.282 0.012

① 위 재료량은 할증이 포함된 것이며, 각 횟수의 재료량은 합산한 누계 수치이다.
② 잡재료비는 주재료(페인트·시너)비의 4%로 계상한다.

- 롤러칠

(m²)

구 분		단위	수 량
바탕면	인 력		
철 재 면	도장공 보통인부	인 인	0.011 0.002
콘크리트·모르타르면 석 고 보 드 면	도장공 보통인부	인 인	0.013 0.003
비 고	- 천장은 본 품의 20%를 가산한다. - 재료량은 유성페인트 붓칠 참고한다.		

(5) 난방설비페인트 칠

(m²당 1회 칠)

구 분	물량 (l)	도장공 (인)	용 도
알루미늄페인트(은분)	0.146	0.054	난방용노출관 및 방열기용
광 명 단	0.132	0.038	파이프탱크덕트 방청칠
용해아연페인트 및 색페인트	0.132	0.038	파이프탱크덕트 끝매기칠
용해아연페인트 및 색페인트	0.165	0.054	보온후 끝매기칠
수 성 도 료 (내부용)	0.309	0.054	보온 마포칠
내 산 도 료	0.255	0.054	파이프, 탱크, 덕트의 내산용
콜 타 르 (보통아스팔트)	0.346	0.054	옥외보온 마포칠
보 일 유	0.064	-	광명단 색페인트 용해용

① 2회칠은 1회칠에 60% 증한다. ② 특수도료칠은 별도계상한다. ③ 바닥처리의 재료와 가산한다.
④ 지상 6~9m까지 품은 15% 가산하고, 9m 이상은 매 3m 초과마다 5%씩 비례 가산한다.
⑤ 천장인 경우 20% 가산하고, 거친 바탕품은 30% 가산한다.

(6) 관갱생공사

(m)

규격 (mm)	규사 (kg)	에폭시도료 (kg)	배관공 (인)	특별인부 (인)	장비사용시 (시간)
ø15	0.520	0.060	0.072	0.036	0.053
20	0.590	0.107	0.072	0.036	0.053
25	0.707	0.127	0.072	0.036	0.053
32	0.880	0.173	0.072	0.036	0.053
40	1.083	0.203	0.072	0.036	0.053
50	1.343	0.260	0.072	0.036	0.053
65	1.687	0.330	0.081	0.039	0.064
80	2.083	0.387	0.081	0.039	0.064
100	2.580	0.513	0.081	0.039	0.064
125	3.177	0.647	0.101	0.050	0.080
150	3.977	0.777	0.101	0.050	0.080
200	5.030	1.027	0.101	0.050	0.080
250	6.297	1.277	0.111	0.056	0.089
300	7.610	1.650	0.111	0.056	0.089

① 본 품은 에어샌드공법을 기준한 것이다. ② 도장두께는 0.3~1mm일 때를 기준한 것이다.
③ 본 품에는 강관 갱생을 위한 관 내부 세척, 열풍건조, 관 내부 피복코팅 및 소운반품이 포함되어 있다.
④ 입상관의 경우는 상기 공량에 30%를 가산한다.
⑤ 검사구 설치, 밸브 및 보온 해체 복구, 가설급수 배관 및 해체에 대한 비용은 별도 계상한다.
⑥ 관세척 공사 시 발생되는 폐기물을 폐기물관리법 등의 규정에 따라 적정하게 처리하는 데 소요되는 비용은 별도 계상한다.
⑦ 사용장비 중 공기압축기는 규격 25.5m³/min를 기준한 것이며, 라이닝기(1set)에 대한 기계경비는 별도 계상한다.
⑧ 장비조합은 다음을 기준한다.

규격 (mm)	ø15~50	ø65~100	ø125~200	ø250~300
라이닝기	1set	1set	1set	1set
공기압축기	1대	2대	5대	6대

3 일위대가표 작성

철재면에 방청을 위해 녹막이페인트로 2회 붓칠할 경우의 일위대가표를 작성하면 표 3-1과 같다. 품의 경우 표준품셈의 1회 기준이기에 2배로 한다.

○ 표 3-1 녹막이페인트(붓칠 2회, 철재면)

(m^2)

품 명	규 격	단위	수량	재 료 비		노 무 비		비고
				단가	금액	단가	금액	
녹막이페인트	KSM-6030, 1종	ℓ	0.166	9,750	1,569.7			
시너	KSM-6060, 2종	ℓ	0.008	2,711	21.6			
잡재료비	주재료비 3%	식	1		47.7			
노무비	도장공	인	0.03			132,552	3,976.6	
	보통인부	인	0.006			94,338	566.0	
공구손료	노무비의 2%	식	1		90.8			
계					1,729		4,542	

연습 1 녹막이페인트 1회 및 3회칠에 대한 일위대가표를 각각 작성하시오.

탱크류 표면과 같은 철재면에 유성페인트를 2회 붓칠할 경우의 일위대가표를 작성하면 표 3-2와 같다.

○ 표 3-2 조합페인트칠(철재면 2회)

(m^2)

품 명	규 격	단위	수량	재 료 비		노 무 비		비고
				단가	금액	단가	금액	
유성페인트	KSM-6020	ℓ	0.161	7,605	1,262.4			
시너	KSM-6060, 2종	ℓ	0.008	2,711	21.6			
잡재료비	주재료비 4%	식	1		51.3			
노무비	도장공	인	0.04			132,552	5,302.0	
	보통인부	인	0.008			94,338	754.7	
공구손료	품의 2%	식	1		121.1			
계					1,456		6,056	

연습 2 철재면에 유성페인트 1회 및 3회칠에 대한 일위대가표를 각각 작성하시오.

배관면에 도장공사를 할 경우 그 표준품셈의 기준단위가 길이(m)인 반면, 건축부문에 있는 재료량은 면적(m^2)이기에 재료량을 표 3-3과 같은 길이(m) 단위로 환산하여 사용한다.

◐ 표 3-3 배관면 녹막이 및 유성 페인트 붓칠 2회 재료량(단위 : m)

구분	품명(단위)	50mm 이하	100mm 이하	200mm 이하	300mm 이하
녹막이	녹막이페인트(ℓ)	0.031	0.058	0.110	0.161
	시너(ℓ)	0.002	0.003	0.005	0.008
유성	유성페인트(ℓ)	0.032	0.060	0.113	0.167
	시너(ℓ)	0.002	0.003	0.005	0.008

상기 표를 바탕으로 50A 배관면에 녹막이페인트를 2회 붓칠할 경우에 대한 일위대가표를 작성하면 표 3-4와 같다.

◐ 표 3-4 배관면 녹막이페인트(붓칠 2회, 50A)

(m)

품 명	규 격	단위	수량	재 료 비		노 무 비		비고
				단가	금액	단가	금액	
녹막이페인트	KSM-6030, 1종	ℓ	0.031	9,750	302.2			
시너	KSM-6060, 2종	ℓ	0.002	2,711	5.4			
잡재료비	주재료비 3%	식	1		9.2			
노무비	도장공	인	0.02			132,552	2,651.0	
	보통인부	인	0.004			94,338	377.0	
공구손료	품의 2%	식	1		60.5			
계					377		3,028	

[연습 3] 65A 배관면에 유성페인트를 붓칠 2회할 경우의 일위대가표를 작성하시오.

CHAPTER 04

용접 공사

- □ 1 일반 사항
- □ 2 표준품셈
- □ 3 일위대가표 작성

04

건·축·기·계·설·비·적·산

CHAPTER 04
용접 공사

1 일반 사항

1-1 대상과 시공방법

건축기계설비 분야에서 용접공사의 주 대상은 공통행거, 헤더본체, 탱크류 등의 제작을 위한 강판절단, 강관절단과 배관용접이다. 강관의 경우 접합방식이 50A 이하에서는 나사식, 65A 이상에서는 용접식이기에 65A 이상의 강관 접합 시에는 강관용접공사가 수반된다. 용접방식은 강판 및 강관 절단의 경우 가스용접으로, 접합은 전기아크용접이다. 주의할 점은 배관용탄소강관, 동관 및 스테인리스관의 용접접합에 대한 표준품셈의 경우 기계설비공사편에 있지만, 압력배관용 탄소강관의 절단, 용접 및 강판의 절단과 용접은 플랜트설비공사편을 참조하여야 한다.

설비공사에 사용되는 각종 탱크류나 헤더류, 지지철물 등의 제작과 설치를 위해서는 대상물에 따라 강판이나 형강 또는 강관을 이용한다. 이때 형상이나 크기에 따라 강판이나 형강에 대한 절단작업과 재단한 철재를 접합하기 위한 용접작업이 수반된다. 이때 연결부분의 단면 형상에 따라 V형, U형, X형, 필렛 등으로 구분되며, 용접작업 방향에 따라 하향, 횡향, 입향으로 구분된다. 이때 정확히 구분하기 곤란할 경우에는 중간값인 횡향을 기준으로 적용하여도 무방하다.

1-2 적산 방법

용접공사와 관련한 적산 작업은 대부분이 단위기준당의 일위대가표로 작성되며, 이를 내역서에 반영한다. 예를 들면 65A 이상의 배관용 탄소강관을 기계실 등에 설치할 경우 배관의 물량 외에 이를 접합하기 위한 강관용접을 개소당 산출하고, 강관용접은 일위대가표로 작성하여 내역서에 그의 재료비 및 노무비를 반영한다.

또한 철판, 형강 및 배관 등의 자재를 활용하여 탱크류, 헤더류, 피트뚜껑, 맨홀뚜껑, 공통행거철물 등의 제작하는 경우에는 이를 구성하는 각종 철물의 물량을 산출한 다음 이를 중량으로 환산한 후 "잡철물 제작 및 설치"란 명칭으로 일위대가표로 작성하여 처리하면 작업과정이 보다 용이해진다. 이에 대한 예는 제5장의 [예제 3] 공통행거지지 및 제8장의 [예제 1] 증기헤더제작을 참조한다.

2 표준품셈

2-1 플랜트설비공사

① 강관절단

(개소)

Sch.No. 구경 mm (inch)	20~40 공량(인)		20~40 물량(*l*)		60~80 공량(인)		60~80 물량(*l*)		100~160 공량(인)		100~160 물량(*l*)	
	용접공	특별인부	산소	아세틸렌	용접공	특별인부	산소	아세틸렌	용접공	특별인부	산소	아세틸렌
25(1″)	0.002	0.001	2.4	1.2	0.003	0.001	2.5	1.2	0.004	0.002	5.2	2.6
32(1¼)	0.002	0.001	2.7	1.4	0.003	0.001	2.9	1.4	0.005	0.002	6.6	3.3
40(1½)	0.003	0.001	3.2	1.6	0.005	0.002	3.4	1.7	0.007	0.003	9.0	4.5
50(2)	0.003	0.001	3.8	1.9	0.007	0.003	5.2	2.6	0.008	0.004	17.2	8.6
65(2½)	0.004	0.002	4.8	2.4	0.010	0.004	14.2	7.1	0.010	0.004	26.2	13.1
80(3)	0.005	0.002	6.2	3.1	0.012	0.005	19.5	9.8	0.012	0.005	37.8	18.9
95(3½)	0.007	0.003	7.5	3.7	0.013	0.005	26.2	13.1	0.014	0.006	42.0	24.5
100(4)	0.009	0.004	12.0	6.0	0.014	0.006	32.2	16.1	0.017	0.007	56.5	28.2
125(5)	0.010	0.005	22.0	11.0	0.017	0.007	50.0	25.0	0.021	0.009	77.0	39.0
150(6)	0.014	0.006	34.0	17.0	0.021	0.009	71.5	35.7	0.024	0.010	119.0	59.5
200(8)	0.017	0.007	56.0	28.0	0.028	0.012	105.0	52.5	0.031	0.013	179.0	89.5
250(10)	0.021	0.009	99.0	49.0	0.031	0.013	149.0	74.0	0.035	0.015	344.0	172.0
300(12)	0.028	0.012	129.0	64.5	0.035	0.015	227.0	114.0	0.052	0.022	592.0	296.0
350(14)	0.038	0.016	152.0	76.0	0.052	0.022	270.0	135.0	0.070	0.030	730.0	365.0
400(16)	0.049	0.026	195.0	98.0	0.070	0.030	345.0	173.0	0.087	0.037	950.0	475.0
450(18)	0.066	0.028	242.0	121.0	0.087	0.037	418.0	209.0	0.105	0.045	1060.0	530.0
500(20)	0.084	0.036	290.0	145.0	0.105	0.045	527.0	264.0	0.122	0.052	1210.0	605.0
600(24)	0.105	0.045	332.0	166.0	0.122	0.052	880.0	440.0	0.135	0.060	1650.0	825.0

① 상기 공량은 탄소강을 기준으로 한 것임.
② 공구손료 및 장비사용료는 별도 가산함.
③ 파이프절단은 평면절단을 기준으로 한 공량이며, 사단일 경우에는 공량 및 물량을 30% 가산함.
④ 가스손실은 공장에서는 40%, 현장에서는 60%를 가산함.

② 강판절단(수동식)

(m)

철판두께 (mm)	화구경 (mm)	산소압력 (kg/cm²)	가스 소비량 (l)		용접공 (인)	특별인부 (인)
			산 소	아세틸렌		
3	0.5~1.0	1.0~2.2	16.5~25.1	8.3~12.9	0.0055~0.0037	0.0027~0.0019
6	0.8~1.5	1.1~1.4	39.6~103	19.8~52	0.0066~0.0042	0.0033~0.0021
9	0.8~1.5	1.2~2.1	56.9~144	28.4~72	0.0075~0.0046	0.0036~0.0023
12	1.0~1.5	1.4~2.2	104~197	52~99	0.0091~0.0050	0.0045~0.0025
19	1.2~1.5	1.7~2.5	180~244	90~122	0.0091~0.0054	0.0045~0.0027
25	1.2~1.5	2.0~2.8	266~324	133~162	0.012~0.0060	0.0060~0.0030
38	1.5~2.0	2.1~3.2	479~730	239~365	0.019~0.0076	0.0095~0.0039
50	1.7~2.0	2.2~3.5	593~743	297~471	0.019~0.084	0.0095~0.0042
75	1.7~2.0	2.3~3.9	971~1,380	485~690	0.028~0.011	0.014~0.006
100	2.1~2.2	3.0~4.0	1,113~1,860	557~930	0.028~0.013	0.014~0.007
125	2.1~2.2	3.9~4.9	1,469~2,280	734~1,400	0.031~0.017	0.015~0.009
150	2.5~2.8	4.0~5.4	2,507~3,580	1,255~1,790	0.037~0.020	0.0185~0.010
200	2.5~2.8	4.5~5.6	3,689~4,560	1,845~2,280	0.043~0.025	0.022~0.013
250	2.5~2.8	4.6~6.8	5,813~7,103	2,906~3,501	0.056~0.035	0.028~0.017
300	2.8~3.1	4.1~6.0	9,670~12,410	4,835~6,205	0.079~0.043	0.040~0.022

① 상기 표의 공량은 횡향자세를 기준으로 한 것임.
② 상기 표 중 상한치와 하한치의 범위를 100으로 보고 작업조건에 따라 적의 조정함.
③ 공구손료는 별도 가산함.

③ 강판절단(자동절단)

(m)

철판두께 (mm)	화구경 (mm)	산소압력 (kg/cm²)	가스소비량 (l)		용접공 (인)	특별인부 (인)
			산 소	아세틸렌		
3	0.5~1.0	1.0~2.1	14.8~47.8	7.4~23.7	0.0037~0.0026	0.0028~0.00198
6	0.8~1.5	1.1~2.4	32.8~85.4	16.4~42.7	0.0041~0.0030	0.00309~0.00225
9	0.8~1.5	1.2~2.8	45.2~115	22.6~57.5	0.0044~0.0032	0.0033~0.0024
12	0.8~1.5	1.4~3.8	69.8~136	34.9~68	0.0049~0.0034	0.0036~0.0025
19	1.0~1.5	1.7~3.5	133~181.5	66.7~90.8	0.0055~0.0037	0.00412~0.00278
25	1.7~2.1	1.6~3.8	178~236	89~118	0.0066~0.0044	0.0045~0.0033
38	1.7~2.1	1.6~3.8	291~381	145~191	0.0070~0.0055	0.00525~0.0042
50	1.7~2.1	1.6~4.2	354~503	171~252	0.0085~0.0066	0.00636~0.0045

철판두께 (mm)	화구경 (mm)	산소압력 (kg/cm^2)	가스소비량 (l)		용접공 (인)	특별인부 (인)
			산 소	아세틸렌		
75	2.1~2.2	2.1~3.5	496~791	248~396	0.0105~0.0075	0.00785~0.00512
100	2.1~2.2	2.8~4.8	863~1,135	431~567	0.013~0.0090	0.00975~0.00715
125	2.1~2.2	3.5~4.5	1,116~1,405	558~703	0.015~0.011	0.0125~0.00825
150	2.5~	3.5~4.5	1,718~2,112	859~1,056	0.019~0.0125	0.0145~0.00925
200	2.5~	4.2~6.3	2,707~3,323	1,353~1,662	0.0235~0.0175	0.0176~0.0132
250	2.8~3.0	4.9~6.3	4,152~5,100	2,076~2,550	0.030~0.021	0.0225~0.0157
300	2.8~3.0	4.8~7.4	5,194~7,061	2,897~3,531	0.0355~0.0235	0.0266~0.0178
350	2.8~3.0	7.4	7,990~10,050	3,990~5,030	0.0425~0.0265	0.0316~0.0199
400	2.8~4.0	7.7	10,700~14,700	5,030~7,350	0.0475~0.0285	0.0356~0.0214
450	3.7~4.0	8.4	11,740~18,900	5,870~9,450	0.049~0.0285	0.0371~0.0214
500	4.0~5.0	9.5	14,430~25,600	7,216~12,800	0.055~0.0285	0.0412~0.0214

① 공구손료는 별도 가산함.

④ 강관 전기아크용접

(joint)

Sch.No.		20		30		40		60	
구경 및 물공량		용접공	용접봉	용접공	용접봉	용접공	용접봉	용접공	용접봉
inch	mm	인	kg	인	kg	인	kg	인	kg
½	15					0.066	0.006		
¾	20					0.075	0.012		
1	25					0.083	0.018		
1½	40					0.094	0.036		
2	50					0.116	0.049		
2½	65					0.138	0.150		
3	80					0.150	0.190		
3½	90					0.162	0.230		
4	100					0.175	0.280		
5	125					0.187	0.40		
6	150					0.225	0.54		
8	200	0.287	0.60	0.287	0.71	0.287	0.90	0.325	1.31
10	250	0.337	0.75	0.337	1.05	0.337	1.30	0.435	2.20
12	300	0.387	0.88	0.387	1.31	0.450	1.85	0.575	3.24
14	350	0.442	1.39	0.462	1.78	0.537	2.21	0.760	4.00
16	400	0.540	1.60	0.540	2.06	0.725	3.39	0.950	5.47
18	450	0.640	1.80	0.750	3.02	0.960	4.70	1.290	7.75
20	500	0.690	2.10	0.940	4.30	1.050	5.75	1.460	9.25
24	600	0.800	2.44	1.100	6.01	1.230	7.71	1.790	12.10

구경 및 물공량		Sch.No. 80		100		120		140		160	
		용접공	용접봉	용접공	용접봉	용접공	용접봉	용접공	용접봉	용접공	용접봉
inch	mm	인	kg	인	kg	인	kg	인	kg	인	kg
½	15	0.075	0.015							0.087	0.024
¾	20	0.083	0.021							0.101	0.063
1	25	0.094	0.036							0.117	0.092
1½	40	0.116	0.090							0.154	0.15
2	50	0.138	0.130							0.190	0.25
2½	65	0.150	0.240							0.212	0.37
3	80	0.162	0.320							0.250	0.56
3½	90	0.175	0.410							0.290	0.76
4	100	0.200	0.480			0.325	0.73			0.350	1.01
5	125	0.237	1.01			0.337	1.13			0.450	1.65
6	150	0.275	1.06			0.45	1.65			0.59	2.49
8	200	0.362	1.78	0.525	2.36	0.70	2.38	0.80	2.80	0.94	3.20
10	250	0.575	2.98	0.790	4.14	0.90	4.20	1.00	4.90	1.16	5.30
12	300	0.750	4.70	0.900	4.80	1.09	5.90	1.35	6.40	1.68	6.40
14	350	0.940	6.00	1.100	5.70	1.36	8.00	1.74	10.20	2.17	12.50
16	400	1.220	6.80	1.660	8.10	1.83	10.60	2.36	14.80	2.71	17.60
18	450	1.600	8.40	1.990	13.70	2.30	15.60	2.84	18.20	3.22	23.60
20	500	1.820	10.10	2.360	15.30	2.93	16.50	3.56	25.70	4.05	30.60
24	600	2.280	13.60	3.180	20.50	4.20	23.60	5.00	36.20	5.56	42.10

① 본 공량은 탄소강관의 현장용접을 기준한 공량임.
② 본 공량은 접합면의 Beveling 및 손질이 되어 있는 상태에서 용접하는 것임.
③ 예열, 응력 제거, Radiographic Test가 필요한 경우는 별도 가산함.
④ 합금강인 경우는 다음 표의 재질에 따른 배관 용접공량 할증률을 가산함.

❍ 별표 재질에 따른 배관 용접공량 할증률

(%)

재질 (ASTM기준)	구경(mm) 50 이하	80	100	125	150	200	250	300	350	400	450	500	550	600
Mo합금강(A335-P1) Cr합금강(A335-P2, P3, P11, P12)	25.0	27.5	30.0	31.5	34.5	39.0	42.5	45.0	49.0	52.5	59.0	65.0	69.0	73.0
Cr합금강(A335-P3b, P21, 22, P5bc)	33.5	37.0	40.0	42.0	46.0	52.0	57.0	60.0	66.5	70.0	79.0	87.0	92.5	98.0
Cr합금강(A335-P7, P9) Ni합금강(A333-Gr3)	45.0	49.5	54.0	57.0	62.0	70.0	76.5	81.0	88.0	94.5	106.0	117.0	124.0	131.0
스테인리스강 (Type 304, 309, 310, 316) (L&H Grade 포함)	47.5	52.0	57.0	60.0	63.5	72.0	81.0	86.0	93.0	100.0	112.0	123.5	131.0	139.0
동, 황동, Everdur	20.0	23.0	25.0	27.5	30.0	50.0	75.0	80.0	100.0	110.0	115.0	125.0	133.0	140.0

재질 (ASTM기준) \ 구경(mm)	50 이하	80	100	125	150	200	250	300	350	400	450	500	550	600
저온용합금강 (A333-Gr1, Gr4, Gr9)	58.0	61.0	68.0	73.0	75.0	87.5	95.0	104.0	117.0	128.0	138.0	149.0	154.5	160.0
Hastelloy, Titanium Ni(99%)	125.0	132.0	135.0	–	140.0	150.0	175.0	200.0	–	–	–	–	–	–
스테인리스강 (Type321 & 347) Cu-Ni, Monel, Inconel, Incoloy, Alloy20	54.0	58.0	61.0	63.0	65.0	74.0	85.0	95.0	100.0	115.0	123.0	130.0	139.0	145.0
알루미늄	69.0	76.0	82.5	87.0	95.0	107.0	117.0	124.0	135.0	144.0	162.0	179.0	190.0	201.0

비고 : 탄소강관 용접품에 본 비율을 가산함.

⑤ 설비배관 공사의 물공량도 본 물공량을 준용함.
⑥ 수압시험 및 교정품은 본 공량의 5%를 가산한다.
⑦ 상기품은 Arc 용접 기준이므로 Tig, Mig 용접 시는 별도 계상할 수 있다.
  · Tig 용접

(joint)

구경(Sch.No.) \ 각종재료	플랜트 특수용접공	특 별 인 부	용 접 봉
mm	인	인	kg
38[80]	0.125	0.042	0.042
42.4[160]	0.153	0.112	0.05
60.3[40]	0.154	0.099	0.06

  ㉠ 본 공량은 현장용접을 기준한 공량임.
  ㉡ 본 공량에는 용접면 손질 및 Root 조정작업이 포함되어 있음.
  ㉢ 예열, 응력제거, 비파괴시험이 필요한 경우에는 별도 가산함.
  ㉣ 사용재료(용접봉 제외)는 별도 계상한다.
⑧ 비파괴검사 시 기사 1급 적용 시에는 상기공량에 100%까지 가산할 수 있다.
⑨ 다음과 같은 용접작업인 경우는 상기공량을 증감할 수 있다.
  · Black Mirror 용접(극히 협소한 장소) : 30%까지 할증
  · Black Ring 사용할 때 : 25%까지 할증
  · Nozzle 용접 시 : 50%까지 할증
  · Sloping Line 용접 시 : 100%까지 할증
  · Milter 용접 시 : 50%까지 할증
  · Socket 용접 시 : 40%까지 할증
⑩ Pipe 내 Purge Gas(Argon, N_2 등)를 사용하여 용접 시는 Inert Gas Purge 용접공량을 상기공량에 별도 가산한다.
⑪ 설비배관 공사의 품도 본 품을 적용한다.

⑤ 강판 전기아크용접(V형)

(m)

구 분 자세 및 직종 두께(mm)	용접봉 사용량(kg)			작 업 공 량 (인)						소요전력(kWh)		
	하향	횡향	입향	하 향		횡 향		입 향		하향	횡향	입향
				용접공	특별인부	용접공	특별인부	용접공	특별인부			
3	0.17	0.20	0.22	0.030	0.009	0.036	0.011	0.044	0.013	0.60	0.70	0.90
4	0.28	0.30	0.33	0.033	0.010	0.041	0.012	0.050	0.015	1.00	1.20	1.45
5	0.38	0.40	0.45	0.037	0.011	0.046	0.014	0.056	0.017	1.45	1.70	1.95
6	0.58	0.60	0.66	0.042	0.012	0.052	0.016	0.063	0.019	1.85	2.50	2.75
7	0.78	0.80	0.89	0.057	0.014	0.068	0.017	0.079	0.021	2.20	3.20	3.45
8	0.98	1.00	1.08	0.071	0.016	0.084	0.020	0.098	0.023	3.15	4.00	4.40
9	1.15	1.20	1.30	0.080	0.017	0.094	0.023	0.106	0.027	5.00	6.00	6.35
10	1.33	1.40	1.50	0.087	0.020	0.106	0.025	0.121	0.030	7.00	8.00	8.40
11	1.51	1.60	1.75	0.103	0.023	0.120	0.028	0.139	0.034	8.00	9.00	9.50
12	1.71	1.80	1.96	0.116	0.026	0.134	0.032	0.157	0.039	9.00	10.00	10.50
13	1.90	2.00	2.20	0.130	0.029	0.151	0.036	0.181	0.044	10.00	11.5	12.25
14	2.08	2.20	2.43	0.146	0.033	0.169	0.040	0.198	0.049	11.10	13.0	13.75
15	2.25	2.40	2.65	0.162	0.037	0.187	0.044	0.218	0.054	13.50	15.0	15.80

① 상기 공량은 철판두께에 따른 규정에 정해진 층수를 용접하는 공량임.
② 상기 공량에는 Beveling이 포함되어 있음.
③ 공구손료는 별도 가산함.
④ 비파괴시험, Preheating 및 Annealing은 필요한 경우 별도 가산함.
⑤ 상기 공량은 Net Arc Time 기준이므로 상기 공량에 아래 작업효율을 감안한다.
  수동용접 : 40%(공장가공) - 30%(현장가공)
  자동용접 : 45%(공장가공) - 35%(현장가공)
⑥ 합금강에 대하여는 "2-4 강관 전기아크용접" 참조.

⑥ 강판 전기아크용접(U형)

(m)

구 분 자세 및 직종 두께(mm)	용접봉 사용량(kg)		소요전력(kWh)		하향한면용접(인)		하향양면용접(인)	
	하향한면 용 접	하향양면 용 접	하향한면 용 접	하향양면 용 접	용접공	특별인부	용접공	특별인부
15	2.05	2.4	8	9	0.250	0.075	0.275	0.083
20	2.8	3.1	11	12	0.344	0.103	0.362	0.109
25	3.7	4.0	15	16	0.488	0.146	0.525	0.158
30	4.8	5.0	22	24	0.513	0.154	0.550	0.165
35	6.0	6.4	31	34	0.600	0.180	0.638	0.191
40	7.4	7.9	42	45	0.688	0.206	0.750	0.225
45	8.9	9.4	53	57	0.788	0.236	0.844	0.253

구 분 자세 및 직종 두께(mm)	용접봉 사용량(kg)		소요전력(kWh)		하향한면용접(인)		하향양면용접(인)	
	하향한면 용접	하향양면 용접	하향한면 용접	하향양면 용접	용접공	특별인부	용접공	특별인부
50	10.4	11.0	66	71	0.900	0.270	0.962	0.289
55	12.0	12.7	80	86	1.038	0.311	1.060	0.318
60	13.5	15.4	84	100	1.137	0.341	1.200	0.360
65	15.1	16.1	109	116	1.250	0.365	1.310	0.390
70	16.6	17.7	124	131	1.425	0.428	1.485	0.446

① 본 공량은 하향식 용접을 기준으로 한 공량임.
② 공구손료는 별도 가산함.
③ 비파괴시험, Preheating 및 Annealing은 필요한 경우 별도 가산함.
④ 작업효율은 V형 용접에 준함.
⑤ 상기 공량에는 Beveling이 포함되어 있음.

⑦ 강판 전기아크용접(H형)

(m)

구 분 자세 및 직종 두께(mm)	용접봉 사용량(kg)		소요전력(kWh)		하향한면용접(인)		하향양면용접(인)	
	하향한면 용접	하향양면 용접	하향한면 용접	하향양면 용접	용접공	특별인부	용접공	특별인부
15	1.6	1.7	4	8	0.114	0.034	0.165	0.050
20	1.9	2.4	5	10	0.150	0.045	0.312	0.094
25	2.35	3.3	6	14	0.175	0.053	0.388	0.116
30	2.9	4.3	10	20	0.200	0.060	0.462	0.139
35	3.6	5.4	14	28	0.219	0.066	0.537	0.161
40	4.3	6.7	20	36	0.275	0.083	0.625	0.188
45	5.2	8.0	25	46	0.313	0.093	0.713	0.214
50	6.1	9.4	32	57	0.350	0.105	0.894	0.268
55	7.1	10.9	39	68	0.413	0.124	0.900	0.270
60	8.0	12.4	46	81	0.475	0.143	1.013	0.304
65	9.1	13.9	53	95	0.563	0.169	1.125	0.338
70	10.2	15.3	61	109	0.656	0.197	1.242	0.373

① 본 공량은 하향식 용접을 기준으로 한 공량임.
② 공구손료는 별도 가산함.
③ 비파괴시험, Preheating 및 Annealing은 필요한 경우 별도 가산함.
④ 상기 공량에는 Beveling이 포함되어 있음.
⑤ 작업효율은 V형 용접에 준함.

⑧ 강판 전기아크용접(X형)

(m)

구 분 자세 및 직종 두께(mm)	용접봉 사용량(kg)			작 업 공 량 (인)						소요전력(kWh)		
	하향	횡향	입향	하 향		횡 향		입 향		하향	횡향	입향
				용접공	특별인부	용접공	특별인부	용접공	특별인부			
16	1.95	1.97	2.10	0.166	0.051	0.200	0.062	0.260	0.076	12.0	12.5	14.0
18	2.10	2.15	2.25	0.192	0.056	0.230	0.068	0.310	0.082	14.0	15.0	17.0
20	2.25	2.30	2.45	0.225	0.062	0.270	0.073	0.340	0.088	17.0	18.0	20.0
22	2.45	2.50	2.65	0.250	0.068	0.310	0.078	0.390	0.094	20.0	22.0	24.0
24	2.60	2.70	2.90	0.290	0.074	0.350	0.840	0.450	0.105	23.5	26.0	28.0
26	2.75	2.90	3.15	0.320	0.079	0.400	0.089	0.510	0.110	27.5	30.6	33.0
28	3.00	3.15	3.40	0.370	0.085	0.450	0.095	0.580	0.116	33.0	36.6	38.0
30	3.25	3.45	3.70	0.413	0.090	0.495	0.105	0.632	0.123	39.5	41.9	43.9

① 상기 공량에는 철판두께에 따라 규정에 정해진 층수를 용접하는 공량임.
② 상기 공량은 Beveling 공량이 포함되어 있음.
③ 공구손료는 별도 가산함.
④ 비파괴시험, Preheating 및 Annealing은 필요한 경우 별도 가산함.
⑤ 작업효율은 V형 용접에 준함.

⑨ 강판 전기아크용접(Fillet 용접)

(m)

구 분 자세 및 직종 두께(mm)	용접봉 사용량(kg)				소요전력(kWh)				작 업 공 량 (인)							
	하향	횡향	상향	입향	하향	횡향	상향	입향	하 향		횡 향		상 향		입 향	
									용접공	특별인부	용접공	특별인부	용접공	특별인부	용접공	특별인부
5	0.27	0.30	0.33	0.35	1.90	2.20	2.30	2.50	0.010	0.002	0.020	0.006	0.027	0.008	0.031	0.009
6	0.33	0.40	0.42	0.43	2.25	2.65	2.75	2.90	0.014	0.004	0.026	0.008	0.032	0.009	0.036	0.011
7	0.40	0.50	0.53	0.55	2.60	3.10	3.25	3.50	0.021	0.006	0.031	0.009	0.038	0.011	0.042	0.013
8	0.49	0.60	0.61	0.62	3.25	3.75	4.00	4.25	0.027	0.008	0.040	0.012	0.048	0.012	0.052	0.016
9	0.68	0.80	0.82	0.83	3.80	4.50	4.75	5.10	0.033	0.010	0.052	0.015	0.056	0.017	0.063	0.019
10	0.86	1.00	1.01	1.01	4.70	5.25	5.70	6.10	0.048	0.013	0.062	0.017	0.069	0.021	0.073	0.022
11	0.95	1.15	1.18	1.20	5.50	6.20	6.70	7.10	0.057	0.015	0.071	0.021	0.079	0.024	0.083	0.025
12	1.09	1.30	1.33	1.35	6.40	7.10	7.75	8.20	0.066	0.017	0.081	0.024	0.092	0.028	0.096	0.029
13	1.26	1.50	1.55	1.58	7.25	8.10	8.80	9.30	0.075	0.020	0.092	0.028	0.104	0.031	0.110	0.033
14	1.45	1.70	1.73	1.75	8.20	9.10	10.00	10.30	0.083	0.023	0.110	0.031	0.119	0.034	0.125	0.038
15	1.64	1.90	1.94	1.96	9.20	10.25	11.10	11.70	0.089	0.026	0.128	0.036	0.135	0.041	0.142	0.043
16	1.90	2.20	2.25	2.29	10.50	11.50	12.50	13.00	0.096	0.029	0.138	0.039	0.150	0.045	0.160	0.048
17	2.20	2.50	2.56	2.60	11.50	12.50	16.00	14.50	0.108	0.032	0.150	0.044	0.160	0.051	0.175	0.053
18	2.49	2.80	2.88	2.93	13.75	16.00	16.30	17.00	0.110	0.035	0.163	0.049	0.190	0.057	0.196	0.059
19	2.80	3.10	3.20	3.27	15.50	16.80	17.20	19.00	0.129	0.039	0.175	0.053	0.204	0.061	0.216	0.069

① Gouging은 포함되지 않음. ② 공구손료는 별도 가산한다. ③ 작업효율은 V형 용접에 준함.

2-2 기계설비공사

① 배관용 탄소강관

(용접개소)

규 격 (mm)	용접공 (인)	규 격 (mm)	용접공 (인)
ø15	0.036	100	0.152
20	0.043	125	0.184
25	0.052	150	0.216
32	0.062	200	0.281
40	0.070	250	0.345
50	0.085	300	0.409
65	0.105	350	0.456
80	0.121	400	0.519

① 본 품은 배관용 탄소강관(KSD 3507)의 옥내배관 기준이다.
② 본 품은 아크용접으로 강관을 접합하는 품이다.
③ 용접접합에 필요한 부자재는 별도 계상한다.

② 스테인리스강관

(용접개소)

규 격 (mm)	용접공 (인)	규 격 (mm)	용접공 (인)
ø6	0.036	65	0.119
8	0.040	80	0.135
10	0.045	100	0.151
15	0.050	125	0.167
20	0.057	150	0.199
25	0.066	200	0.231
32	0.077	250	0.295
40	0.084	300	0.359
50	0.099		0.423

① 본 품은 알곤용접으로 스테인리스강관을 접합하는 품이다.
② 알곤용접의 용접개소당 재료량은 다음과 같다.

호칭지름 (mm)	용접봉(kg)	Argon(l)	호칭지름 (mm)	용접봉(kg)	Argon(l)
ø15	0.007	64	90	0.257	565
20	0.013	95	100	0.313	699
25	0.020	129	125	0.443	1,098
40	0.040	191	150	0.601	1,285
50	0.055	265	200	1.007	2,170
65	0.168	343	250	1.455	3,060
80	0.213	430	300	2.070	3,945

③ 동관

(용접개소)

규 격 (mm)	용접공 (인)	규 격 (mm)	용접공 (인)
ø8	0.014	65	0.089
10	0.018	80	0.105
15	0.022	100	0.137
20	0.030	125	0.169
25	0.038	150	0.201
32	0.045	200	0.265
40	0.053	250	0.329
50	0.067		

① 본 품은 브레이징(Brazing)용접으로 동관을 접합하는 품이다.

· Brazing(경납) 용접개소당 재료량

호칭지름 (mm)	용접봉 (g)	플럭스 (g)	산 소 (l)	아세틸렌 (g)
ø6(1/8″)	0.3	0.05	2.5	3.8
8(1/4)	0.5	0.08	4.0	4.5
10(3/8)	0.8	0.11	5.4	5.9
15(1/2)	1.2	0.15	7.5	8.0
(5/8)	1.8	0.22	10.8	11.4
20(3/4)	2.5	0.32	15.8	16.5
25(1)	4.0	0.49	19.0	20.2
32(11/4)	5.2	0.65	27.2	28.6
40(11/2)	6.9	0.86	35.0	37.0
50(2)	11.2	1.40	45.8	48.6
65(21/2)	15.4	1.92	57.9	61.3
80(3)	21.0	2.62	80.8	85.4
100(4)	36.6	4.58	127.8	135.0
125(5)	56.3	7.02	158.8	167.7
150(6)	78.9	9.89	254.0	268.3
200(8)	173.5	13.25	615.7	650.5

④ 각종 잡철물 제작 및 설치

(철물 톤)

구 분		단위	물 공 량 표 준			비 고
			철물제작	철물설치	제작설치	
재료	용 접 봉	kg	15.71	2.77	18.48	
	산 소	l	5,355	945	6,300	
	아 세 틸 렌	kg	2.4	0.4	2.8	
	유 지	l	(0.17)	-	(0.17)	필요할 때 계상
	볼 트	개	(0.46)	-	(0.46)	필요할 때 계상
품	철 공	인	21.80	5.85	27.65	사용소재에 따라 철판공
	비 계 공	인	(4.0)	(0.71)	(4.71)	필요할 때 계상
	인 부	인	0.56	0.10	0.66	
	용 접 공	인	2.21	0.39	2.60	
	특 별 인 부	인	0.63	0.11	0.74	
기타	용접기손료	시간	17.71	3.12	20.83	
	전력소요량	kWh	107.1	18.9	126	

① 본 품은 일반 철재류 잡철물 제작설치에 대한 일반적 기준이며, 주자재(철판, 앵글, 파이프 등)는 별도 계상한다.
② 본 품은 간단한 구조를 기준한 것이므로 용접개소, 형상, 경량철재 등에 따라 재료 및 품을 다음의 범위 내에서 계상한다.

간 단	보 통	복 잡
100%	120%	140%

③ 본 품은 철물 각종을 제작할 때의 품으로서 특수 철물제작 및 설치 시는 별도 계상할 수 있다.
④ 철물제작 설치에 있어서 비계매기 또는 장애물 처리에 필요한 비계공은 필요할 때에만 계상하며 강판의 가공설치에 철공 대신 철판공을 적용한다.
⑤ 설치용 장비가 필요한 경우에는 별도 계상할 수 있다.
⑥ 철물설치는 제작된 철물을 반입 현장에 설치하는 것으로 필요한 때 계상한다.
⑦ 본 품은 소운반이 포함된 것이며 기타 기계공구 손료는 인건비의 3%이다.
⑧ 잡철물의 구조별 구분은 다음과 같다.
  · 간단구조 : 자재수나 용접개소가 많지 않고 간단히 제작 설치하는 잡철물류
  · 보통구조 : 자재수나 용접개소가 보통이거나 경량철재 또는 박판으로서 절단, 절곡, 용접 등 제작설치가 복잡하지 않은 잡철물류
  · 복잡구조 : 자재수나 용접개소가 많고 형상이 복잡하거나 경량철재 또는 박판으로 절단, 절곡, 용접 등 제작설치가 복잡한 잡철물류
⑨ 본 품에서 잡철물의 예를 들면 다음과 같다.
  · 피트 및 맨홀 뚜껑
  · 계단 및 난간 철물류 등
  · P.D문, D.C문, 환기구 철물 등 간이 창호류
  · Checked Plate, Expanded Metal류 등
  · 기타 철골공사에 해당되지 않는 철재품의 제작 및 설치

3 일위대가표 작성

3-1 강관 및 강판 절단

배관용 탄소강관(SCH 40) 50A를 슬리브 타설 등을 위해 가스절단 시의 일위대가표를 표준품셈을 바탕으로 작성하면 표 4-1과 같다.

○ 표 4-1 강관절단(50A)

(개소)

품 명	규 격	단위	수량	재료비 단가	재료비 금액	노무비 단가	노무비 금액	비고
산 소	공업용 99.9%	l	3.8	1.33	5			
아 세 틸 렌	공업용 98%	kg	0.0022	9,200	20.2			
노 무 비	용 접 공	인	0.003			58,700	176.1	
	특 별 인 부	인	0.001			52,200	52.0	
공 구 손 료	노무비의 3%	식				6.8		
계					32		228	

[참고] 아세틸렌(kg) = 아세틸렌(l) × $\dfrac{26g}{22.4l}$ × $\dfrac{1}{1000}$ = $\dfrac{l}{853}$

두께 3mm의 강판을 수동으로 절단할 경우의 일위대가표를 작성하면 표 4-2와 같다. 단, 각 물량 및 품은 평균치를 적용하였다.

○ 표 4-2 강판절단(3mm)

(m)

품 명	규 격	단위	수량	재료비 단가	재료비 금액	노무비 단가	노무비 금액	비고
산 소	공업용 99.9%	l	20.8	1.33	27.6			
아 세 틸 렌	공업용 98%	kg	0.0123	8,000	98.4			
노 무 비	용 접 공	인	0.0046			58,700	270.0	
	특 별 인 부	인	0.0023			52,200	119.6	
공 구 손 료	노무비의 3%	식				11.6		
계					137		389	

3-2 강관 및 강판 용접

표준품셈이 기계설비공사편에 있는 배관용 탄소강관(KSD 3507)과 플랜트설비공사편의 압력배관용 탄소강관(SCH 40) 65A를 1개소를 전기아크용접에 소요되는 물량과 공량을 적용하여 일위대가표를 작성하면 표 4-3, 표 4-4와 같다.

◐ 표 4-3 강관 전기아크용접(65A)

(개소)

품 명	규 격	단위	수량	재 료 비 단가	재 료 비 금액	노 무 비 단가	노 무 비 금액	비고
용접봉	KSE4301 3.2D	kg	0.15	2,980	447.0			
소요전력		kWh	0.167	84.1	14.0			
노무비	용접공	인	0.105			143,509	15,068.4	
공구손료	노무비의 3%	식	1		452.0			
계					913		15,068	

◐ 표 4-4 강관 전기아크용접(65A, SCH 40)

(개소)

품 명	규 격	단위	수량	재 료 비 단가	재 료 비 금액	노 무 비 단가	노 무 비 금액	비고
용접봉	KSE4301 3.2D	kg	0.15	2,980	447.0			
소요전력		kWh	0.167	84.1	14.0			
노무비	용접공	인	0.138			143,509	19,804.2	
공구손료	노무비의 3%	식	1		594.1			
계					1,055		19,840	

상기 강관용접에 소요되는 전력량은 표 4-5를 참조한다.

◐ 표 4-5 강관용접 소요전력량(단위 : 개소)

구경(A)	15	20	25	32	40	50	60
소요전력(kWh)	0.047	0.059	0.074	0.093	0.106	0.132	0.167
구경(A)	80	100	125	150	200	250	300
소요전력(kWh)	0.335	0.43	0.526	0.622	1.154	2.099	3.2

두께 3mm의 강판을 전기아크(V형)으로 용접 시의 일위대가표를 작성하면 표 4-6과 같다. 단, 작업자세는 횡향을 기준으로 한다.

○ 표 4-6 강판용접(V형, 3mm)

(m)

품 명	규 격	단위	수량	재 료 비		노 무 비		비고
				단가	금액	단가	금액	
용접봉(연강용)	KSE4301 3.2D	kg	0.2	1,170	234			
소 요 전 력		kWh	0.7	65.5	45.8			
노 무 비	용 접 공	인	0.036			58,700	2,113.2	
	특 별 인 부	인	0.011			52,200	574.2	
공 구 손 료	노무비의 3%	식			80.6			
계					360		2,687	

3-3 동관 및 스테인리스강관 용접

  냉온수배관 등에 사용되는 동관 및 스테인리스강관의 용접에 대한 일위대가표를 해당 표준품셈을 바탕으로 작성하면 표 4-7, 표 4-8과 같다.

○ 표 4-7 동관용접(경납, 15A)

(개소)

품 명	규 격	단위	수량	재 료 비		노 무 비		비고
				단가	금액	단가	금액	
용접봉	Bcup-3	g	0.15	62.8	75.3			
플럭스		g	0.15	20	3.0			
산소	공업용 99.9%	ℓ	7.5	1.1	8.2			
아세틸렌	공업용 98%	g	8.0	11	88.0			
노무비	용접공	인	0.022			143,509	3,157.1	
공구손료	노무비의 3%	식	1		94.7			
계					269		3,157	

○ 표 4-8 스테인리스강관 용접(15A)

(개소)

품 명	규 격	단위	수량	재 료 비		노 무 비		비고
				단가	금액	단가	금액	
용접봉	D3.2mm AWSE308	kg	0.007	9,160	64.1			
아르곤 가스	건설용	ℓ	64	5.4	345.6			
노무비	용접공	인	0.05			143,509	7,154.4	
공구손료	노무비의 3%	식	1		215.2			
계					624		7,154	

3-4 잡철물 제작 및 설치

철판, 형강 및 강관 등의 자재를 이용하여 탱크류, 헤더류, 피트뚜껑, 맨홀뚜껑, 지지철물 등을 제작하는 경우에는 이를 구성하는 철판, 앵글, 강관 등 각종 철물의 물량 외에 이를 제작하고 설치하는 작업이 수반된다. 이를 "잡철물 제작 및 설치"라는 일위대가표를 표준품셈을 바탕으로 기준톤단위로 작성하며 내역서 상의 수량에는 해당 철물의 물량을 중량으로 환산하여 반영한다.

간단한 구조의 잡철물 제작 및 설치에 대한 철물 1톤을 기준으로 일위대가표를 작성하면 표 4-9와 같다.

● 표 4-9 잡철물 제작 및 설치(간단)

(철물톤)

품 명	규 격	단위	수량	재료비 단가	재료비 금액	노무비 단가	노무비 금액	비고
용접봉(연강용)	KSE4301 3.2D	kg	18.48	1,170	21,621.6			
산 소	공업용 99.9%	l	6,300	1.33	8,379.0			
아 세 틸 렌	공업용 98%	kg	2.8	8,000	22,400.0			
용접기 손료		시간	20.83	10	208.3			
소 요 전 력		kWh	126	65.5	8,253.0			
노 무 비	철 공	인	27.65			65,800	1,819,370	
	보 통 인 부	인	0.66			37,400	24,684	
	용 접 공	인	2.6			58,700	152,620	
	특 별 인 부	인	0.74			52,200	38,628	
공 구 손 료	노무비의 3%	식			61,059.0			
계					121,629		2,035,302	

05

건·축·기·계·설·비·적·산

CHAPTER 05

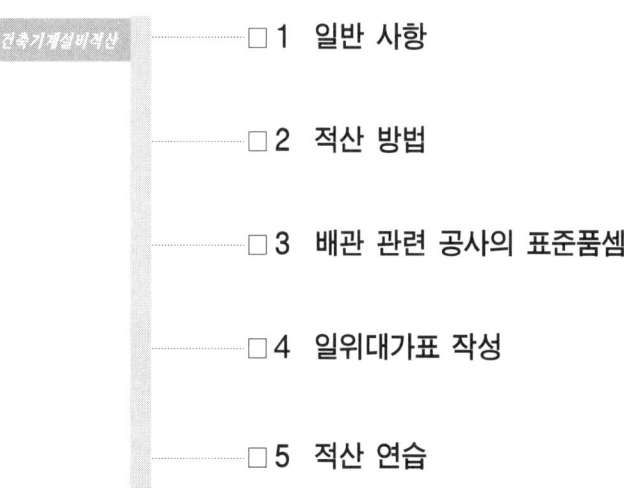

배관 관련 공사

- 1 일반 사항
- 2 적산 방법
- 3 배관 관련 공사의 표준품셈
- 4 일위대가표 작성
- 5 적산 연습

CHAPTER 05 배관 관련 공사

1 일반 사항

1-1 배관계통의 분류

배관설비의 적산은 다음과 같은 공사세목에 관하여 직관, 관이음류, 밸브류, 신축이음, 방진장치 그리고 지지철물 등에 관한 재료비와 노무비를 계산하는 것으로 설비에서 사용되는 배관을 계통별로 구분하면 다음과 같다.

① 냉각수배관 계통
② 냉수배관 계통
③ 냉온수배관 계통
④ 온수배관 계통
⑤ 증기배관 계통
⑥ 응축수배관 계통
⑦ 오일배관 계통
⑧ 냉매배관 계통
⑨ 보급수배관 계통
⑩ 급수배관 계통
⑪ 급탕배관 계통
⑫ 배수·배관 계통
⑬ 통기관 계통
⑭ 소화배관 계통
⑮ 가스배관 계통

1-2 배관재료

배관재료는 유체의 화학적 성질·온도·내압력, 내구성, 내용연수, 시공성, 경제성 등을 고려하여 선정하여야 한다. 일반적으로 배관은 재질에 따라 금속관, 비금속관으로 분류할 수 있으며, $16kg/cm^2$ 이하의 증기 및 220℃ 이하의 수온에 적용되는 배관재의 규격 및 용도는 부록 ②에 수록되어 있다.

(1) 강관(steel pipe)

강관은 일반 건축물과 공장, 선박 등의 급수, 급탕, 가스배관으로 활용되고 있으며, 압축 공기관, 화학약품 수송관 등 공업부분에 이르기까지 광범위하게 이용되고 있다.

● 표 5-1 배관용 강관의 재질 및 특성

종 류	규 격	특 성
배관용 탄소강관 (SPP)	KSD 3507	$-15\sim350°C$에서 사용압력이 $10kg/cm^2$ 이하의 배관에 사용되며 가스관이라고 부름. $400g/m^2$ 이상 아연도금한 것을 백관 방청 도장만 한 것을 흑관, 1본의 길이는 6m이며, 호칭지름은 6~500A(24종) 있음
압력배관용 탄소강관 (SPPS)	KSD 3562	$350°C$ 이하 사용압력이 $10kg/cm^2\sim100kg/cm^2$까지 보일러 증기관 유압관, 수압관 등에 사용 규격은 호칭지름(SPP와 동일) 스케줄번호(SCH)에 의함. 종류는 2종(SPPS 38), 3종(SPPS 42)이 있다.
고압배관용 탄소강관 (SPPH)	KSD 3564	$350°C$ 이하에서 사용압력이 $100kg/cm^2$ 이상의 암모니아 합성용 배관, 내연기관의 연료 분사관, 화학공업에서의 고압배관에 사용 규격은 SPPS와 동일.
고온배관용 탄소강관 (SPHT)	KSD 3570	사용온도 $350°C$를 초과하는 과열증기관 등의 배관에 적합하며, 규격은 SPPS와 동일.
저온배관용 탄소강관 (SPLT)	KSD 3569	빙점 이하의 낮은 온도에 적합하며, 각종 화학 공업 LPG, LNG 탱크 배관에 사용, 규격은 SPPS와 동일
배관용 아크용접 탄소강관 (SPW)	KSD 3583	사용압력 $10gk/cm^2$ 이하 배관에 사용되며, 호칭지름 350~2400A(22종) 내구경임. 일반수도 관이나 가스수송관으로 많이 사용
수도용 아연도금 강관 (SPPW)	KSD 3537	SPP관에 $550g/m^2$ 이상 아연도금한 관으로 사용정수두 100m 이하의 수도 배관에 주로 사용. 최근에는 아연 용출에 따라 급수용으로 사용금지 추세. 호칭지름 SPP와 동일
수도용 도복장 강관 (STPW)	KSD 3565	SPP관 또는 SPW 관에 피복한 관으로 정수두 100m 이하의 수도용으로 사용 호칭지름 80~1500A
배관용 스테인리스강관 (STSxTP)	KSD 3576	내식성과 내열성이 우수하며 고온과 저온에 사용가능 규격은 SPPS와 동일.
일반배관용 스테인리스강관 (STSxTPD)	KSD 3595	급수, 급탕, 내용수, 냉각수 배관에 주로 사용되며, 관의 두께에 따라 K형과 L형이 있다, 관경은 SUB~300A까지 생산.
폴리에틸렌 피복강관 (PEM)	KSD 3589	공동구를 포함한 주중매설되는 가스, 기름 등의 수송관으로 SPP, SPPS, SPW를 원관으로 외면에 폴리에틸렌을 피복한 것.
수도용 폴리에틸렌 분체 라이닝 강관 (SFP)	KSD 3619	SPP 내외면에 폴리에틸렌을 라이닝한 관으로서 내식성, 내약품성, 내구성이 우수 이론적 수명은 반영구적이며, 적합법은 나사식, 용접식이 있음.

강관은 제조방법별, 재료별, 용도별로 분류할 수 있다. 이 중 건축설비 분야에 널리 적용되고 있는 배관용 강관의 종류 및 특성은 표 5-1과 같다.

(2) 주철관(cast iron pipe)

주철관은 내압성, 내마모성이 우수하고, 강관에 비해서는 내식성, 내구성이 뛰어나 수도용 급수관, 가스 공급관, 배수관 등에 널리 사용되나, 건축설비분야에서는 배수용으로 주로 사용되고 있다.

배수용 주철관은 살 두께에 따라서 두꺼운 1종과 얇은 2종이 있으며, 호칭지름 50mm, 75mm, 100mm, 125mm, 150mm, 175mm, 200mm 7단계로 구분하며, 허브식의 기준길이는 300mm, 400mm, 600mm, 800mm, 1000mm, 1600mm으로 제조되므로 적산단계에서 측정된 길이를 기준길이로 적절하게 나누어 조합하여야 한다. 노허브식은 1500mm, 3000mm로 제작되므로 적당한 길이로 절단하여 조립한다.

(3) 동관(copper pipe)

동은 비철금속으로 전기 전도율이 높으며, 내식성이 높고 경량이며, 기계적, 열적 성질이 강하여 전기재료, 열교환기, 급수관 등에 널리 이용되고 있다.

○ 표 5-2 동관의 분류

구 분	종 류	비 고
사용된 소재에 따른 분류	일탈산동관 (phosphorus deoxidized copper)	일반 배관재료 사용
	타프피치동관(tough pitch copper)	전기기기 재료
	무산소동관 (oxygentree copper)	순도 99.96% 이상
	동합금관 (copper alloy tube)	용도 다양
질별 분류	연 질 (O)	가장 연하다.
	반 연 질 (OL)	연질에 약간의 정도 강도 부여
	반 경 질 (1/2H)	경질에 약간의 연성 부여
	경 질 (H)	가장 강하다.
두께별 분류	K type (heavy wall)	가장 두껍다.
	L type (Medium wall)	두껍다.
	M type (light wall)	보통 두께
	N type	얇은 두께(KS규격은 없음)
용도별 분류	워터튜브(순동제품) : Water tube	물에 사용, 일반적인 배관용
	ACR튜브(순동제품) : AC tube	열교환용 코일(에어콘, 냉동기)
	콘덴서튜브(동합금제품) : Condenser tube	열교환기류의 열교환용 코일

동관은 소재에 따라서 열교환기, 전기 등에 이용되는 무산소 동관, 전기 제품 등에 주로 이용되는 터프피치 동관이 있다. 일반 배관용으로는 이음매 없는 일탈산 동관 및 동 합금관이 사용되며, 인탈산 동관이란 인(P)을 탈산제를 사용하여 제조하므로 수소에 취약하지 않고 용접접합에 적당하여 각종 배관용으로 사용된다. 소구경 접합은 납땜으로 하며, 대구경은 플랜지로 접합한다. 이종 금속과의 연결 부위에서는 접속부식이 심하게 발생하므로 붓싱을 끼워 넣거나 어댑터를 이용하여 연결 부위에 이종금속이 접촉되지 않도록 하여야 한다.

동관을 분류하면 표 5-2와 같으며 K형을 고압배관, 상수도 배관 가스배관에, L형 및 M형은 급수, 급탕, 냉·난방 배관 등에, N형은 배수, 통기관에 일반적으로 사용된다.

(4) 연관(lead pipe)

연관은 전연성이 풍부하여 상온가공이 용이하고, 내식성이 우수한 특성을 갖고 있다. 바닷물이나 천연수에도 관 표면에 불활성 탄산납의 보호피막을 만들어 납의 용해와 부식을 방지하지만, 콘크리트 속에 직접 매설하면, 시멘트에서 유리된 석회석에 침식될 우려가 있으므로 방식 피막 처리 후에 매설하여야 한다. 연관은 용도에 따라 1종(화학공업용), 2종(일반용) 및 3종(가스용)으로 구분하며, 사용방법에 따라 수도용과 배수용으로 구분된다. 배수용 연관은 상온에서 벤딩 및 확관이 용이하므로 세면기의 트랩과 배수관, 대변기의 온수관, 세정관과 기구 연결관 등 위생기구의 접속관으로서 장소가 협소하여 복잡한 굴곡을 필요로 곳에 사용된다.

(5) 합성수지관(plastic pipe)

플라스틱관은 석유, 석탄, 천연가스 등으로부터 얻어지는 에틸렌, 프로필렌, 아세틸렌, 벤젠 등을 원료로 만들어진다.

① 경질 염화비닐관(PVC : rigid polyvinyl chloride pipe)

합성수지를 사용한 대표적인 제품으로 내식성이 크고 산이나 알칼리에 침식되지 않으며, 전기 절연성이 크고 금속관과 같은 전식작용의 염려가 없고 굴곡, 접합 등의 가공이 용이한 장점이 있는 반면, 0℃ 이하의 저온에서 취성이 있으며, 열에 의한 신축량이 매우 크다. 또한 75℃ 부근에서 연화되므로 50℃ 이하로 사용이 제한된다.

정수압 75kg/cm² 이하의 사용되는 수도용 경질염화비닐관은 직관, TS관 및 편수칼라 관의 3종이 있으며, 배수용으로 널리 사용되는 경질염화비닐관은 일반관(VG1)과 얇은 관(VG2)가 있다.

또한 현재 공동주택의 세대 내 스프링클러용 배관으로 사용되고 있는 CPVC(Chlorinated Polyvinyl Chloride)는 기존 PVC에 염화반응(염소)를 추가해 내열성, 내압성, 내충격성, 기계적 강도 및 내식성을 강화한 것이다.

② 폴리에틸렌관(PE : polyethylene pipe for general purposes)

에틸렌을 원료로 하여 만든 관으로 직사광선에 닿으면 표면이 산화하여 바래며, 이로 인해 산화막이 벗겨지면 접합에 지장이 있으므로 카본블랙(carbon black)을 혼입한 흑색관이 사용되고 있다. 염화비닐관보다 화학적, 전기적으로 우수하며, 90℃에서 연화하지만 저온에 강하여 −60℃에서도 경화되지 않으므로 한냉지 배관에 알맞다. PE관을 용도에 따라 정수두 75m 이하의 수도에 사용되는 수도용과 도시가스 및 LPG의 수송에 사용되는 가스용, 그 밖의 일반 용도에 사용되는 일반용이 있으며, 일반용 폴리에틸렌관은 비교적 유연성이 있는 1종관과 2종관으로 나누어진다.

③ 폴리부틸렌관(PB : poly butylene pipe)

PB 수지를 butene-1을 합성하여 만든 고분자 중합체이며, 높은 결정체와 밀도(0.937)를 가진 부드러운 이성질체인 폴리올레핀이다.

금속관에 비해 열전도율이 낮지만, 선 팽창률은 크기 때문에 고정방법에 주의가 요구된다. 또한 전기 절연성이 우수하며, 지중 등에 매설 시에도 전위부식의 우려가 없다.

④ 프로필렌 랜덤 공중합체(PPR : propylene random copolymer)관

일명 PPR관이라 불리는 이 관은 합성수지관 중 가장 최근에 개발된 배관재이다. 고분자 계열인 에틸렌 링크와 프로필렌의 중합을 통해 생산되는 열가소성 수지로서 기존 합성수지관에 비해 내식성, 내구성, 내압성 등이 탁월하다. 특히 유리섬유를 혼합한 다층구조의 복합관은 낮은 열전도성(열전도율 0.15W/m·K)과 높은 내열성(열팽창계수 0.000035)으로 국내의 경우 선박용으로 주로 사용되고 있지만, 유럽의 경우 급수·급탕·냉난방·기계실 등의 배관으로 다양한 분야에 적용되고 있다.

1-3 배관 이음쇠

관 이음쇠란 관을 계속해서 접속시켜 나갈 때 또는 하나의 관을 2개 이상으로 분기할 때, 통로의 방향을 바꿀 때 등에 사용되는 재료를 말한다. 따라서 배관의 접합방식은 그림 5-1과 같이 배관 재에 따라 접합방법이 다르며, 현재에는 시공 및 유지관리의 편리성 등의 목적에 따라 다양한 신품이 개발되고 있는 추세이다.

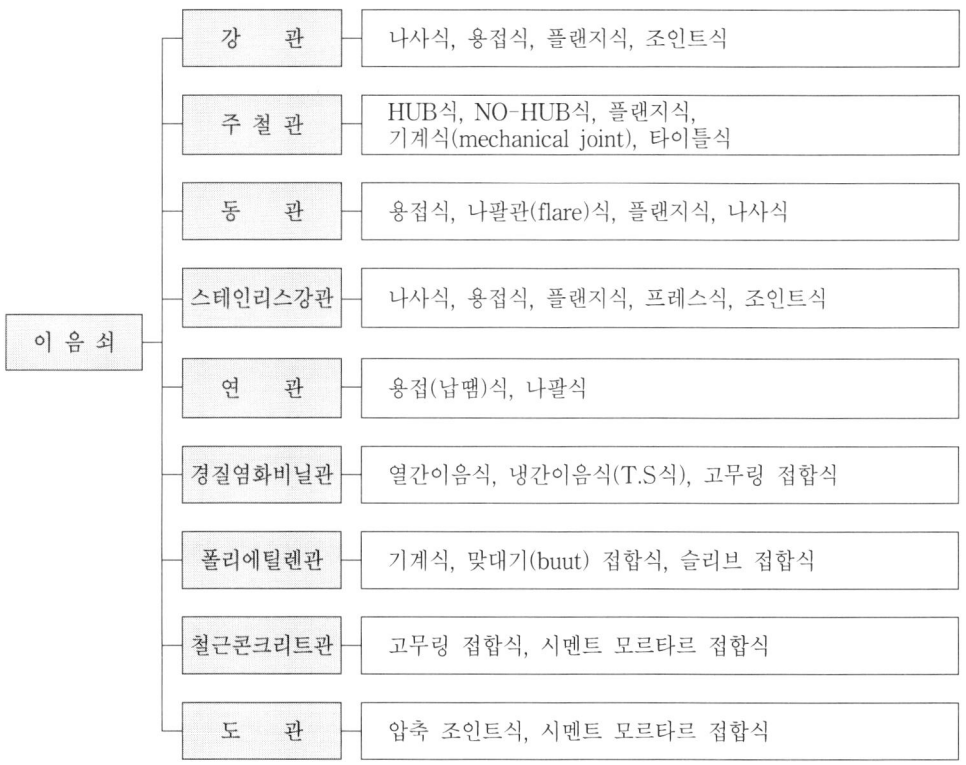

○ 그림 5-1 관 재질별 이음방식

(1) 강관 이음

① 나사식

물, 증기, 기름, 공기 등의 저압용 배관에 사용하되 충격, 부식 및 균열 등이 생길 우려가 있는 곳에는 사용하지 않는 것이 바람직하다. KS에서는 가단 주철제(KSB 1531), 강관제(KSB 1533), 배수관용(KSB 1532) 이음쇠 등으로 구분된다. 일반적으로 배관용 탄소배강관(KSD 3507)의 접합 시에는 그림 5-2와 같은 가단 주철제를 사용하며, 사용 목적에 따라 분류하면 다음과 같다.
㉠ 관의 방향 변경 시 : 엘보(elbow), 벤드(bend)
㉡ 관의 도중 분기 시 : 티(tee), Y 지관(Y-branch), 크로스(cross)
㉢ 이경관 연결 시 : 레듀서(reducer), 부싱(busing), 이경엘보 및 티
㉣ 동경관 직선 연결 시 : 소켓(socket), 플랜지(flange), 니플(nipple)
㉤ 관말단 밀봉 시 : 캡(cap), 플러그(plug)
㉥ 관의 분해, 수리, 교체용 : 유니언(union), 플랜지(flange)

(a) 엘보 (b) 45° 엘보 (c) 이경 엘보 (d) 티 (e) 이경 티 (f) 이경 티
(g) 이경 티 (h) 편심 이경 티 (i) 삼방 이경 티 (j) 크로스 (k) 소켓 (l) 레듀서
(m) 캡 (n) 부싱 (o) 로크 너트 (p) 플러그 (q) 니플 (r) 이경 니플
(s) 유니언 (t) 플랜지 (u) 플랜지 (v) 벤드 (w) 45° 벤드 (x) 크로스형 리턴 밴드

◐ 그림 5-2 가단 주철제 관 이음쇠의 종류

② 용접식

용접식 이음쇠는 접속부의 모양에 따라 맞대기식과 삽입식으로 구분되고 배관의 재질에 따라서는 일반 배관용과 특수배관용으로 구분된다. 용접은 50A 이하의 경우 가스용접이 가능하나, 현재 현장에서는 거의 전기아크용접으로 한다.

㉠ 맞대기 용접식 관 이음쇠

맞대기 용접식 이음쇠는 일반 배관용과 특수용의 2가지가 있다. 일반 배관용은 사용압력이 비교적 낮은 증기, 물, 기름, 가스, 공기 등 일반 배관의 맞대기 용접으로 이음하는 강제품 이음쇠로서 배관용 탄소강관을 맞대기 용접할 때 사용한다. 이음쇠의 재질은 SPP와 같은 것으로 한다. 특수 용접용 이음쇠는 주로 고압배관, 압력배관, 고온배관, 저온배관, 합금강배관의 맞대기 용접으로

이음하는 강제품의 관 이음쇠이다. 맞대기 용접관의 이음쇠는 50A 이상인 비교적 큰 관에 주로 사용하며, 종류는 그림 5-3과 같다.

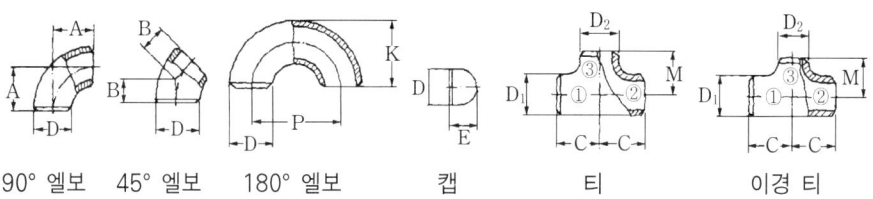

○ **그림 5-3 맞대기 용접식 이음쇠**

ⓒ 삽입형 용접식 이음쇠

삽입형 용접식 이음쇠는 맞대기 용접식 이음쇠와 마찬가지로 압력배관, 고압배관, 고온배관, 저온배관, 합금관배관, 스테인리스배관 등 특수용도의 배관에서 삽입 용접하는 이음쇠이다.

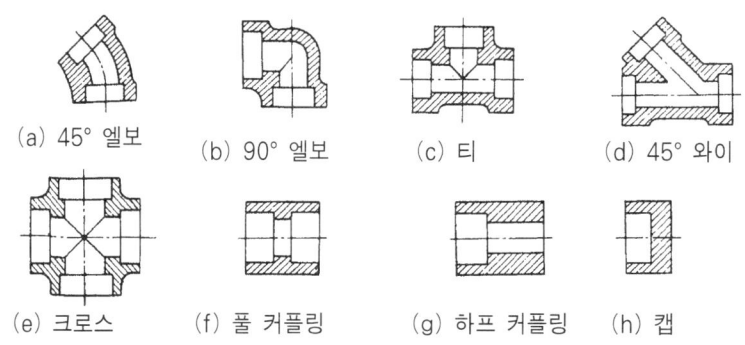

○ **그림 5-4 삽입형 용접식 이음쇠의 종류**

③ 플랜지식

플랜지식 이음쇠는 밸브, 펌프, 열 교환기 등 각종 기기의 접속 및 관을 자주 해체 또는 교환할 필요가 있는 곳에 사용한다. 플랜지식 이음쇠는 볼트나 너트로 플랜지를 접속시키는데 재료로는 강, 주철, 주강, 단조강, 청동, 황동 및 스테인리스 등이 사용된다. 이 모양은 보통원형이나 지름이 작은 관에는 타원형, 4각형 등이 사용된다. 플랜지 종류는 시트(seat)의 형상에 따라 전면, 대평면, 소평면, 삽입형, 홈꼴형 시트로 나눈다. 플랜지 사이에는 개스킷(gasket)을 넣어 유체가

새는 것을 방지해야 한다. 건축설비 배관에 사용되는 개스킷은 일반적으로 두께 15mm 정도로써 급수용으로 고무제 개스킷, 급탕·냉온수 등에는 석면제 개스킷이 많이 사용된다.

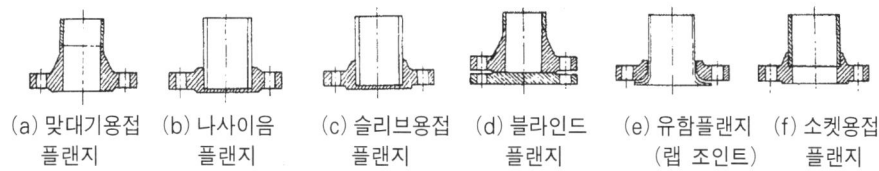

(a) 맞대기용접 플랜지　(b) 나사이음 플랜지　(c) 슬리브용접 플랜지　(d) 블라인드 플랜지　(e) 유함플랜지 (랩 조인트)　(f) 소켓용접 플랜지

○ 그림 5-5 플랜지의 이음방법

플랜지는 사용형태에 따라 표 5-3과 같이 배관을 상호 연결하거나 밸브와 배관을 연결할 경우 사용되는 조플랜지, 합플랜지와 냉온수 헤더의 말단부에 사용되는 맹플랜지가 있다.

○ 표 5-3 사용형태에 따라 플랜지 종류

구 분	형 태
조플랜지	부착한 플랜지 / 배관 또는 밸브
합플랜지	부착되어 있는 플랜지 / 부착한 플랜지 / 배관 또는 밸브
맹플랜지	헤더 등의 배관 / 부착한 플랜지 / 맞혀 있음

(2) 스테인리스강관 이음

일반 배관용 스테인리스강관은 접합방식에 따라 나사식, 용접식, 플랜지식, 프레스식, 조인트식 등이 있다.

① 나사식

스테인리스관에 사용되는 나사식 이음쇠의 종류는 가단 주철제 강관 이음쇠와 유사하다.

(a) MF유니온 (b) 유니온 (c) 45도 엘보 (d) MF 엘보 (e) 90도 엘보 (f) 티이
(g) 레듀서 (h) 소켓 (i) 플러그 (j) 캡 (k) 부싱 (l) 호스니플

◘ 그림 5-6 나사식 이음쇠의 종류

② 맞대기 용접식

본 이음쇠는 KS 규격에 따라 크게 그림 5-7과 같은 SU 이음쇠와 스케줄번호 이음쇠로 나누어진다.

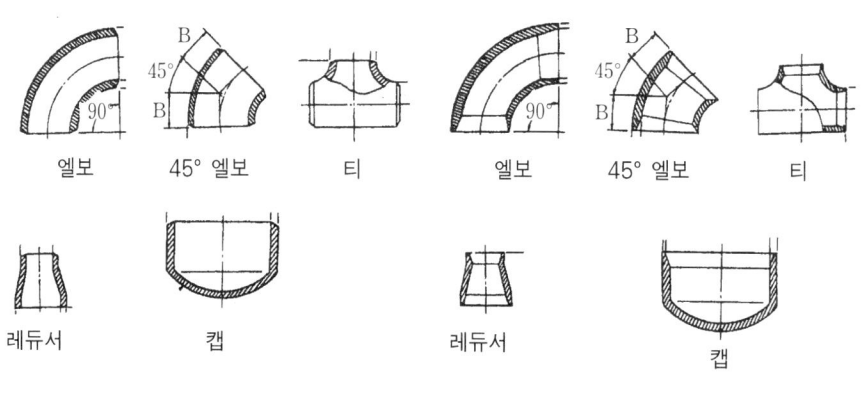

(a) Sch 10S 이음쇠   (b) su 이음쇠

◘ 그림 5-7 용접식 이음쇠의 종류

③ 프레스식

프레스식이란 고무링을 부착한 이음류에 관을 삽입하여 전용 프레스공구를 삽입부의 중앙부로부터 단부까지 체결하는 방식이다. 그림 5-8은 널리 사용되고 있는 SR 조인트와 몰코(MOLCO) 조인트의 결속 전·후의 모습이며, 그림 5-9은 이음쇠의 종류이다.

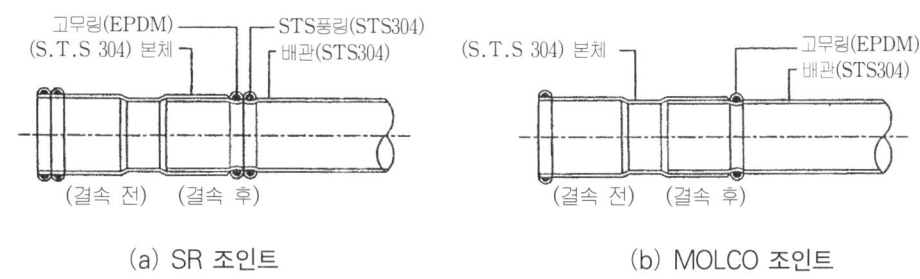

(a) SR 조인트   (b) MOLCO 조인트

◯ 그림 5-8 프레스 접합 방식의 종류

(a) 티 (b) 수전티 (c) 45도 엘보 (d) 90도엘보 (e) 45도엘보 (f) 수전엘보

(g)수아답터엘보 (h)암아답터엘보 (i) 소켓 (g) 수전소켓 (k)수아답터소켓 (l)암아답터소켓

(g) 용접용소켓 (h) 케이유니온 (i) 레듀서 (j) 용접용레듀서 (k) 캡 (l) 플랜지

◯ 그림 5-9 SR 조인트 이음쇠의 종류

④ 조인트식

본 방식은 관말단을 확장공구로 확장한 후, 이음류를 삽입하는 방식으로 그림 5-10과 같이 플러그 혹은 너트를 체결한다.

원(WON) 조인트 및 메카탑(MECHATOP) 조인트의 제품규격은 각각 60A, 125A 이하이며, 필요에 따라 배관 유닛과 재료의 재사용이 가능하다. 이외에 슬립인(sleeve-in) 조인트와 조인탑이 있다.

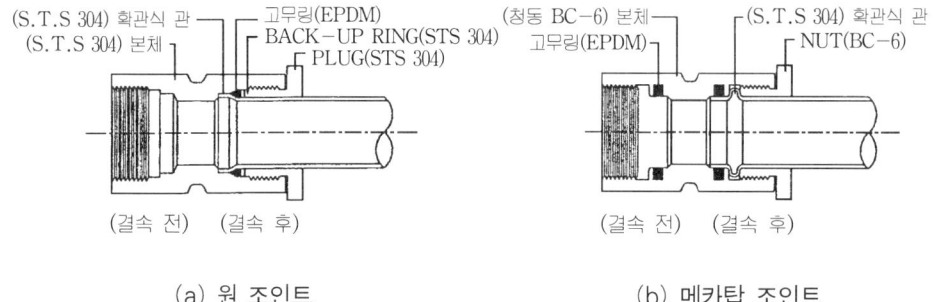

(a) 원 조인트   (b) 메카탑 조인트

◯ 그림 5-10 조인트식의 종류

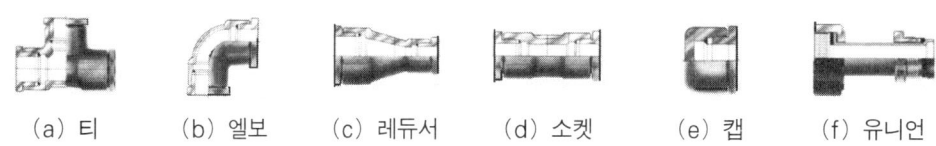

(a) 티   (b) 엘보   (c) 레듀서   (d) 소켓   (e) 캡   (f) 유니언

◯ 그림 5-11 원조인트식의 이음쇠 종류

⑤ 플랜지식

스터브 앤드(stub end)와 플랜지를 한 조로 하며, 스터브 앤드의 재질을 STS 304 플랜지 및 볼트, 너트, 와셔의 재질을 SS41로 한다.

(3) 주철관 이음

주철관 이음재를 통칭하여 이형관이라 하며, 이는 강관에서의 이음쇠에 해당되는 것으로 접합방식에 따라서는 그림 5-12와 같이 허브(hub)식, 노허브(no-hub)식, 기계식(mechanical joint) 등이 있다.

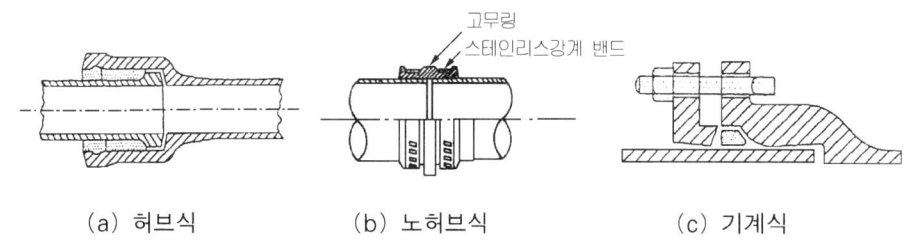

(a) 허브식   (b) 노허브식   (c) 기계식

◯ 그림 5-12 주철관 접합방식의 종류

표 5-4는 배수용 주철 이형관의 종류 및 수구 수이며, 직관의 수구수는 1개소이다.

○ **표 5-4 배수용 주철관 이형관의 종류**

구 분	종 류	수구수(개소)
곡 관	90° 단곡관, 90° 장곡관, 60° 곡관, 22.5° 곡관	1
Y 관	Y관, 90° Y관, 이형Y관, 이형90° Y관, 양Y관, 90° 양Y관, 이형양Y관, 이형90° 양Y관	2 (양Y관 : 3)
T 관	배수T관(YT관), 이형배수T관, 통기T관, 이형통기T관	2
연관이음용	Y관, 이형Y관, 배수T관, 이형배수T관, 이형관의 플랜지	상기 조건 참조
기 타	확대관, U트랩, 이음관, P트랩	1

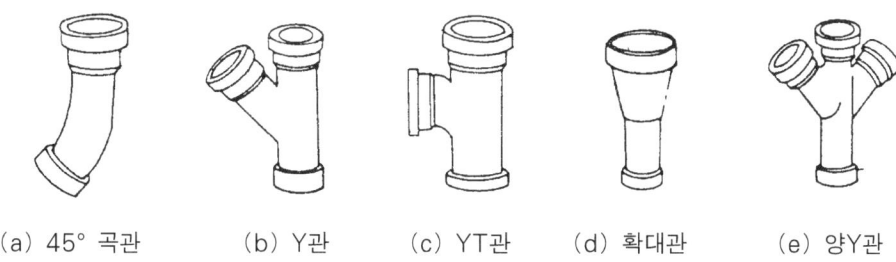

(a) 45° 곡관　　(b) Y관　　(c) YT관　　(d) 확대관　　(e) 양Y관

○ **그림 5-13 배수용 주철관의 이음쇠 종류**

(4) 동관 이음

연납과 경납에 의한 용접식 및 동관용 이음재에는 관과 동일한 재료로 만들어진 것과 동합금 주물로 만들어진 것이 있다. 용접식 외의 접속방법에는 관끝을 나팔꽃 모양으로 넓혀 플레어 너트(flare nut)로 죄어서 접속하는 나팔관식과 플랜지식 등이 있다.

① 용접식 이음재

용접식은 일반적으로 50A 이하의 관에는 연납(soldering), 65A 이상의 관에는 경납(brazing)을 사용하지만, 현장에서는 시공의 편리성상 50A 이하 배관에서도 경납으로 용접하고 있다. 증기배관과 냉매배관 등 온도 또는 압력이 높은 배관은 경납을 사용하지만, 25A 이하의 소구경 배관은 불을 사용하지 않는 기계적 이음으로 시공한다.

그림 5-14는 용접식 동관 이음재(동제, 동합금제)의 종류로서 이음쇠 내면 및 외면으로 관이 들어가 접합되는 형태가 있다.

○ 그림 5-14 동관 용접식 이음재의 종류

② 나팔관식 이음재(flared fittings)

나팔관 이음재는 주로 나팔관 접합에 이용되며 분해, 재결합이 용이하다. 용도는 사용도중 분해 결합이 필요한 곳, 수분 및 물을 제거할 수 없어 용접 접합이 어려울 때나 화재의 위험이 있어 용접 접합을 할 수 없는 곳에 이용되며, 일반적으로 50A 이하의 연질 또는 반경질 동관에 사용한다. 종류 및 외형 접합된 단면 상태는 그림 5-15와 같다.

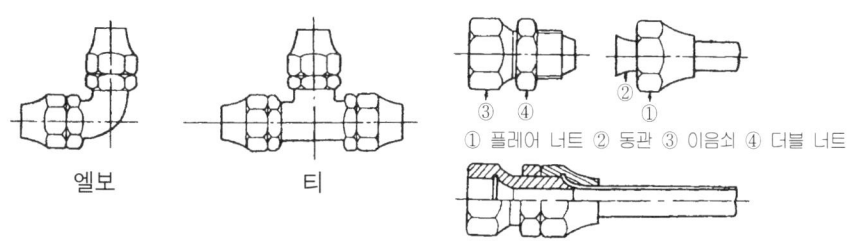

① 플레어 너트 ② 동관 ③ 이음쇠 ④ 더블 너트

엘보   티

○ 그림 5-15 나팔관 이음재의 종류 및 접합

(5) 경질염화비닐관(PVC)의 이음

PVC 이음관은 용도에 따라 수도용과 배수용으로 구분되며, 접합방식에 따라서는 열간이음, 냉간이음(TS식) 및 고무링 이음식이 있다.

열간 이음관은 관 또는 이음관을 가열하여 접합하는 방식이며, 냉간 이음은 상온에서 관과 이음관을 접착제로 접합하는 것이다. 고무링 방식은 모파기를 한 관의 내·외면을 청소한 후에 고무링을 소정의 위치에 맞추어 끼워 접합하는 것이다.

수도용 경질염화비닐관의 이음관에는 열간 이음관과 냉간 이음이 있으며 염화비닐수지를 사출 또는 압출성형기 등으로 성형하여 제조한 것으로서 소켓, 엘보, 티, 수전소켓, 수전엘보, 수전치, 밸브 소켓, 캡 등 용도에 따라 여러 종류가 있다.

배수용 경질염화비닐이음관은 냉간 삽입식이다. 배수 및 통기관에 사용하므로 이 이음관은 오수가 잘 흐르도록 곡률반경을 크게 한 것으로 종류는 그림 5-16과 같다.

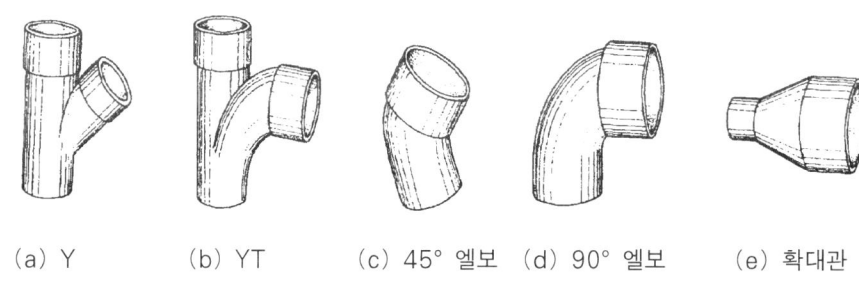

○ 그림 5-16 배수용 경질염화비닐관의 이음쇠 종류

(6) 폴리에틸렌(PE)관의 이음

PE 관의 접합방식에는 나사조임식(기계식), 융착식(슬리브식)이 있으나, 관의 이음은 원칙적으로 기계적 접합(금속이음)을 사용한다.

나사조임식에는 가단 주철제 A형과 청동제 B형이 있다. A형 이음을 사용하는 경우에는 관 말단으로부터 관내에 인코어(in-core)를 삽입하고, 관을 스토퍼(stopper)에 닿을 때까지 삽입한 후 파이프렌치로 체결한다. B형 이음은 이음너트와 링을 관 외부로부터 끼우고, 가벼운 망치 등을 사용하여 인코어(in-core)를 관 끝에 삽입한 후에 파이프렌치로 체결한다. 부속류에는 90° 엘보, 45° 엘보, 소켓, 레듀서, 플랜지 소켓(Flange Adaptor), 정티, 이경티, 새들 분수전티, 캡, 플러그, 수나사형 밸브소켓, 수나사형 청동밸브소켓 등이 있다.

융착식은 관 끝 배면을 면 처리기 등을 사용하여 면 가공한 후 접속 지그를 사용해서 관과 이음쇠를 가열하여 용융한 다음 융착 이음하는 방법으로서 부속류에는 90° 엘보, 45° 엘보, 22.5° 엘보, 소켓, 레듀서, 정티, 이경티, 캡, 플랜지, 밸브소켓 등이 있다.

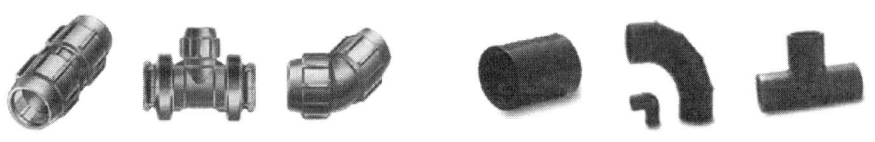

(a) 나사조임식　　　　　　　(b) 융착식

○ 그림 5-17 PE 이음쇠의 종류

(7) 폴리부틸렌(PB)관의 이음

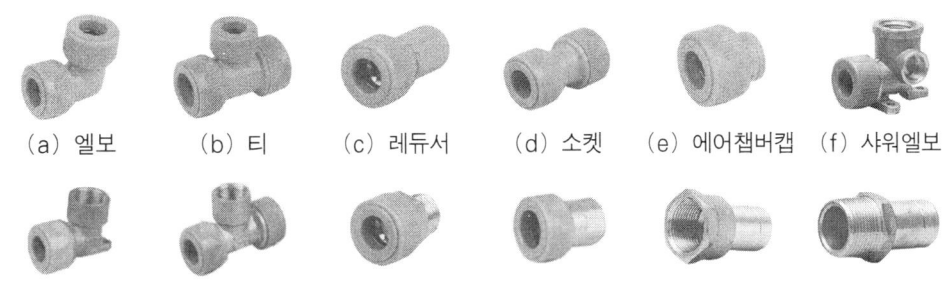

(a) 엘보   (b) 티   (c) 레듀서   (d) 소켓   (e) 에어챔버캡   (f) 샤워엘보
(g) 수전엘보   (h) 수전티   (i) M엘보소켓   (j) F밸브소켓   (k) CF아답터   (l) CM아답터

○ 그림 5-18 PB관 이음쇠의 종류

(8) 난방용 가교화 폴리에틸렌(XL)관의 이음

XL관의 부속류에는 엘보, 티, 카플링, 수전 소켓, 롱 소켓, 이경 소켓(레듀서), 엘보 소켓, 티 소켓, 밸브 소켓 등이 있다.

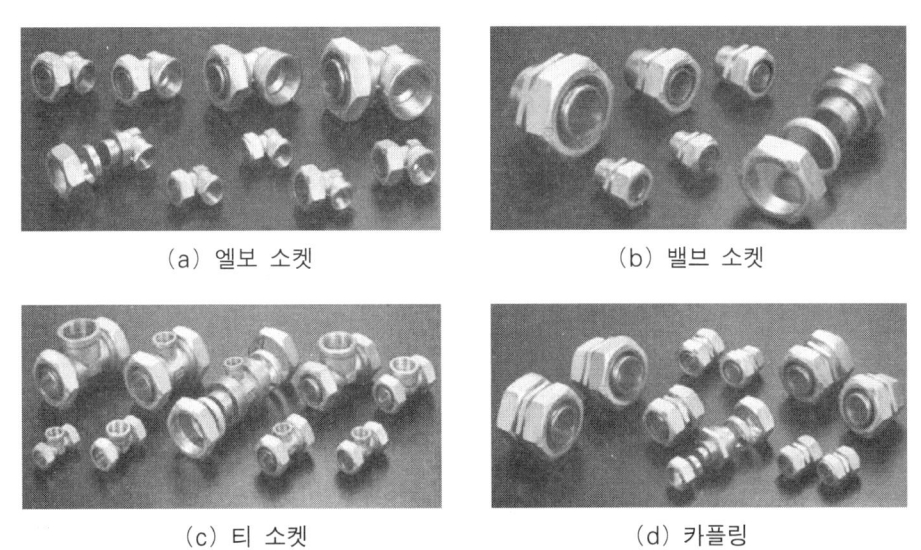

(a) 엘보 소켓   (b) 밸브 소켓
(c) 티 소켓   (d) 카플링

○ 그림 5-19 XL관의 이음쇠 종류

(9) 기타 관의 이음

상기 배관재질별 이음방식 외에 현재 많은 종류의 이음쇠가 개발되고 있으므로 기타 관의 이음은 제조사의 표준이음방법에 따라 접속토록 한다.

1-4 밸브류

(1) 밸브의 분류

밸브는 장치 내에 흐르는 유체의 유량조절, 개폐 방향전환, 압력 등을 조절하는 부속이며, 본체의 재료, 압력범위, 접속방법 및 구조에 따라 표 5-5와 같이 여러 종류로 나누어진다. 밸브의 구조는 흐름을 막는 밸브 디스크와 시트(seat), 그리고 이것이 들어있는 밸브 몸체와 이를 조정하는 핸들의 4부분으로 되어 있다. 스템에 붙어 움직이며 유량을 개폐하거나 조절하는 역할을 하는 디스크를 글로브 밸브나 앵글밸브에서는 플러그(plug), 게이트밸브나 체크밸브 등에서는 디스크(disk), 볼 밸브에서는 볼, 버터플라이 밸브에서는 베인(vene)이라 부른다.

한국공업규격에는 재질에 따라 주철제 밸브는 KSB 2350, 청동제 밸브는 KSB 2301, 주강제는 KSB 2361, 2362 등에 규정되어 있으며, 접속방식은 나사식, 플랜지식 등이 있다.

○ 표 5-5 밸브의 분류

구 분		종 류 및 특 성
용 도	스 톱 밸 브	글로브 밸브, 게이트 밸브, 체크 밸브, 콕, 볼 밸브, 버터플라이 밸브, 다이어프램(diaphram) 밸브
	조 정 밸 브	감압 밸브, 온도조절 밸브, 안전 밸브, 전동 밸브, 전자 밸브
	냉 매 용 밸 브	냉매 밸브, 플로트 밸브, 팽창 밸브, 증발압력조정 밸브, 전자 밸브, 자종급수 밸브
	수 도 밸 브	수도꼭지, 지수 밸브, 분수 밸브, 볼 탭, 공기빼기 밸브
	스 트 레 이 너	Y형, U형, V형
재 료	청 동 제	저온저압, 중압, 소구경(일반적으로 50A 이하)
	주 철 제	저온저압, 중압, 중구경(일반적으로 65A 이상)
	주 강 제	저온저압, 중압 및 고온고압
	가 단 주 철 제	저온, 중압
	단 강 제	저온중압 및 고온고압
	스테인리스강제	저온저압, 중압 및 고온고압
	특 수 강 제	저온 및 내식용, 약품용, 화학배관용
	비 금 속 제	저온저압
접속방식	나 사 식	50A 이하
	플 랜 지 식	65A 이상, 고압부속밸브
	용 접 식	유체의 누수를 방지할 목적으로 고온고압 및 동관용 등에 적용

건축설비 분야에서 사용되는 일반 밸브류의 규격 및 용도는 부록 4와 같다. 증기는 16kgf/cm^2 이하의 압력에, 기타는 수온 220℃ 이하에 적용한다.

(2) 밸브장치 설치규격

감압밸브, 2방·3방 밸브, 온도조절장치, 증기트랩장치, 관말트랩 등에 대한 물량은 각 장치의 상세도를 참조하여 산출한다. 그림 5-20은 일반적으로 사용되고 있는 감압밸브 주위배관 상세도로서 이들의 설치규격은 표 5-6과 같다.

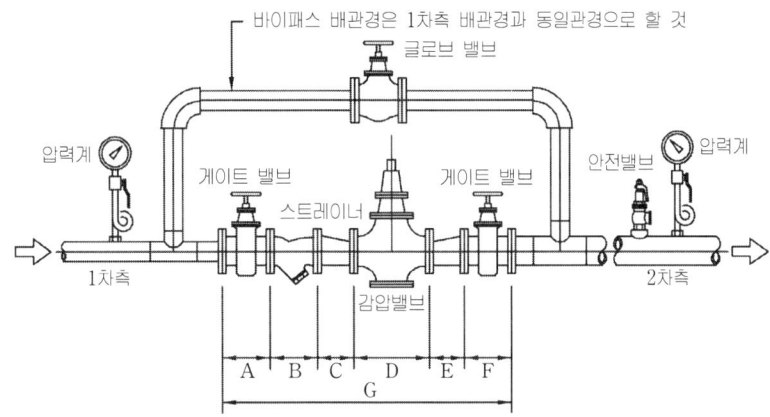

◯ 그림 5-20 감압밸브 주위배관 상세도

◯ 표 5-6 감압밸브 및 2방밸브 장치 설치규격

밸브규격	설 치 규 격(mm)							비 고
	A	B	C	D	E	F	G	
20	70	100	40	160(105)	40	70	480(425)	나사형
25	80	115	50	160(115)	50	80	535(490)	〃
32	130	145	70	180(130)	70	130	725(555)	〃
40	150	165	85	200(150)	85	150	865(645)	〃
50	180	215	95	230(150)	95	180	995(767)	〃
65	210	226	306	276(240)	306	210	1534(1498)	플랜지형
80	240	248	320	298(280)	320	240	1668(1648)	〃
100	290	308	335	352(330)	335	290	1910(1888)	〃
125	360	330	406	380(380)	406	360	2242(2242)	〃
150	410	400	477	420(385)	477	410	2594(2559)	〃
200	500	440	587	500(500)	587	500	3114(3114)	〃

주 : ( )의 수치는 2방밸브의 규격임.

2 적산 방법

2-1 관이음

(1) 동종 이음

동일한 배관재를 상호 접속 시에는 해당 프로젝트의 설계도서를 기준으로 하여 물량을 산출한다. 일반적으로 동종 배관계에 적용되는 산출기준을 정리하면 다음과 같다.

① 직관은 설계도면의 축척과 범례에 표기된 공종별 관재질을 확인한 후 관재질별, 관경별로 수량을 길이(m)로 산출한다. 특히 수직부 길이는 수평부와 구분될 수 있도록 기호 등을 사용하여 함께 표기하며, 그 산출근거를 산출조서에 표현한다.

② 직관의 할증 전 설계물량을 바탕으로 관보온 물량이 산출되기에 보온방식이 다른 직관은 기호 등을 사용하여 함께 표기한다. 예를 들면 직관을 유리솜 보온통 등으로 보온하지만, 옥외에 면한 벽체에 매립되는 배관은 동파방지를 위해 아티론 보온할 경우 이를 직관 물량산출 시부터 구분되도록 한다.

③ 관 보온 및 지지의 물량은 직관의 설계물량, 즉 할증 전 물량을 기준으로 한다.

④ 배관용 탄소강관의 경우 일반적으로 50A 이하에서는 나사식, 65A 이상에서는 용접식으로 접속하며, 동관과 스테인리스강관은 모두 용접식으로 산출한다.

⑤ 나사식 이음의 경우 직관은 수나사, 밸브류 및 부속류는 암나사이다. 그러나 압력계, 온도계, 수전, 위생기구용 플러시 밸브(FV)는 수나사를 기준으로 한다.

⑥ 밸브류의 경우 일반적으로 65A 이상은 플랜지 부착형으로 산출한다.

⑦ 밸브류 등의 해체를 위해 50A 이하의 경우는 유니온, 65A 이상에서는 플랜지로 산출한다.

⑧ FD 및 스툴형 소변기(P트랩 부착형 제외)의 경우에는 P 트랩 1개를 추가하여 산출하며, 위생기구별 급수·급탕 및 오·배수관의 수직관 물량은 상세도를 참조하여 산출한다.

⑨ 화장실 오·배수관의 경우 시공상 YT관은 입상관과 횡지관 및 통기관 접속부에만 산출하며, 기타 부분에서는 Y관과 45° 또는 90° 곡관으로 산출한다.

예제 아래의 그림에 대해 강관(나사식), STS(용접식, SR 조인트식), 동관을 사용 시 부속류의 물량을 산출하시오.

유니온   25A 게이트 밸브

[풀이]

구 분		규 격 및 품 명	수량(개)	비 고
강 관	나 사 식	25A 유니온 니플	1 1	
STS	용 접 식	25A 조플랜지 스테인리스 밸브	2 1	

	SR 조인트식	25A 절연 케이유니온
		    M 어댑터 소켓
		    소켓
			1
			1
			1	

동 관	용 접 식	25A C×C 절연유니온 C×M 어댑터	1 2	
		25A C×M 절연유니온 C×M 어댑터	1 1	

(2) 이종 이음

이종관의 접합은 표 5-7에 따른다.

◎ 표 5-7 이종관의 접합 방법

접 속 관 종		접 합 방 법
주 철 관	강 관	매개 이음을 코킹하여 나사접합 또는 플랜지 접합
	연 관	매개 이음을 코킹하여 납땜 또는 플랜지 접합
	염화비닐관	매개 이음을 코킹하여 T.S식 또는 고무링 접합
강 관	스테인리스강관	원칙적으로 절연유니온, 절연 플랜지에 의한 접합
	동 관	어댑터를 사용하여 강관은 나사 접합, 동관은 용접 접합하고 절연 유니온 또는 절연 플랜지를 사용하여 접합한다.
	연 관	매개 이음을 나사 접합 또는 땜납 접합
	염화비닐관	나사형 이음 또는 플랜지 접합
연 관	동 관	납땜 접합
	염화비닐관	매개 이음을 납땜 접합하여 T.S식 또는 고무링 접합
동 관	스테인리스강관	동관에 어댑터를 압축 또는 납땜 접합하고 절연유니온으로 나사 접합하거나, 절연 플랜지를 이용하여 플랜지 접합한다.

2-2 관지지

배관계의 지지는 크게 수평관과 수직관으로 구분할 수 있다. 수평관에 대한 관재질별 지지간격 및 행거로드(달대볼트) 설치규격은 표 5-8과 같으며, 주철관은 허브식의 경우 직관 1본당 1개소로 설치함을 원칙으로 하지만, 노허브식의 경우에는 1본이 3m와 1.5m 2종이 있기에 전체 길이를 산출한 후 1.5m당 1개소 지지하는 것으로 본다.

○ 표 5-8 수평관의 지지간격 및 행거로드 설치규격

강 관	관지름 (mm) 최대간격 (m) 행거로드(mm)	20 이하 1.8 이내 9	25~40 2.0 이내 9	50~80 3.0 이내 9	100~150 4.0 이내 12	200 이상 5.0 이내 12
동 관	관지름 (mm) 최대간격 (m) 행거로드(mm)	20 이하 1.0 이내 9	25~40 1.5 이내 9	50 2.0 이내 9	65~100 2.5 이내 9	125 이상 3.0 이내 12
PVC	관지름 (mm) 최대간격 (m) 행거로드(mm)	16 이하 0.75 이내 9	20~40 1.0 이내 9	50 1.2 이내 9	65~125 1.5 이내 12	150 이상 2.0 이내 12

2개 이상의 횡주배관이 병행 배관되거나 벨로우즈형 신축이음쇠가 설치되는 배관계인 경우에는 그림 5-21과 같이 공통지지용 형강을 설치하여 지지하는 것이 용이하다. 열에 의한 배관의 이동량이 큰 지지개소는 롤러지지 혹은 가이드지지로 한다. 열에 의한 배관의 신축이 큰 곳은 롤러지지로 하고, 신축이음부근을 지지하는 곳은 가이드지지로 한다.

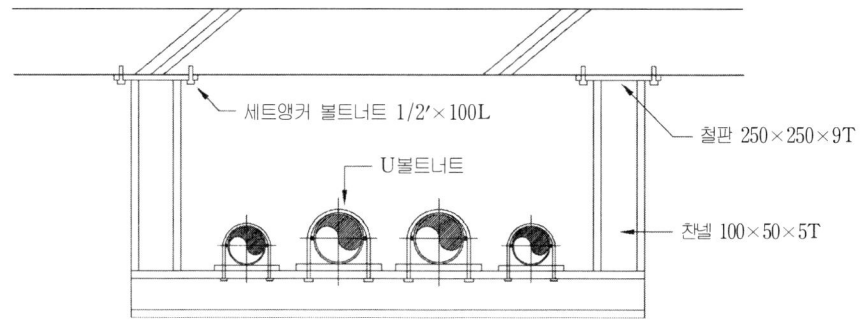

○ 그림 5-21 횡주배관의 공통행거지지

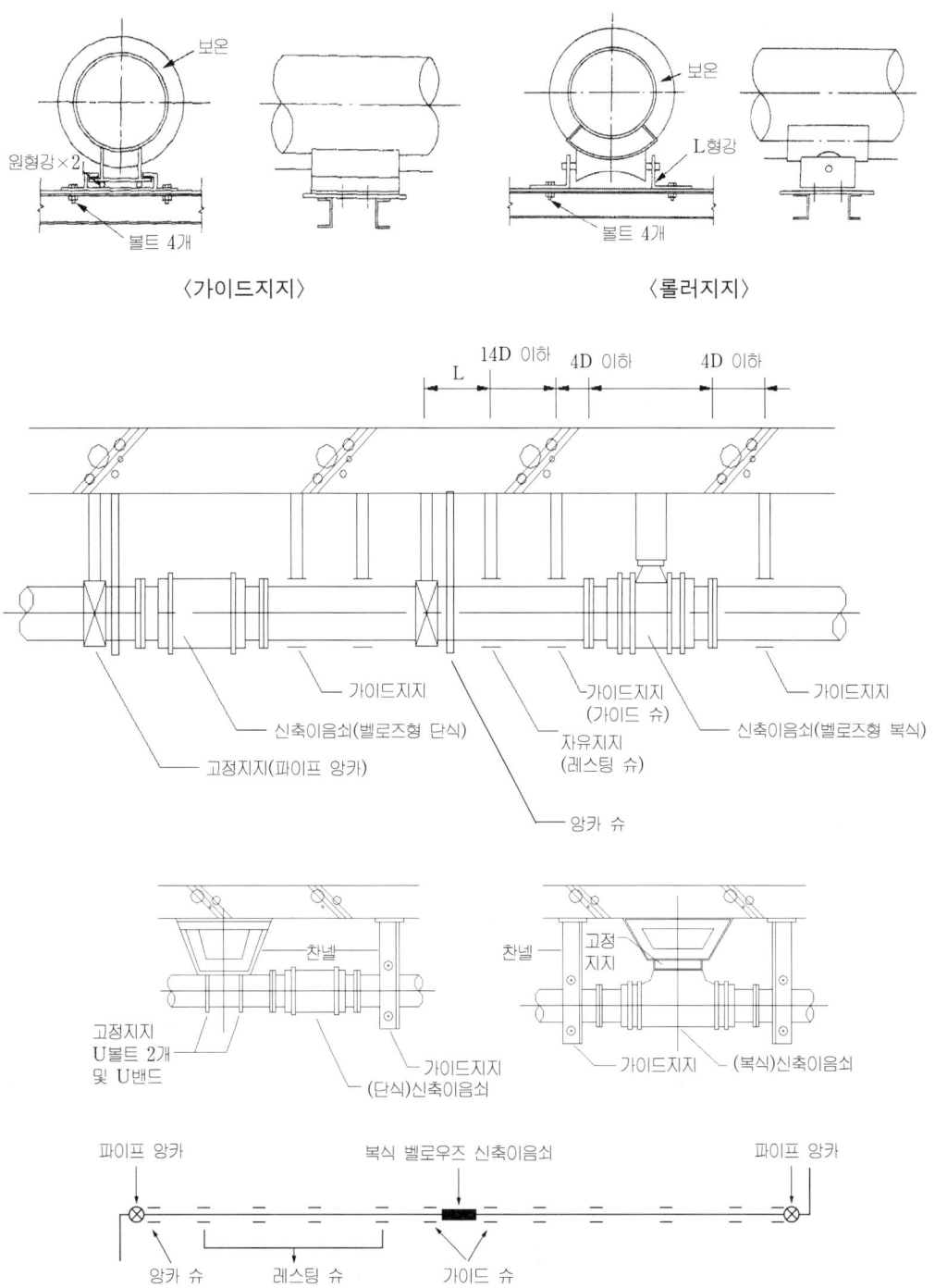

○ 그림 5-22 신축이음의 지지 예

표 5-9는 수직배관의 지지간격이며, 연관의 경우 1.2m 이내로 칼라를 설치하여 지지하고 바닥위 1.5m까지 강관으로 보호한다.

◐ 표 5-9 수직배관의 지지간격

관 의 종 류	지 지 간 격(m)
강 관, 주 철 관	3.5 (요동방지 포함)
동 관	2.5 (요동방지 포함)
경질염화비닐관 (PVC)	2.0 (요동방지 포함)

2-3 터파기 및 되메우기

구배를 고려하여 토사의 붕괴와 지반변형을 충분히 고려하여 경사진 굴착 또는 수직 굴착하며, 터파기 정도가 깊을 때에는 충분히 다지기를 하여 배관이 침하하는 일이 없도록 주의한다. 하부 굴착면이 요철부가 있을 경우에는 평탄하게 고르고 모래를 10cm 이상으로 깔아준다. 특히 급수관 등은 겨울의 동결에 유의하여 지역별 동결선 이하에 매설되도록 한다.

◐ 표 5-10 터파기 치수

관 경 d (mm)	관 경 D (mm)	굴착폭 B (m)	흙 덮 기 1.20m		흙 덮 기 1.50m	
			굴착깊이 H(m)	위쪽 A(m)	굴착깊이 H(m)	위쪽 A(m)
50	70	0.60	1.30	0.99	1.60	1.08
75	95	0.70	1.30	1.09	1.60	1.18
100	124	0.75	1.35	1.16	1.65	1.25
125	153	0.77	1.40	1.19	1.70	1.28
150	182	0.79	1.40	1.21	1.70	1.30
200	242	0.84	1.45	1.28	1.75	1.37
250	296	0.90	1.55	1.37	1.85	1.46
300	352	0.96	1.60	1.44	1.90	1.53
350	410	1.02	1.65	1.52	1.95	1.61
400	470	1.08	1.70	1.59	2.00	1.68
450	528	1.15	1.85	1.71	2.10	1.78
500	586	1.21	1.90	1.78	2.20	1.87

3 배관 관련 공사의 표준품셈

3-1 슬리브 설치

(개소)

규 격(mm)	바 닥		벽 체	
	배관공(인)	보통인부(인)	배관공(인)	보통인부(인)
ø15~50	0.043	0.022	0.060	0.012
65~100	0.055	0.029	0.069	0.018
125~150	0.066	0.035	0.085	0.029
200~250	0.077	0.041	0.104	0.047
300~400	0.089	0.047	0.124	0.072

① 본 품은 배관 사전작업으로 먹줄치기, 마킹, 소운반, 슬리브 설치를 포함한다.
 (주: 본 슬리브의 규격은 슬리브 관통 배관의 구경이 아닌 슬리브 자체 구경-관통 배관의 2단계 위 구경임)

3-2 강관 배관

(1) 용접식

(m)

규 격(mm)	배관공(인)	보통인부(인)	규 격(mm)	배관공(인)	보통인부(인)
ø15	0.029	0.022	100	0.155	0.065
20	0.033	0.023	125	0.200	0.081
25	0.043	0.026	150	0.236	0.093
32	0.051	0.029	200	0.365	0.138
40	0.057	0.031	250	0.489	0.181
50	0.074	0.037	300	0.634	0.232
65	0.088	0.042	350	0.765	0.277
80	0.113	0.051	400	0.907	0.327
비 고	- 화장실 배관은 본 품에 20%, 기계실배관은 본 품의 30%를 가산한다. - 옥외배관(암거 내)은 본 품에 10% 감한다.				

① 본 품은 배관용 탄소강관(KSD 3507)의 옥내일반배관 기준이다.
② 본 품은 인서트(거푸집용 인서트 기준이며, 현장여건에 따라 콘크리트용 인서트를 사용할 경우 건축부문 '인서트' 적용), 지지철물 설치, 소운반, 절단, 배관(가용접), 배관시험을 포함한다.
③ 단열 지지대 및 관 지지대 설치 시에는 별도 계상한다.
④ 밸브류 설치품은 "밸브 및 콕류"를 적용하고, 관이음부속류의 설치품은 본 품에 포함되어 있으며, 용접접합품은 별도 계상한다.

(2) 나사식

(m)

규격(mm)	배관공(인)	보통인부(인)
ø15	0.033	0.029
20	0.038	0.030
25	0.051	0.034
32	0.062	0.037
40	0.069	0.039
50	0.092	0.046
비 고	- 화장실 배관은 본 품에 20%, 기계실배관은 본 품의 30%를 가산한다. - 옥외배관(암거 내)은 본 품에 10% 감한다.	

① 본 품은 배관용 탄소강관(KSD 3507)의 옥내일반배관 기준이다.
② 본 품은 인서트(거푸집용 인서트 기준이며, 현장여건에 따라 콘크리트용 인서트를 사용할 경우 건축부문 '인서트' 적용), 지지철물 설치, 소운반, 절단, 배관(가용접), 배관시험을 포함한다.
③ 단열 지지대 및 관 지지대 설치 시에는 별도 계상한다.
④ 밸브류 설치품은 "밸브 및 콕류"를 적용하고, 관이음부속류의 설치품은 본 품에 포함되어 있다.

(3) 그루브조인트식

(m)

규격(mm)	배관공(인)	보통인부(인)	규격(mm)	배관공(인)	보통인부(인)
ø25	0.049	0.026	200	0.444	0.116
32	0.061	0.030	250	0.582	0.139
40	0.069	0.032	300	0.742	0.154
50	0.093	0.040	350	0.893	0.178
65	0.112	0.045	400	1.056	0.204
80	0.145	0.054	450	1.187	0.225
100	0.219	0.067	500	1.318	0.246
125	0.260	0.079	550	1.444	0.266
150	0.322	0.088	600	1.576	0.287
비 고	- 화장실 배관은 본 품에 20%, 기계실배관은 본 품의 30%를 가산한다. - 옥외배관(암거 내)은 본 품에 10% 감한다.				

① 본 품은 배관용 탄소강관(KSD 3507) 및 배관용 스테인리스강관(KSD 3576)의 옥내일반배관 기준이다.
② 본 품은 인서트, 지지철물설치, 소운반, 절단, 그루브 홈가공, 배관 및 그루브접합, 배관시험을 포함한다.
③ 단열 지지대 및 관 지지대 설치 시에는 별도 계상한다.
④ 밸브류 설치품은 "밸브 및 콕류"를 적용하고, 관이음부속류의 설치품은 본 품에 포함되어 있다.

3-3 동관 배관

(m)

호칭지름(mm)	배관공(인)	보통인부(인)	호칭지름(mm)	배관공(인)	보통인부(인)
ø8	0.021	0.010	65	0.083	0.047
10	0.023	0.013	80	0.104	0.059
15	0.026	0.016	100	0.143	0.077
20	0.030	0.020	125	0.180	0.093
25	0.036	0.025	150	0.218	0.109
32	0.044	0.029	200	0.330	0.154
40	0.052	0.033	250	0.442	0.195
50	0.069	0.042			
비 고	\- 화장실 배관은 본 품에 20%, 기계실배관은 본 품의 30%를 가산한다. \- 옥외배관(암거 내)은 본 품에 10% 감한다.				

① 본 품은 이음매 없는 구리합금관(KSD 5301)의 옥내일반배관 기준이다.
② 본 품은 인서트(거푸집용 인서트 기준이며, 현장여건에 따라 콘크리트용 인서트를 사용할 경우 건축부문 '인서트' 적용), 지지철물 설치, 소운반, 절단, 배관(가용접), 배관시험을 포함한다.
③ 단열 지지대 및 관 지지대 설치 시에는 별도 계상한다.
④ 밸브류 설치품은 "밸브 및 콕류"를 적용하고, 관이음부속류의 설치품은 본 품에 포함되어 있으며, 용접접합품은 별도 계상한다.

3-4 스테인리스강관 배관

(1) 프레스 접합식

(m)

규 격(mm)	배관공(인)	보통인부(인)	규 격(mm)	배관공(인)	보통인부(인)
13SU	0.034	0.017	50	0.084	0.043
20	0.045	0.023	60	0.109	0.057
25	0.053	0.027	75	0.126	0.066
30	0.067	0.034	80	0.165	0.087
40	0.078	0.040	100	0.192	0.102
비 고	\- 화장실 배관은 본 품에 20%, 기계실배관은 본 품의 30%를 가산한다. \- 옥외배관(암거 내)은 본 품에 10% 감한다.				

① 본 품은 배관용 스테인리스강관(KSD 3595)의 옥내일반배관 기준이다.
② 본 품은 인서트(거푸집용 인서트 기준이며, 현장여건에 따라 콘크리트용 인서트를 사용할 경우 건축부문 '인서트' 적용), 지지철물 설치, 소운반, 절단, 배관(가용접), 배관시험을 포함한다.
③ 단열 지지대 및 관 지지대 설치 시에는 별도 계상한다.
④ 밸브류 설치품은 "밸브 및 콕류"를 적용하고, 관이음부속류의 설치품은 본 품에 포함되어 있다.
⑤ Bending가공이 필요한 경우에는 별도 공량을 계상한다.

(2) 용접식

(m)

호칭지름(mm)	배관공(인)	보통인부(인)	호칭지름(mm)	배관공(인)	보통인부(인)
ø6	0.020	0.013	65	0.097	0.040
8	0.021	0.013	80	0.110	0.045
10	0.026	0.014	90	0.114	0.060
15	0.028	0.015	100	0.158	0.066
20	0.033	0.017	125	0.211	0.088
25	0.048	0.022	150	0.240	0.101
32	0.059	0.025	200	0.341	0.135
40	0.065	0.027	250	0.458	0.187
50	0.079	0.032	300	0.618	0.231
비 고	\- 화장실 배관은 본 품에 20%, 기계실배관은 본 품의 30%를 가산한다. \- 옥외배관(암거 내)은 본 품에 10% 감한다.				

① 본 품은 배관용 스테인리스강관(KSD 3595)의 옥내일반배관 기준이다.
② 본 품은 인서트(거푸집용 인서트 기준이며, 현장여건에 따라 콘크리트용 인서트를 사용할 경우 건축부문 '인서트' 적용), 지지철물 설치, 소운반, 절단, 배관(가용접), 배관시험을 포함한다.
③ 단열 지지대 및 관 지지대 설치 시에는 별도 계상한다.
④ 밸브류 설치품은 "밸브 및 콕류"를 적용하고, 관이음부속류의 설치품은 본 품에 포함되어 있다.
⑤ Bending가공이 필요한 경우에는 별도 공량을 계상한다.

(3) 스테인리스 주름관

(m)

규 격(mm)	배 관 공(인)	보 통 인 부(인)
ø15	0.034	0.027

① 본 품은 스테인리스 주름관의 옥내일반배관 기준이다.
② 본 품은 인서트(거푸집용 인서트 기준이며, 현장여건에 따라 콘크리트용 인서트를 사용할 경우 건축부문 '인서트' 적용), 지지철물 설치, 소운반, 절단, 배관(가용접), 배관시험을 포함한다.
③ 단열 지지대 및 관 지지대 설치 시에는 별도 계상한다.

3-5 주철관

(1) 기계식 접합

(접합개소)

규 격(mm)	배관공(인)	보통인부(인)
ø50	0.152	0.081
65	0.193	0.089
75	0.219	0.094
100	0.287	0.107
125	0.352	0.120
150	0.399	0.130
200	0.523	0.154
비 고	- 철거는 신설의 50%(재사용을 고려치 않을 때)로 계상한다.	

① 본 품은 배수용 주철관(KSD 4307)의 옥내천장배관 기준이다.
② 본 품은 인서트(거푸집용 인서트 기준이며, 현장여건에 따라 콘크리트용 인서트를 사용할 경우 건축부문 '인서트' 적용), 지지철물 설치, 소운반, 절단, 배관(가용접), 배관시험을 포함한다.
③ 단열 지지대 및 관 지지대 설치 시에는 별도 계상한다.

(2) 수밀밴드 접합

(접합개소)

규 격(mm)	배관공(인)	보통인부(인)
ø50	0.142	0.066
65	0.175	0.083
75	0.196	0.094
100	0.248	0.122
125	0.300	0.150
150	0.353	0.178
200	0.434	0.220

① 본 품은 배수용 주철관(KSD 4307)의 노허브(no-hub)관 접합 기준이다.
② 본 품은 옥내 천장배관 기준이다.
③ 본 품은 인서트(거푸집용 인서트 기준이며, 현장여건에 따라 콘크리트용 인서트를 사용할 경우 건축부문 '인서트' 적용), 지지철물 설치, 소운반, 절단, 배관(가용접), 배관시험을 포함한다.
④ 단열 지지대 및 관 지지대 설치 시에는 별도 계상한다.

3-6 경질관 배관

(1) 접착제 접합(T.S식)

(m)

규격(mm)	배관공(인)	보통인부(인)	규격(mm)	배관공(인)	보통인부(인)
ø25	0.047	0.037	75	0.117	0.063
30	0.054	0.040	100	0.147	0.074
35	0.060	0.041	125	0.178	0.085
40	0.067	0.043	150	0.207	0.093
50	0.086	0.047	200	0.266	0.112
65	0.104	0.059			

① 본 품은 일반용 경질 폴리염화 비닐관(KSM 3404)의 옥내일반배관 기준이다.
② 본 품은 인서트(거푸집용 인서트 기준이며, 현장여건에 따라 콘크리트용 인서트를 사용할 경우 건축부문 '인서트' 적용), 지지철물 설치, 소운반, 절단, 배관(가용접), 배관시험을 포함한다.
③ 단열 지지대 및 관 지지대 설치 시에는 별도 계상한다.

(2) 소켓 접합

(m)

규격(mm)	배관공(인)	보통인부(인)	규격(mm)	배관공(인)	보통인부(인)
ø10	0.021	0.011	50	0.034	0.018
13	0.021	0.012	65	0.038	0.021
16	0.022	0.012	75	0.049	0.026
20	0.023	0.013	100	0.064	0.034
25	0.025	0.014	125	0.075	0.041
30	0.026	0.014	150	0.094	0.051
35	0.027	0.015	200	0.118	0.064
40	0.029	0.016			

① 본 품은 일반용 경질 폴리염화 비닐관(KSM 3404)의 옥내일반배관 기준이다.
② 본 품은 인서트(거푸집용 인서트 기준이며, 현장여건에 따라 콘크리트용 인서트를 사용할 경우 건축부문 '인서트' 적용), 지지철물 설치, 소운반, 절단, 배관(가용접), 배관시험을 포함한다.
③ 단열 지지대 및 관 지지대 설치 시에는 별도 계상한다.

3-7 폴리부틸렌(PB)관

(1) 일반배관

(m)

규 격(mm)	배 관 공(인)	보 통 인 부(인)
ø16	0.038	0.015
20	0.042	0.017

① 본 품은 폴리부틸렌(PB)관(KSM 3363)의 급수, 급탕용 배관을 기준한 것이다.
② 본 품은 절단, 소운반 및 고정철물 설치, 접합, 배관시험을 포함한다.

(2) 이중관 배관

(m)

규 격(mm)	배 관 공(인)	보 통 인 부(인)
ø16	0.048	0.021
20	0.053	0.023

① 본 품은 합성수지 휨(가요) 전산관(KSC 8454) 중 CD(Combine Duct)관 내에 PB관이 삽입된 이중관의 옥내바닥배관을 기준한 것이다.
② 본 품은 절단, 소운반 및 고정철물 설치, 접합, 배관시험을 포함한다.

3-8 가교화 폴리에틸렌관

(m)

규 격 (mm)	배 관 공(인)	보 통 인 부(인)
ø16	0.029	0.014
20	0.036	0.018

① 본 품은 가교화 폴리에틸렌(PE-X)관(KSM 3357)의 옥내난방배관 기준이다.
② 본 품은 절단, 소운반 및 고정철물 설치, 접합, 배관시험을 포함한다.

3-9 일반밸브 및 콕류 설치

(개)

규격(mm)	배관공(인)	보통인부(인)	규격(mm)	배관공(인)	보통인부(인)
ø15~25	0.050	-	125	0.278	0.121
32~50	0.074	-	150	0.343	0.147
65	0.108	0.073	200	0.471	0.188
80	0.141	0.083	250	0.616	0.230
100	0.214	0.105	300	0.788	0.261
비 고	\- 철거는 신설의 50%(재사용 미 고려 시), 60%(재사용 고려 시)로 계상한다.				

① 본 품은 설치위치 선정, 소운반, 설치, 작동시험 및 마무리 작업이 포함되어 있다.

3-10 감압밸브장치

(조)

규격(mm)	배관공(인)	보통인부(인)	규격(mm)	배관공(인)	보통인부(인)
ø15	2.084	0.212	65	5.477	1.047
20	2.527	0.295	80	6.224	1.297
25	2.934	0.379	100	7.220	1.631
32	3.462	0.496	125	8.465	2.049
40	4.020	0.629	150	9.710	2.466
50	4.668	0.796	200	11.815	3.301
비 고	\- 밸런스 파이프를 필요로 할 경우에는 30% 가산한다. \- 철거는 신설의 50%(재사용을 고려치 않을 때)로 계상한다.				

① 본 품은 감압밸브, 게이트밸브, 글로브밸브, 스트레이너, 압력계, 안전밸브 등 바이패스 배관조립 및 설치, 배관시험 품이 포함되어 있다.
② 밸런스 파이프를 필요로 하지 않을 경우를 기준이며, 온도조절장치도 본 품에 준한다.

3-11 스팀트랩장치

(조)

규격(mm)	배관공(인)	보통인부(인)	규격(mm)	배관공(인)	보통인부(인)
ø15	0.632	0.235	ø32	1.396	0.519
20	0.856	0.319	40	1.756	0.653
25	1.081	0.402	50	2.206	0.820
비 고	\- 철거는 신설의 50%(재사용을 고려치 않을 때)로 계상한다.				

① 본 품은 트랩, 게이트 밸브, 글로브밸브, 스트레이너, 바이패스 배관조립 및 설치, 배관시험을 포함한다.
② 본 품은 고압버킷 및 저압벨로즈형 트랩을 포함한다.
③ 바이패스 구간에 기타 부속품이 추가되는 경우에는 별도 계상한다.
④ 스팀트랩 장치를 위한 지지대 및 가대설치는 별도 계상한다.

3-12 수격방지기 설치

(개)

규격(mm)	배관공(인)	보통인부(인)	규격(mm)	배관공(인)	보통인부(인)
ø15~25	0.028	-	ø100	0.136	0.045
ø32~50	0.056	-	ø125	0.181	0.060
ø65	0.073	0.024	ø150	0.226	0.075
ø80	0.100	0.033	ø200	0.316	0.105

① 본 품은 나사(삽입)접합식, 플랜지접합식 설치기준이다.
② 본 품에는 설치위치 선정, 소운반, 수격방지기 설치, 작동시험 및 마무리 작업이 포함되어 있다.
③ 수격방지기를 설치하기 위하여 벽체 홈파내기가 필요한 경우에는 별도 계상한다.

3-13 유량계 설치

(1) 일반용

(개)

규격(mm)	보호통		유량계	
	배관공(인)	보통인부(인)	배관공(인)	보통인부(인)
ø13~15	0.148	0.148	0.102	0.102
20~32	0.188	0.188	0.122	0.122
40~50	0.253	0.253	0.155	0.155
65~80	-	-	0.484	0.484
100~150	-	-	0.578	0.578
200~300	-	-	0.909	0.909
비고	<td colspan="4">- 건축물 내의 유량계 설치위치·형태가 개소별로 상이하거나 연속작업이 불가능한 경우는 본 품의 20%를 가산한다. - 보호통·뚜껑철거 및 재설치가 요구되는 경우에는 보통인부 0.02인을 가산한다. - 동일장소에서 수도미터, 온수미터를 병행 설치 시에는 단독 설치품에 30%를 가산한다. - 유량계 교체 시(해체 후 재부착) 설치품에 배관공은 33%, 보통인부는 19%를 가산한다. - 동일장소에서 수도미터, 온수미터 병행 교체 시(해체 후 재부착) 단독 설치품에 배관공은 95%, 보통인부는 49%를 가산한다.</td>

① 본 품은 수도미터(급수용), 온수미터(급탕용, 난방용)의 옥내배관 설치 기준이다.
② 본 품에는 소운반, 가배관 철거, 유량계 설치, 작동시험 및 마무리 작업이 포함되어 있다.

(2) 원격용

(개)

규격(mm)	배 관 공(인)	보 통 인 부(인)
ø13~15	0.112	0.112
20~32	0.132	0.132

① 본 품은 원격식 냉수용 수도미터, 원격식 온수미터의 옥내배관 설치 품이다.
② 본 품은 소운반, 가배관 철거, 유량계 설치, 전선관 결선, 시험점검을 포함한다.
③ 밸브, 스트레이너 및 주위배관 설치 품은 별도 계상한다.
④ 전선관 배관 및 입선, 지지부 설치는 별도 계상한다.

3-14 적산열량계

(1) 세대용

(개)

규격(mm)	배 관 공(인)	보 통 인 부(인)
ø13~15	0.122	0.122
20~32	0.142	0.142

① 본 품은 적산열량계의 옥내배관 설치 품이다.
② 본 품은 소운반, 가배관 철거, 적산열량계 및 감온부 설치, 전선관 결선, 시험점검을 포함한다.
③ 밸브, 스트레이너 및 주위배관 설치 품은 별도 계상한다.
④ 전선관 배관 및 입선, 지지부 설치는 별도 계상한다.

(2) 건물용

(개)

규격(mm)	배 관 공(인)	보 통 인 부(인)
ø50	0.424	0.424
65	0.478	0.478
80	0.489	0.489
125	0.521	0.521
150	0.634	0.634

① 본 품은 가배관을 철거하고, 건물입구(지하층 또는 기계실)에 적산열량계를 설치하는 품이다.
② 본 품은 소운반, 배관세정작업, 적산열량계 및 온도감지기 설치, 전선관 결선, 시험점검을 포함한다.
③ 밸브, 스트레이너 및 주위배관 설치 품은 별도 계상한다.
④ 전선관 배관 및 입선, 지지부 설치는 별도 계상한다.

(3) 산업용

(대)

규 격(mm)	플랜트배관공(인)	특별인부(인)	계장공(인)
ø32	0.71	0.71	0.71
50	0.75	0.75	0.75
100	0.85	0.85	0.85
150	0.95	0.95	0.95

① 본 품은 가배관을 철거하고, 지역난방공사와 같이 산업용으로 적산열량계를 설치하는 것으로 시험 소운반이 포함되어 있다.
② 본 품은 배관세정작업, 유량계, 온도감지기, 열량지시계, 단자함을 설치하는 것과 이들 간의 전기배선 및 결선을 포함한다.
③ 전선관, 밸브, 스트레이너 설치품은 별도 계상한다.
④ 열량지시계는 노출기준이며 매립 시는 별도 계상한다.

3-15 신축이음

(1) 익스펜션조인트 설치

(개)

규 격	복 식		단 식	
	배관공(인)	보통인부(인)	배관공(인)	보통인부(인)
ø20~25	0.219	0.142	0.195	0.122
32	0.344	0.198	0.306	0.169
40	0.459	0.244	0.408	0.209
50	0.611	0.301	0.544	0.258
65	0.857	0.385	0.762	0.330
80	1.119	0.468	0.995	0.401
100	1.490	0.577	1.325	0.494
125	1.985	0.711	1.766	0.609
150	2.510	0.844	2.232	0.723
200	3.633	1.107	3.231	0.948
비 고	- 철거는 신설의 50%(재사용을 고려치 않을 때)로 계상한다.			

① 본 품은 자재 및 공구 소운반, 설치위치 재단, 플랜지 접합(강관) 또는 동관용접, 벽체 앵커설치, 고정바 취부, 수압시험, 고정바 및 고정판 제거, 정리 및 마무리 작업이 포함되어 있다.
② 지지대 설치가 필요한 경우 별도 계상한다.

(2) 플렉시블케넥터 설치

(개)

규격	배관공(인)	보통인부(인)	규격	배관공(인)	보통인부(인)
ø15~50	0.034	0.025	125	0.560	0.193
32~50	0.083	0.046	150	0.696	0.237
65	0.191	0.095	200	0.968	0.315
80	0.260	0.114	250	1.250	0.393
100	0.400	0.151	300	1.512	0.461
비 고		- 철거는 신설의 50%(재사용을 고려치 않을 때)로 계상한다.			

① 본 품은 진동을 흡수하는 플렉시블커넥터의 설치품이며, 커넥팅로드, 플랜지접합형 기준이다.
② 본 품은 소운반, 수평보기, 콘트롤로드설치, 배관시험이 포함되어 있다.
③ 플렉시블조인트의 경우 본 품을 준용하여 적용할 수 있다.

(3) 입상관 방진가대

(조)

규격(mm)	배관공(인)	용접공(인)	규격(mm)	배관공(인)	용접공(인)
ø50	0.093	0.093	150	0.140	0.140
65	0.093	0.093	200	0.156	0.156
80	0.109	0.109	250	0.197	0.197
100	0.125	0.125	300	0.239	0.239
125	0.125	0.125	350	0.281	0.281

① 본 품은 옥내기준, 입상관 방진가대 설치품으로 지지찬넬 가대설치는 제외된 것이다.
② 볼트체결, 클램프 체결, 클램프와 강관이음매 용접, 소운반 및 조정이 포함된 것이다.

3-16 온수분배기 설치

(개)

규 격	배관공(인)	보통인부(인)	규 격	배관공(인)	보통인부(인)
2구	0.308	0.162	5구	0.466	0.227
3구	0.365	0.186	6구	0.507	0.243
4구	0.421	0.209	7구	0.545	0.257

① 본 품은 소운반, 조립, 설치, 배관연결, 밸브 및 커넥터 설치, 배관시험을 포함한다.
② 본 품의 규격은 공급 및 환수 헤더 개수 기준이며, 퇴수구는 제외한다.

3-17 바닥배수구 설치

(개소)

구 분	ø 50mm	ø 75mm	ø 100mm
배관공(인)	0.115	0.151	0.164
보통인부(인)	0.039	0.051	0.055

① 본 품은 옥내 일반바닥배수구 설치기준으로 트랩이 포함된 것이다.
② 본 품은 하부성형슬리브, 소운반, 바닥배수구 설치 및 통수시험 등이 포함된 것이다.

3-18 발열선

(1) 발열선 설치

(m)

구 분	기계설비공(인)	보 통 인 부(인)
세 대 내	0.015	-
공용부위	0.017	0.006

① 본 품은 작업준비, 소운반, 발열선 설치가 포함되어 있다.
② 본 품의 적용범위는 다음과 같다.

적용 항목	적용 범위	미적용 법위
발열선 설치	· 발열선 설치 및 고정(유리면 접착 테이프 사용) · 램프킷트 설치 및 연결 · 분기부 Tee Splice 설치 · 관말 End Seal 설치 · 온도센서 설치 · 발열선 경고판 설치	· 온도센서 연결 강제전선관 배관 및 배선 인입

(2) 분전함 설치

(개소)

기계설비공(인)	보 통 인 부(인)
0.271	0.135

① 본 품은 작업준비, 소운반, 분전함 위치선정 및 고정, 작동시험 및 정리가 포함된 것이다.

4 일위대가표 작성

4-1 직 관

2-4 법적 기준에 의한 방법에서 언급한 바와 같이 건축기계설비분야에서 적산작업의 간소화를 위해 주자재(본 장에서는 배관)를 중심으로 단위기준(m)당 재료비와 노무비를 함께 적용하여 일위대가표를 작성한다. 일위대가표 작성을 요하는 배관재는 표준품셈에서 m당 노무자수가 제시되어 있는 강관, 동관, 스테인레스관, 경질염화비닐, XL관 등이다.

표 5-11은 50A 동관을 m당 설치하는데 소요되는 공사비에 대한 일위대가표이다. 노무자 인원수는 동관배관의 표준품셈을 기준으로 한다.

○ 표 5-11 동관(50A)
(m)

품 명	규 격	단위	수량	재료비 단가	재료비 금액	노무비 단가	노무비 금액	비고
동관	50A	m	1	21,700	21,700			
노무비	배관공	인	0.069			125,901	8,687.1	
	보통인부	인	0.042			94,338	3,962.1	
공구손료	노무비의 3%	식	1		379.4			
계					22,079		12,649	

표 5-12은 기계실 등에 적용되는 50A 압력배관용 탄소강관(SCH 40)의 일위대가표이다.

○ 표 5-12 압력배관용 탄소강관(#40, 용접식 50A)
(m)

품 명	규 격	단위	수량	재료비 단가	재료비 금액	노무비 단가	노무비 금액	비고
압력강관(#40)	50A	m	1	6,458	6,458.0			
노무비	플랜트용접공	인	0.153			206,605	31,610.5	
	플랜트배관공	인	0.076			215,183	16,353.9	
	특별인부	인	0.076			115,272	8,760.6	
공구손료	노무비의 3%	식	1		1,701.7			
계					8,159		56,726	

압력배관용 탄소강관은 플랜트설비공사편의 표준품셈을 기준으로 일위대가표를 작성하는데 이 품셈에는 품이 인/TON으로 제시되어 있어 이를 m당으로 환산하면 표 5-13과 같다.

○ 표 5-13 압력배관용 탄소강관(SCH 40, 용접식)의 m당 품

구경(A)	품(인/m)		
	플랜트용접공	플랜트배관공	특별인부
15	0.061	0.03	0.03
20	0.072	0.036	0.036
25	0.09	0.045	0.045
32	0.111	0.055	0.055
40	0.124	0.062	0.062
50	0.153	0.076	0.076
60	0.213	0.106	0.106
80	0.25	0.125	0.125
100	0.331	0.164	0.164
125	0.418	0.21	0.21
150	0.509	0.254	0.254
200	0.673	0.336	0.336
250	0.929	0.461	0.461
300	1.158	0.579	0.576

4-2 배관 행거

아래 그림과 같이 행거(hanger)로 배관지지 시 일위대가표를 작성하면 표 5-14와 같다.

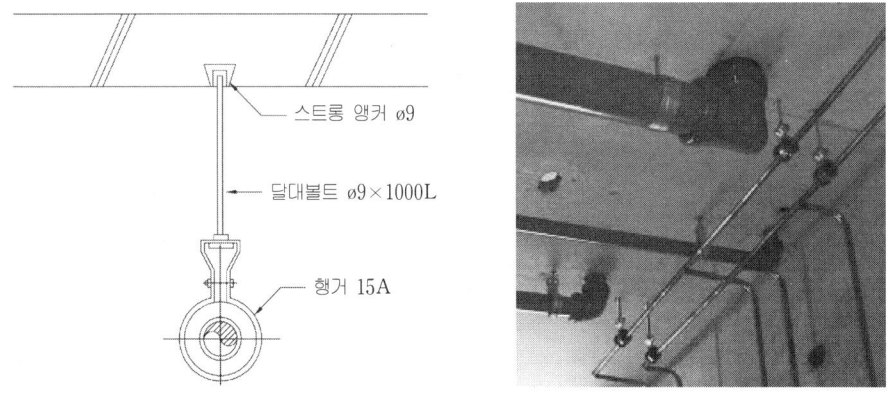

○ 그림 5-23 배관행거 상세도

○ 표 5-14 일반 행거 15A

(개소)

품 명	규 격	단위	수량	재 료 비		노 무 비		비고
				단가	금액	단가	금액	
파이프 행거	15A	개	1	300	300			
달대볼트	ø9×1000L	개	1	280	280			
스트롱 앵커	ø9	개	1	59	59			
계					639			

상기의 표에서 파이프 행거의 경우 강관, 주철관 등을 일반용(일반행거)으로, 스테인리스강관 및 동관은 절연용(절연행거)을 사용한다.

4-3 관 슬리브

강관 슬리브(sleeve)는 압력용 배관(급수, 급탕, 냉난방, 소화 등)이 구조체를 관통할 경우 사용한다. 단, 지수판을 포함하는 강관 슬리브는 지하층 외벽이나 수조를 관통할 경우 수압에 의해 슬리브가 이탈되는 것을 방지하기 위해 사용한다. PVC 슬리브는 대기압 이하의 PVC관을 사용하는 오배수관이 구조체를 관통할 경우이다.

배관 슬리브는 설계도에서 명시한 상세도를 기준으로 일위대가표를 작성하여야 한다. 그림 5-24는 15A 배관에 대한 슬리브 상세도로서 이를 일위대가표를 작성하면 표 5-15와 같다. 배관 슬리브의 구경은 통과하는 배관구경의 2단계 위를 기준으로 하며, 일위대가표에서는 통과하는 배관경(예: 강관 슬리브 15A)을 표기한다.

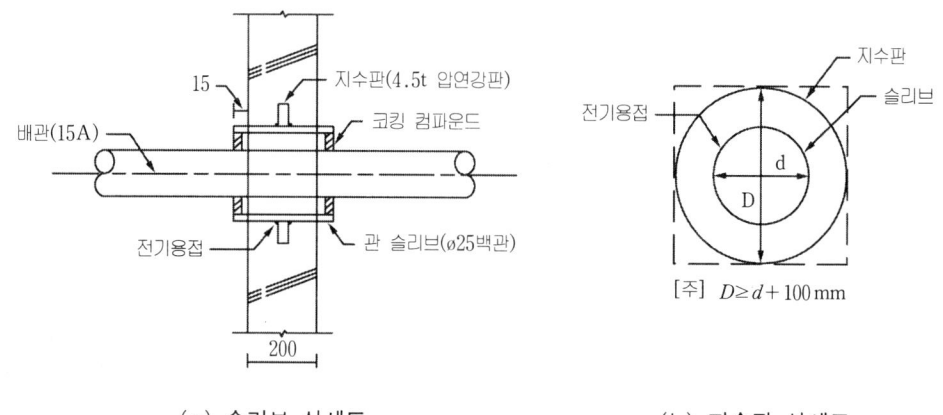

(a) 슬리브 상세도   (b) 지수판 상세도

○ 그림 5-24 배관(강관) 슬리브 상세도

○ 표 5-15 강관 슬리브(지수판 포함, 벽체) 15A

(개소)

품 명	규 격	단 위	수 량	재 료 비		노 무 비		비 고
				단 가	금 액	단 가	금 액	
백관	25A	m	0.25	971	242.8			
강관절단	25A	개소	1	72	72.0	210	210.0	일위
열연강판	4.5t×914×1829	kg	0.62	355	220.1			
강판절단	4.5t	m	0.53	134	71.0	410	217.3	일위
강판용접	4.5t	m	0.21	333	69.9	2,825	593.2	일위
방청도장	2회	m^2	0.059	377	22.2	3,028	178.6	일위
코킹 콤파운드		kg	0.036	4,000	144.0			
노무비	배 관 공	인	0.060			125,901	7,554.0	
	보통인부	인	0.012			94,338	1,132.0	
공구손료	노무비의 3%	식	1		260.5			
계					1,102		9,885	

〔산출 근거〕

(1) 백관(25A) 0.23(배관길이)×1.1(할증률)=0.25m(슬리브 길이)

(2) 강판 0.034(25A 백관 외경)+0.1=0.134m(지수판 지름)
  0.134×0.134=0.018m^2×35.352kg/m^2(4.5t 강판의 단위중량)
    ×1.1(할증률)=0.7kg

(3) 강판절단 25A 백관의 외경 34mm와 125mm 지수판을 절단하므로
  (π×0.134)+(π×0.034)=0.53m(절단길이)

(4) 강판용접 0.107(용접길이)×2개소(상하에 용접)=0.21m

(5) 방청도장 강판: (π/4)×[$(0.134)^2-(0.034)^2$]=0.017×2면=0.034m^2
  백관: π×0.034×0.23=0.025m^2
  0.034+0.025=0.059m^2

(6) 코킹 컴파운드 기존 일위대가표 참조하여 반영

4-4 플랜지 제작

그림 5-25는 50A 강관배관의 해체를 위해 배관 도중에 설치한 조플랜지의 상세도이며, 이를 일위대가표를 작성하면 표 5-16과 같다.

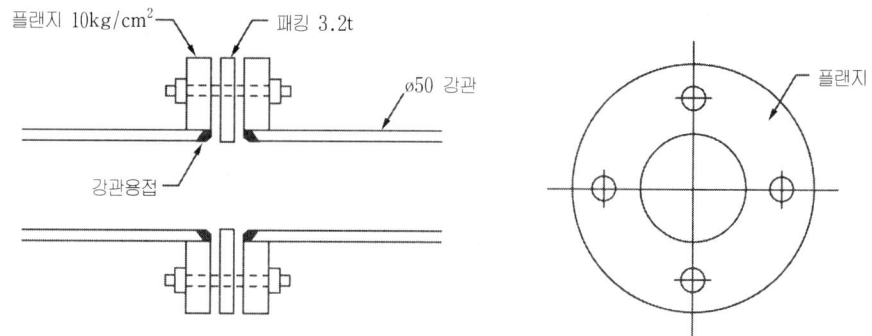

◎ 그림 5-25 배관 조플랜지 상세도

◎ 표 5-16 용접 조플랜지(50A)

(개소)

품 명	규 격	단위	수량	재 료 비		노 무 비		비 고
				단가	금액	단가	금액	
플랜지(슬랩온형)	10kg/cm²×50A	개	2	2,220	4,440			
볼 트 너 트	M12×60L	개	4	83	332			
와 셔	M12	개	8	11.6	92.8			
스파이터패킹	3.2mm×50A	개	1	534	534			
강관용접	50A(SCH 40)	개소	2	65	130	2,978	5.956	일위
계					5,528		5.956	

상기의 일위대가표 물량 중 플랜지의 경우 설치위치에 따라 해당압력에 주의하여야 하며, 볼트너트, 와셔의 관경별 규격 및 수량을 설계도서를 기준으로 산출하지만, 그 내용이 불명확한 경우에는 표 5-17 및 부록의 압력별 플랜지 규격을 참고하며, 동관의 경우에는 절연 플랜지를, 스테인리스강관은 스테인리스 플랜지를 사용하는 것에 주의하여야 한다.

◎ 표 5-17 볼트너트, 와셔의 설치규격 및 수량(5kg/cm² 기준)

구	분	15A, 20A	25A~65A	80A, 100A	125A~150A
볼 트 너 트	규 격	M10×50L	M12×60L	M12×70L	M16×80L
	수량(개)	4	4	8	8
와 셔 수 량 (개)		8	8	16	16
구	분	200A	250A	300A, 350A	400A, 500A
볼 트 너 트	규 격	M16×80L	M20×100L	M20×100L	M22×100L
	수량(개)	12	12	16	16
와 셔 수 량 (개)		24	24	32	32

4-5 주철관 접합

표 5-18는 주철관을 천장에 노허브식(NO-HUB)으로 접합할 경우의 일위대가표이다.

◯ 표 5-18 주철관 접합(천장) 노허브식 50A

(접합개소)

품 명	규 격	단위	수량	재 료 비		노 무 비		비 고
				단 가	금 액	단 가	금 액	
카플링	50A	개	1	2,910	2,910			
노무비	배 관 공	인	0.143			125,901	18,003.8	
	보 통 인 부	인	0.066			94,338	6,226.3	
공구손료	노무비의 3%				726.9			
계					2,916		24,230	

4-6 터파기 및 되메우기

표 5-19, 표 5-20는 1m 깊이의 수직굴착에 대한 인력과 기계로 터파기 및 되메우기 시공 시의 일위대가표이다.

◯ 표 5-19 터파기 및 되메우기(인력)

(m³)

품 명	규 격	단위	수량	재 료 비		노 무 비		비 고
				단 가	금 액	단 가	금 액	
노무비	보 통 인 부	인	0.2			94,338	18,867.6	터파기
	보 통 인 부	인	0.1			94,338	9,433.8	되메우기
계							28,301	

◯ 표 5-20 터파기 및 되메우기(기계)

(m³)

품 명	규 격	단위	수량	재 료 비		노 무 비		비 고
				단 가	금 액	단 가	금 액	
굴삭기	0.2m³	HR	1	242	242	1,596	1,596	터파기
(유압식 백호)	0.2m³	HR	1	159	159	1,050	1,050	되메우기
계					401		2,646	

4-7 압력계 및 온도계 신설

압력계 및 온도계를 설치하는 방법은 여러 가지가 있지만, 그림 5-26의 계기류를 백관에 설치 시의 일위대가표를 작성하면 표 5-21 및 표 5-22와 같다.

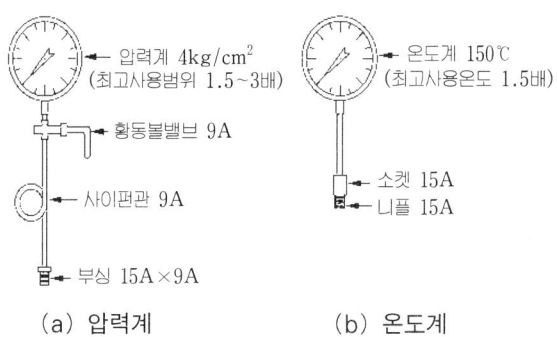

(a) 압력계 　　　　　(b) 온도계

○ 그림 5-26 계기 설치상세도

○ 표 5-21 압력계 신설(백관)

(조)

품 명	규 격	단위	수량	재료비 단가	재료비 금액	노무비 단가	노무비 금액	비고
압 력 계	ø100×10kg/cm²	개	1	5,400	5,400			
황동볼밸브	9A	개	1	1,500	1,500			
사 이 펀 관	9A	개	1	500	510			
백 부 싱	15A×9A	개	1	185	185			
노 무 비	배 관 공	인	0.05			125,901	6,295.0	
공 구 손 료	노무비의 3%	식	1		188.8			
계					7,783		6,295	

○ 표 5-22 온도계 신설(백관)

(조)

품 명	규 격	단위	수량	재료비 단가	재료비 금액	노무비 단가	노무비 금액	비고
온도계 O형	150℃	개	1	18,400	18,400			
백 소 켓	15A	개	1	219	219			
백 니 플	15A	개	1	117	117			
노 무 비	배 관 공	인	0.05			125,901	6,295.0	
공 구 손 료	노무비의 3%	식	1		188.8			
계					18,924		6,295	

4-8 밸브장치

(1) 2방 밸브장치

아래 그림은 증기배관에 설치하는 20A 2방 밸브의 주위배관 상세도로서 이의 일위대가표를 정리하면 표 5-23과 같다. 단, 2방 밸브는 일반적으로 자동제어 공사로 발주되므로 본 일위대가표에서는 제외된다.

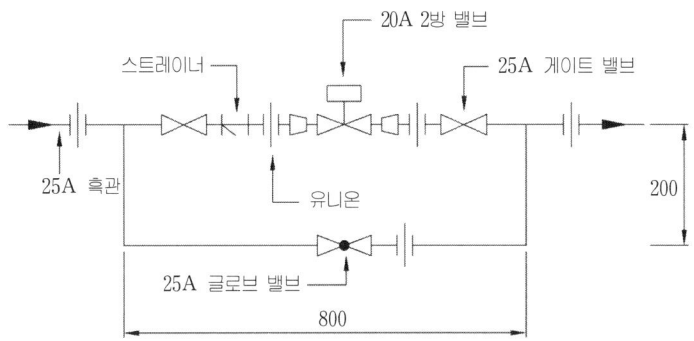

○ 그림 5-27 2방 밸브 주위배관 상세도

○ 표 5-23 2방 밸브장치 조립설치(25×20×25)

(조)

품 명	규 격	단위	수량	재료비 단가	재료비 금액	노무비 단가	노무비 금액	비고
흑 관	ø25	m	1.5	1,142	1,713			
게이트 밸브	ø25	개	2	9,370	18,740			
글로브 밸브	ø25	개	1	8,750	8,750			
스트레이너	ø25	개	1	20,000	20,000			
흑 티	ø25×25	개	2	746	1,492			
흑 엘보	ø25	개	2	536	1,072			
흑 레듀서	ø25×20	개	2	420	840			
흑 니플	ø25	개	10	441	4,410			
흑 니플	ø20	개	2	305	610			
흑 유니온	ø25	개	5	1,523	7,615			
관 보온	ø25×25T	m	1.3	1,389	1,805.7	3,707	4,819.1	일위
잡 재 료 비	강관의 3%	식	1		51.3			
노 무 비	배관공	인	2.527			125,901	318,151.8	
	보통인부	인	0.295			94,338	27,829.7	
공구손료	노무비의 3%	식	1		10,379.4			
계					77,478		345,981	

참고로 상기의 일위대가표에서 품의 수량은 감압밸브장치 표준품셈을 참조하며, 품명은 온도조절밸브 및 전자밸브장치에 동일하게 적용되며 단가만 차이가 있다. 또한 배관의 단위길이는 설계도면의 상세도를 기준으로 하여 10% 할증하며, 밸브장치별 관경별 배관 길이(수량)는 대한기계설비건설협회 등에서 발행한 일위대가표를 참조한다.

연습 1 ø65×50×65 2방 밸브장치의 일위대가표를 작성하시오.

(2) 3방 밸브장치

그림 5-28과 같이 ø25×20×25 3방 밸브를 공조기 주위에 설치하는 경우 일위대가표를 작성하면 표 5-24와 같다. 단, 3방 밸브는 자동제어공사분이다.

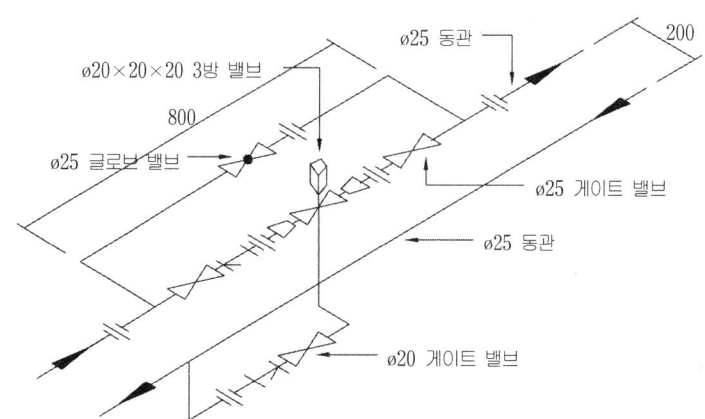

○ **그림 5-28 3방 밸브 주위배관 상세도**

○ 표 5-24 3방 밸브장치 조립설치(동관) 25×20×25

(조)

품 명	규 격	단위	수량	재료비 단가	재료비 금액	노무비 단가	노무비 금액	비고
동 관	ø25	m	1.5	3,610	5,415			
게이트 밸브	ø25	개	2	9,370	18,740			
	ø20	개	1	6,140	6,140			
글로브 밸브	ø25	개	1	8,750	8750			
스트레이너	ø25	개	1	20,000	20,000			
	ø20	개	1	15,000	15,000			
동 티	ø25×25	개	2	755	1,510			
	ø25×20	개	1	755	755			
동 엘보	ø25	개	2	539	1,078			
	ø20	개	3	312	936			
동 레듀서	ø25×20	개	2	290	580			
동 니플	ø25	개	1	1,032	1,032			
	ø20	개	1	633	633			
C×M 유니온	ø25	개	5	3,096	15,480			
	ø20	개	1	1,980	1,980			
C×M 어댑터	ø25	개	3	888	2,664			
	ø20	개	4	556	2,224			
C×F 어댑터	ø25	개	2	1,536	3,070			
동관용접	ø25	개소	24	361	8,664	3,407	81,768	일위
	ø20	개소	14	275	3,850	2,761	38,654	일위
관 보온	ø25×25T	m	1.3	1,389	1,805.7	3,707	4,819.1	일위
잡재료비	동관의 3%	식	1		162.4			
노무비	배관공	인	2.527			125,901	318,151.8	
	보통인부	인	0.295			94,338	27,829.7	
공구손료	노무비의 3%	식	1		10,379.4			
계					130,848		471,222	

> **연습 2** 상기의 밸브장치를 백관에 시공 시와 ø65×50×65 3방 밸브장치를 동관에 설치 시 일위대가표를 각각 작성하시오.

(3) 감압밸브장치

증기용 감압밸브장치의 주위배관 상세도는 그림 5-29와 같다. 이를 일위대가표로 정리하면 표 5-25와 같으며, 65A 이상의 밸브류 등에서는 플랜지 접합함에 주의한다.

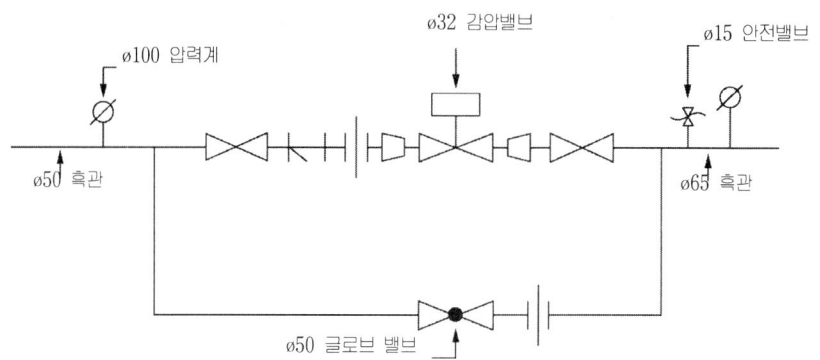

○ 그림 5-29 감압밸브 주위배관 상세도

○ 표 5-25 감압밸브장치 조립설치 50×32×65

(조)

품 명	규 격	단위	수량	재 료 비		노 무 비		비 고
				단가	금액	단가	금액	
흑 관	ø65	m	0.6	2,985	1,791			
	ø50	m	1.5	2,343	35,14.5			
감 압 밸 브	ø32	개	1	210,000	210,000			
게이트 밸브	ø65	개	1	43,400	43,400			
	ø50	개	1	27,540	27,540			
글로브 밸브	ø50	개	1	24,370	24,370			
스트레이너	ø50	개	1	38,000	38,000			
흑 티	ø65×50	개	1	2,330	2,330			
	ø65×15	개	2	2,330	4,660			
	ø50×50	개	1	2,006	2,006			
	ø50×15	개	1	2,006	2,006			
흑 엘 보	ø50	개	2	1,533	3,066			
흑 레 듀 서	ø65×32	개	1	1,710	1,710			
	ø50×32	개	1	1,029	1,029			
흑 니 플	ø50	개	7	956	6,692			
	ø32	개	2	557	1,114			
흑 유 니 온	ø50	개	3	3,213	9,639			
조 플 랜 지	ø65	개소	1	7,194	7,194	5,956	5,956	일위
합 플 랜 지	ø65	개소	2	4,207	8,414	2,978	5,956	일위
안 전 밸 브	ø15	개	1	42,000	42,000			
압력계신설	ø100	set	2	6,698	13,396	3,584	7,168	일위
강 관 용 접	ø65	개소	7	247	1,729	4,125	28,875	일위
	ø50	개소	1	91	91	3,245	3,245	일위
	ø32	개소	1	51	51	2,145	2,145	일위

품 명	규 격	단위	수량	재료비 단가	재료비 금액	노무비 단가	노무비 금액	비고
강관용접	ø15	개소	2	13	26	1,812	3,624	일위
녹막이페인트	2회	m³	0.42	832	349.4	1,725	725.5	일위
관 보 온	ø65×25T	m	0.54	2,189	1,182	5,296	2,859.8	일위
	ø50×25T	m	1.36	1,978	2,690	4,766	6,481.7	일위
밸브보온	ø65	개소	1	2,722	2,722	18,408	18,408	일위
관부속보온	ø65×25T	개소	3	416	1,248	4,732	14,196	일위
잡재료비	관의 3%	식	1		159.1			
노무비	배 관 공	인	3.462			125,901	435,869.2	
	보 통 인 부	인	0.496			94,338	46,791.6	
공구손료	노무비의 3%	식	1		14,479.8			
계					478,597		582,298	

주) 녹막이페인트 산출 근거 : $(\pi \times 0.0763 \times 0.6) + (\pi \times 0.0605 \times 1.5) ≒ 0.42 m^2$

연습 3 ø100×65×125 감압밸브장치에 대한 일위대가표를 작성하시오.

(4) 증기트랩장치

그림 5-30은 증기주관 말단에 설치하는 관말 증기트랩(버킷트랩) 주위배관 상세도로서 최종 분기관과 동일한 관경을 사용하여 수평 배관 후 하향시켜, 응축수가 증기주관으로 역류하지 못하도록 길이 100mm 이상의 응축수 포켓(condensation pocket)을 만들어야 하고, 길이 150mm 이상의 스케일 포켓(scale pocket)을 배관으로 구성하여야 한다.

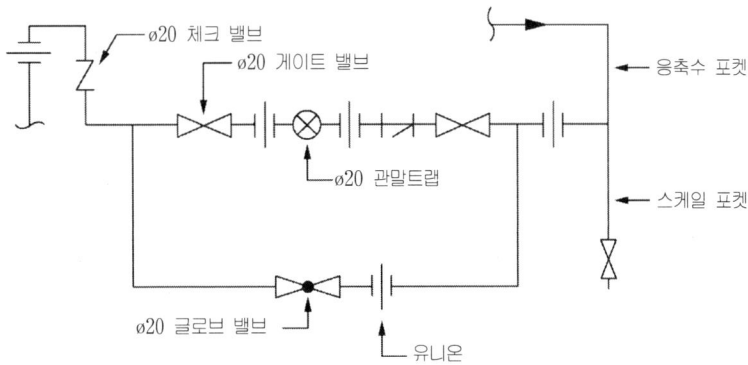

◯ 그림 5-30 관말 버킷 증기트랩 주위배관 상세도

표 5-26은 그림 5-30의 상세도에 대한 일위대가표이다.

◆ 표 5-26 버킷 증기트랩장치 조립설치 20A
(조)

품 명	규 격	단위	수량	재료비 단가	재료비 금액	노무비 단가	노무비 금액	비고
흑 관	ø20	m	2.5	761	1,902.5			
버 킷 트 랩	ø20	개	1	80,000	80,000			
게이트 밸브		개	3	6,140	18,420			
글로브 밸브		개	1	6,030	6,030			
체 크 밸 브		개	1	4,600	4,600			
스트레이너	ø20	개	1	15,010	15,000			
흑 유 니 온	ø20	개	5	1,812	5,410			
흑 엘 보	ø20	개	6	336	2,016			
흑 티	ø20×20	개	3	494	1,482			
흑 니 플	ø20	개	1.3	263	3,419			
녹막이페인트	2회	m²	0.21	832	174.7	1,725	362.5	일위
잡 재 료 비	관의 3%	식	1		57			
노 무 비	배 관 공	인	0.856			125,901	107,771.2	
	보통인부	인	0.319			94,338	30,093.8	
공 구 손 료	노무비의 3%	식	1		4,135.9			
계					140,743		138,227	

주) 녹막이페인트 산출근거 : $\pi \times 0.0272 \times 205 = 0.21 \text{m}^2$

연습 4 아래 그림의 플로트 트랩장치에 대한 일위대가표를 작성하시오. 단, 흑관의 길이는 1.9m이다.

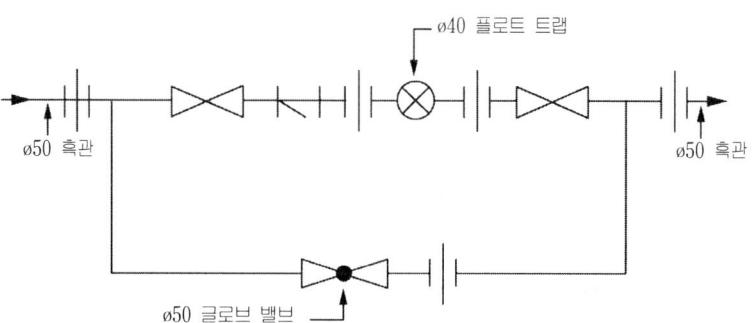

5 적산 연습

예제 1 아래의 화장실 급수배관을 배관용 탄소강관(KSD 3507) 및 동관 (KSD 5301)으로 시공 시의 소요물량과 공수를 산출하시오. 단, 슬리브 및 밸브 제외.

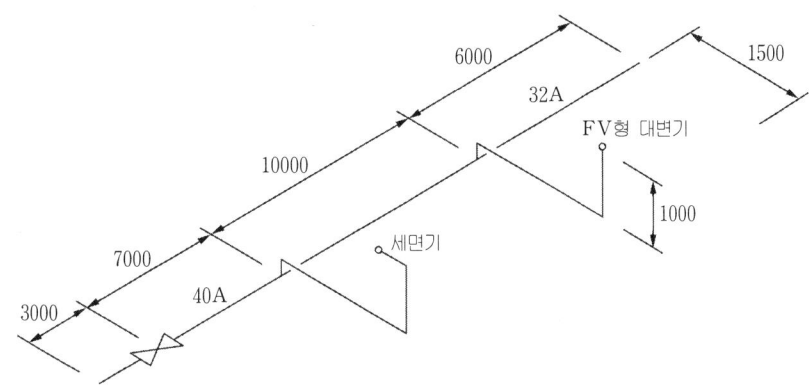

[풀이]

(1) 배관용 탄소강관

백관	ø40	10+10 = 20×1.1(재료의 할증률)=22m(일위대가)
	ø32	6 = 6×1.1(〃)=6.6m(일위대가)
	ø25	1.5+1 = 2.5×1.1(〃)=2.7m(일위대가)
	ø15	1.5+1 = 2.5×1.1(〃)=2.7m(일위대가)
백엘보	ø25	2개
	ø15	3개
백티	ø40×25	1개
	ø40×15	1개
백레듀서	ø40×32	1개
백유니온	ø40	1개(밸브 해체용)
백니플	ø40	1개(유니온과 밸브 접속)
	ø25	1개(ø40×25티와 ø25엘보 접속)
	ø15	1개(ø40×15티와 ø15엘보 접속)
백소켓	ø40	2개(백관 6m/본)

백관보온	ø40	20m(할증 전 물량기준, 일위대가)
	ø32	6m(〃)
	ø25	2.5m(〃)
	ø15	2.5m(〃)
일반행거	ø40	10개소(1개소/2m, 일위대가)
	ø32	3개소(〃 , 〃)
	ø25	1개소(1개소/1.8m, 〃)
	ø15	1개소(〃 , 〃)

(2) 동 관

동관	ø40	20×1.05(재료의 할증률)=21m(일위대가)
	ø32	6×1.05(재료의 할증률)=6.3m(일위대가)
	ø25	2.5×1.05(재료의 할증률)=2.6m(일위대가)
	ø15	2.5×1.05(재료의 할증률)=2.6m(일위대가)
동엘보	ø25	2개
	ø15	2개
동수전엘보	ø15	1개(세면기 접속용)
동티	ø40×25	1개
	ø40×15	1개
동레듀서	ø40×32	1개
동소켓	ø40	2개(6m/본)
C×C절연유니온	ø40	1개
C×M어댑터	ø40	2개(밸브 주위 접속)
C×F어댑터	ø25	1개(FV 접속용)
동관용접	ø40	4(티)+1(레듀서)+4(밸브 주위)+4(동소켓) =13개소(일위대가)
	ø32	1(레듀서) =1개소(일위대가)
	ø25	4(엘보)+1(티)+2(어댑터) =7개소(일위대가)
	ø15	4(엘보)+1(수전엘보)+1(티) =6개소(일위대가)
동관보온	ø40	20m(일위대가)
	ø32	6m(일위대가)

※ C×M절연유니온의 경우는 부속류가 다름

	ø25	2.5m(일위대가)
	ø15	2.5m(일위대가)
절연행거	ø40	10개소(일위대가)
	ø32	3개소(일위대가)
	ø25	1개소(일위대가)
	ø15	1개소(일위대가)

예제 2 아래의 화장실 배수배관을 주철관(NO-HUB형, KSD 4307)으로 시공 시 소요물량과 공수를 산출하시오. 단, 슬리브 제외

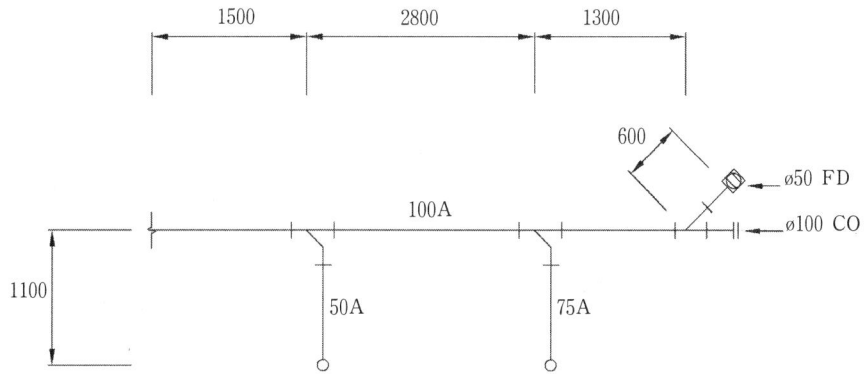

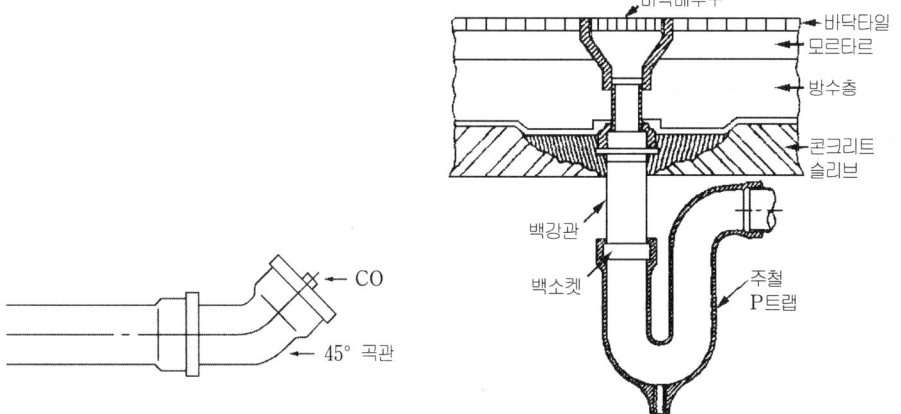

◯ 그림 5-31 청소구(CO) 상세도   ◯ 그림 5-32 바닥배수구(FD) 상세도

[풀이]

			주철직관	배관길이	주철본관 산출근거
주철직관	ø100 × 3,000	1개		1.5m	1,500×1개
	× 1,500	2개	ø100	2.8m	3,000×1개
	ø75 × 1,500	1개		1.3m	1,500×1개
	ø50 × 1,500	2개	ø75	1.1m	1,500×1개
주철Y관	ø100 × 75	1개	ø50	1.7m	1,500×2개
	ø100 × 50	2개			
주철90° 곡관	ø75	1개
	ø50	1개
주철45° 곡관	ø100	1개(소제구 처리용)
	75A	1개
	50A	1개
주철P트랩	ø50	1개(바닥배수구 접속용)
FD	ø50	1개
백관	ø50	0.3m(FD와 P트랩 접속용)
백소켓	ø50	1개 (FD와 P트랩 접속용)
CO	ø100	1개
주철수구	ø100	7개소(일위대가)
	ø75	4개소(〃)
	ø50	7개소(〃)

규 격	수량(개)	주철수구 산출근거
ø100	7	직관 3개소+Y관 3개소(ø100×75 1개소, ø100×50 2개소)+45° 곡관 1개소
ø75	4	직관 1개소+Y관 1개소(ø100×75 1개소)+90° 곡관 1개소+45° 곡관 1개소
ø50	7	직관 2개소+Y관 2개소(ø100×50 2개소)+90° 곡관 1개소+45° 곡관 1개소+P트랩 1개소

일반행거	ø100	4개(1개소/1.5m 1본, 일위대가)
	ø75	1개(〃 , 〃)
	ø50	2개(〃 , 〃)
배관공		0.115인(ø50 FD, 0.115인/개소)
보통인부		0.039인(〃 , 0.039인/개소)

〔참고〕 바닥청소구(FCO)의 물량

45° 곡관 : 2개

주철직관 300L : 1개

CO : 1개

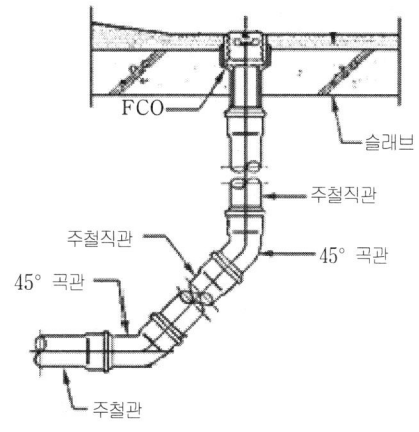

○ 그림 5-33 바닥청소구 상세도

예제 3 │ 아래 그림의 냉각수관(백관)을 공통행거로 지지 시 물량을 산출하시오.

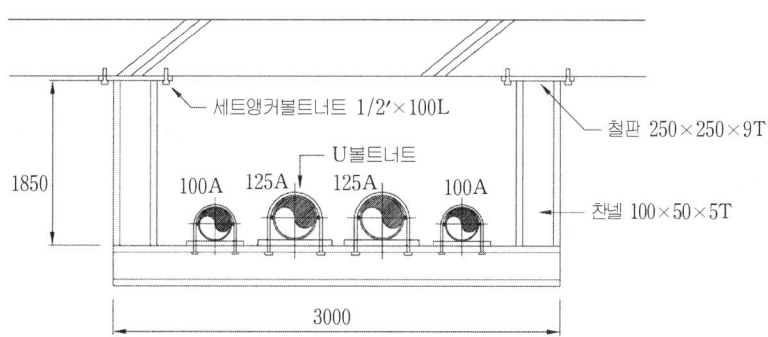

[풀이]

찬넬 및 철판의 경우 공통행거의 제작을 위해 소요되는 용접길이와 절단길이를 각각 산출할 수도 있지만, 이를 잡철물 제작 및 설치로 적용하면 산출이 용이하다.

찬넬	$3+(1.85\times2)=6.7\text{m}\times9.36\text{kg/m}$(부록 5-4 참조)$=62.71\text{kg}$
철판	$0.25\times0.25\times2=0.125\text{m}^2\times70.587\text{kg/m}^2$(부록 5-1 참조)$=8.82\text{kg}$
잡철물제작설치	$62.71+8.82=71.53\text{kg}$(일위대가)
세트앵커볼트너트	8개
절연U볼트너트	ø125 2개
	ø100 2개
녹막이페인트	0.125m^2(철판)$+[40\text{m}^2/\text{ton}$(표준품셈 도장면적환산 참조)$\times0.06271$ ton(찬넬 중량)$]=0.125+2.51=2.64\text{m}^2$(일위대가)

예제 4 아래의 급수·급탕·환탕 화장실 확대 위생배관 평면도에 대하여 물량 및 공수를 산출하시오. 단, 배관은 용접식 스테인리스(KSD 3576)임. (별첨 도면 참조)

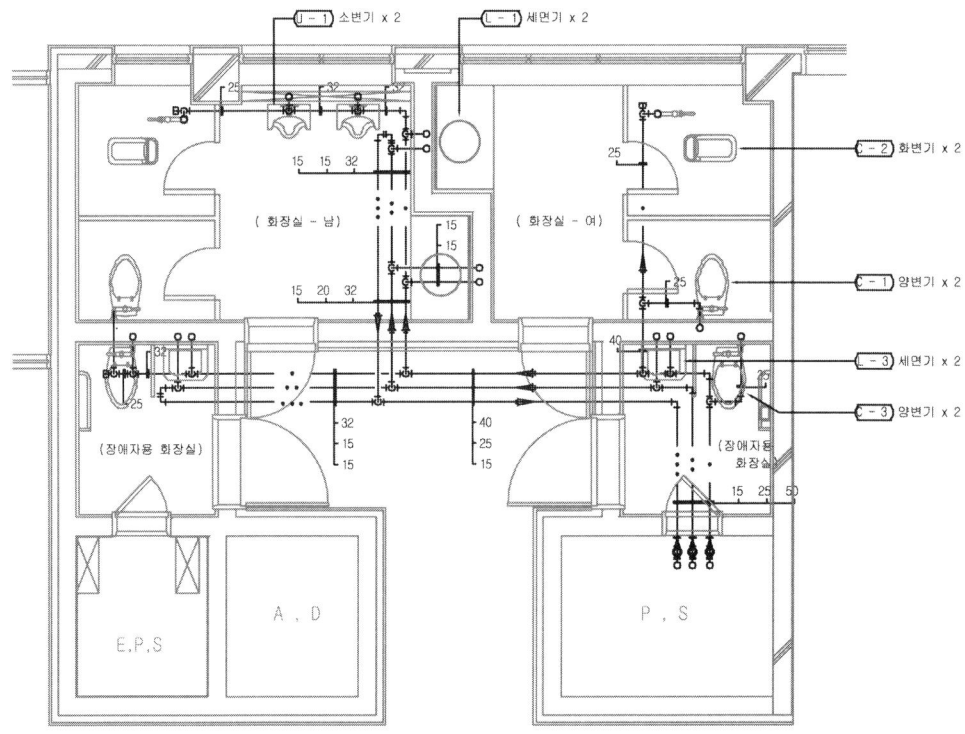

[참조-산출과정]
① 배관의 용도별 흐름, 관경, 배관 재질(범례 참조), 축척, 벽체 재료, 위생기구의 종류(위생기구 일람표 참조) 등을 확인하여 도면을 이해한다.
② 위생기구 연결 수직관의 높이를 건축 단면도와 위생기구 카탈로그를 참조하여 결정한다.
③ 직관의 길이를 관경별로 산출하기 위해 도면에 레듀서의 위치를 표기한다.
④ 관경별로 직관의 길이를 축척에 맞게 산출한다. 직관의 길이(할증 전 물량)로 관 보온 및 관지지 물량이 산출되기에 직관 길이에 이들이 구분되도록 표기하여 산출조서에 명기한다. 만약 관보온 방식이 다를 경우 보온방식별로 표기한다.(예제 6번 참조, 본 예제에서는 관보온 방식을 동일하게 보았음)
⑤ 이후 배관의 접합방식을 참조하여 부속류를 산출한다.
⑥ 물량 산출이 완료되면 표준품셈을 바탕으로 품(공수)을 산출한다. 단, 일위대가 표가 작성되는 물량은 제외한다.(따라서 본 예제에서는 게이트밸브만 해당됨)

[풀이]

(1) 물량 산출

STS관	50A	2+1(입상관 분기 후 수직관)+0.8=3.8m×1.1=4.1m	
	40A	2.8+1　　　　　　　　　　　=3.8m×1.1=4.1m	
	32A	3.2+2.9+1.4　　　　　　　　=7.5m×1.1=8.2m	
	25A	1.8+1(입상관 분기 후 수직관)+3.2	
		+0.2+0.5+0.4+2+0.4+0.7+0.6+0.3	
		+0.2+1.2+[1.4(FV 양변기 수직관)×4]	
		+[0.7(FV 화변기 수직관)×2]=19.5m×1.1=21.4m	
	20A	1.5　　　　　　　　　　　　=1.5m×1.1=1.6m	
	15A	1.8+1(입상관 분기 후 수직관)+6+2.6	
		+1.4+3+(0.6+0.4)×2+1+0.8+0.2	
		+0.4+[1.2(세면기 수직관)×8]+0.2+0.2	
		+[2(소변기 수직관)×2]=31.5m×1.05=33.1m	
STS엘보	50A	2(입상관 분기 후 수직관)+1	=3개
	40A	1	=1개
	32A	2	=2개
	25A	2(입상관 분기 후 수직관)+1+6+8	=17개
	20A	1	=1개
	15A	2(입상관 분기 후 수직관)+3+3+[4(세면기 접속용)×4]+[2(소변기 접속용)×2]	=28개
STS티	50A×40A		=1개
	50A×25A		=1개
	50A×15A		=1개
	40A×32A		=1개
	40A×25A		=1개
	32A×25A		=1개
	32A×15A	4+1	=5개
	25A×25A		=3개
	25A×20A		=1개
	25A×15A		=1개
	20A×15A		=1개

	15A×15A		=3개
STS레듀서	50A×40A	1	=1개
	40A×32A	1	=1개
	40A×25A	1	=1개
	32A×25A	1	=1개
	25A×15A	1	=1개
	20A×15A	1	=1개

STS수전엘보 (위생기구의 FV나 수전의 말단은 수나사이기에 용접방식인 스테인리스관과 접속하기 위해서는 암나사가 있는 수전엘보 사용)

	25A	4(FV양변기 접속용)	=4개
	15A	8(세면기 접속용)+2(소변기 접속용)	=10개
STS캡	25A	3	=3개

절연조플랜지 (배관의 재질이 스테인리스관이기에 절연재 적용하며, 밸브의 구경이 50A 이하이므로 밸브와 직관에 플랜지를 부착해야 하는 조플랜지를 사용)

	50A	2	=2개
	25A	2	=2개
	15A	2	=2개
STS밸브	50A	1	=1개
	25A	1	=1개
	15A	1	=1개

STS용접 (부속류를 바탕으로 용접개소를 산출한다. 이때 엘보 2개소, 티 3개소, 레듀서 2개소, 수전엘보 1개소에 대해 관경별로 산출)

	50A	6(엘보)+6(티)+1(레듀서)	=13개소
	40A	2(엘보)+5(티)+3(레듀서)	=10개소
	32A	4(엘보)+13(티)+2(레듀서)	=20개소
	25A	34(엘보)+16(티)+3(레듀서)+4(수전엘보)	=57개소
	20A	1(엘보)+3(티)+1(레듀서)	=5개소
	15A	56(엘보)+17(티)+2(레듀서)+10(수전엘보)	=85개소

관보온 (보온 방식 및 두께는 그림 2-1의 관보온 상세도를 바탕으로 하며, 관보온 길이는 직관의 할증 전 물량을 적용)

	50A×25T	=3.8m

	40A×25T	=3.8m
	32A×25T	=7.5m
	25A×25T	=19.5m
	20A×25T	=1.5m
	15A×25T	=31.5m

절연행거 (스테인리스관을 절연행거로 2m 간격으로 지지하고, 직관의 설계물량에서 수직관을 제외)

	50A	2.8m(수직관 제외)	=1개소
	40A	3.8m	=2개소
	32A	7.5m	=4개소
	25A	11.5m(수직관 제외)	=6개소
	20A	1.5m	=1개소
	15A	17.5m(수직관 제외)	=9개소

관슬리브 (아래 층 천장 속에 있는 급수, 급탕 수평지관을 상부에 있는 위생기구에 연결하기 위해 철근콘크리트 바닥을 관통하는 부위에 지수판이 없는 슬리브를 설치)

| | 25A | =6개소 |
| | 15A | =10개소 |

(2) 공수 산출

배관공 ("일반밸브 및 콕류" 표준품셈 적용)

3개(GV)   =0.174인

구 분	규 격	수 량	배 관 공	
STS 밸브	50A	1개	0.074	0.074
	15A, 20A	2개	0.05	0.1
계			0.174	

예제 5 아래의 오수·배수·통기 화장실 확대 위생배관 평면도에 대하여 물량 및 공수를 산출하시오. 단, 배관의 재질은 PVC VG1(KSM 3404)이며, 비보온임.(별첨 도면 참조)

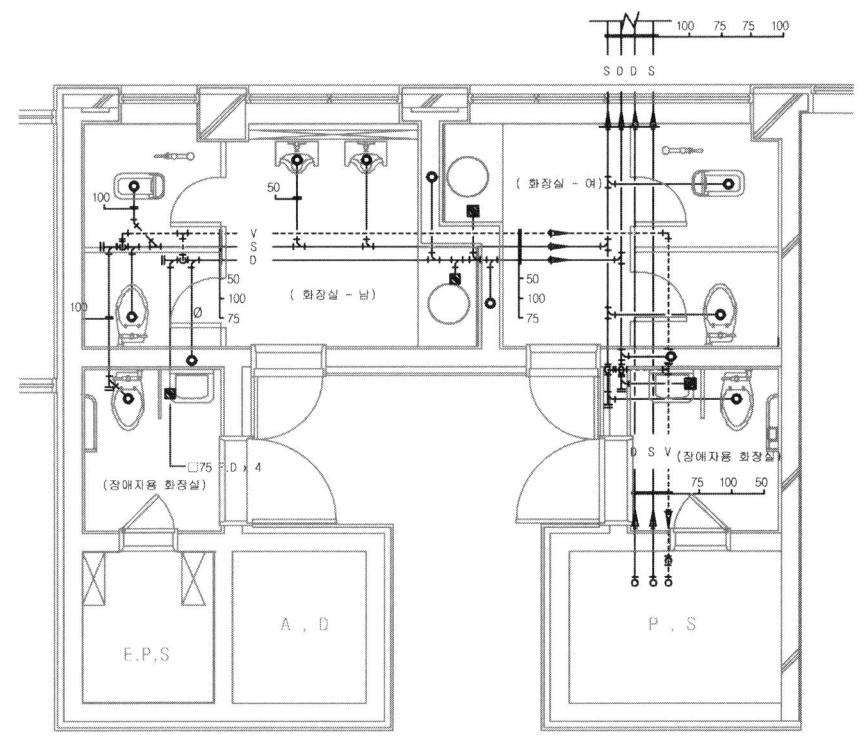

[풀이]
(1) 물량 산출

PVC관	100A	7+4.8+5.8+1.4+1.2+1.4+1.6+0.4+0.3 +0.4+[0.7(대변기 접속 수직관)×6]	=28.5m
	75A	7+4.6+5.2+1.6+0.5+0.8+0.2+[0.3(FD 접속 수직관)×4]	=21.1m
	50A	4.1+6.3+0.2+2(통기 입상관 접속용 수직관)+ [1.2(세면기 접속 수직관)×4]+[0.7(소변기 접속 수직관)×2]	=18.8m
PVC 90° 곡관	100A	6(대변기 접속용)	=6개
	75A	4×2(FD 접속용)	=8개
	50A	5(횡지관부)+2(소변기 접속용) +4(세면기 접속용)	=11개

45° 곡관	(위생기구 가지배관과 횡지관의 접속을 시공의 용이함을 고려하여 Y관과 45° 곡관으로 산출)		
	100A	7+3(CO부)	=10개
	75A	4+2(CO부)	=6개
	50A	6	=6개
Y관	100A×100A	7	=7개
	100A×50A	2	=2개
	75A×75A	5	=5개
	75A×50A	4	=4개
YT관	100A×50A	2	=2개
	75A×50A	2	=2개
P트랩	75A	4(FD용)	=4개
	50A	2(소변기용)	=2개
FD	75A	4	=4개
C.O	100A	3	=3개
	75A	2	=2개
PVC 슬리브	100A	6(대변기용)	=6개
	75A	4(FD용)	=4개
	50A	6(세면기 및 소변기용)	=6개
일반행거	(1.5m 간격으로 지지한다면)		
	100A	24.3m	=16개소
	75A	19.9m	=13개소
	50A	10.6m	=7개소

(2) 공수 산출

배관공	4(75A FD)×0.151인	=0.604인
보통인부	4(75A FD)×0.051인	=0.204인

예제 6   아래의 화장실 확대 급수배관 평면도에 대하여 내역서를 작성하시오. 단, 배관의 재질은 백관(KSD 3507)으로 입상관 티 이후 산출함. 벽체 매립배관은 아티론 5T로 보온함.(별첨도면 2층 좌측 화장실 확대 위생배관 평면도의 여자 화장실 참조)

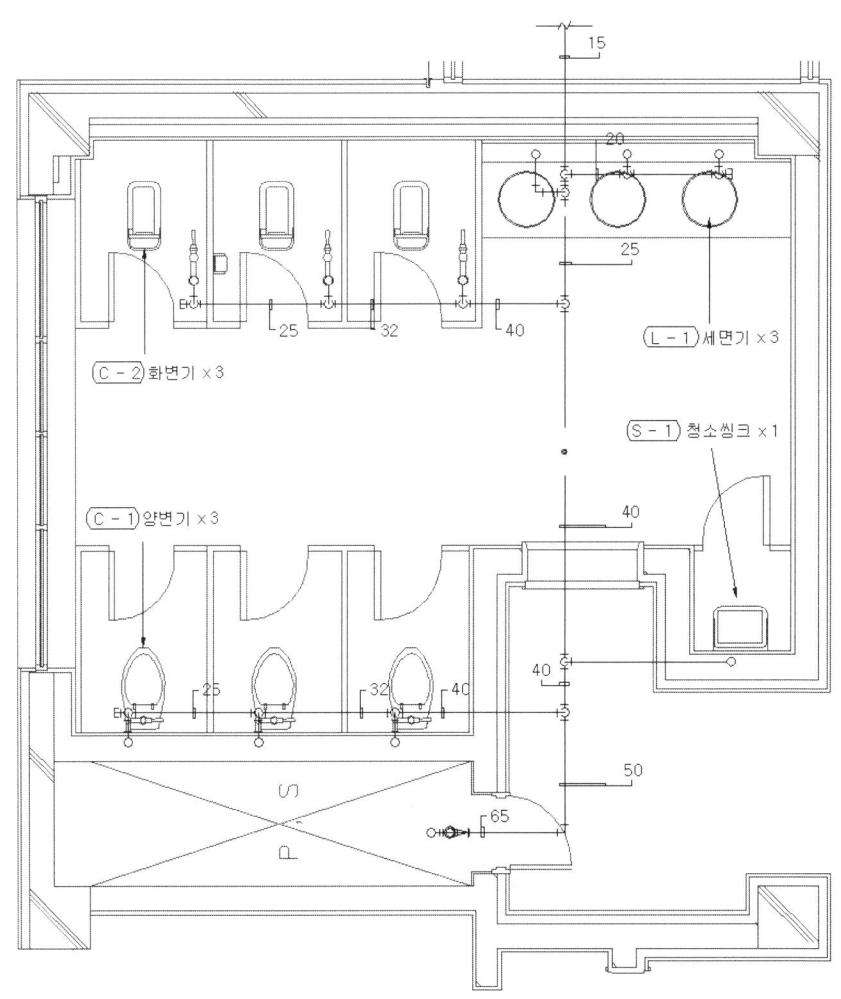

[풀이]

(1) 물량 산출

백관	65A	2.1+2(입상관 분기 후 수직관)	=4.1×1.1	=4.5m
	50A	2.1	=2.1×1.1	=2.3m
	40A	0.6+5.8+2.6+1.5	=10.5×1.1	=11.5m
	32A	2.3+2.3	=4.6×1.1	=5.0m

	25A	2+2+(0.5×3)+(0.7×3, FV양변기 수직매립배관)+(0.9×6, FV양변기와 화면기 천장속 수직배관)+(0.4×3)+2.1	
			=16.3×1.1=17.9m
	20A	2.8+1.2(청소씽크 수직매립배관)+0.9(천장속 수직배관)+1	
			=5.9×1.1=6.4m
	15A	1.6+(0.3×2)+0.5+0.6+(0.5×3, 세면기 수직매립배관)+(0.9×3, 세면기 천장속 수직배관)+2.6	=10.1×1.1=11.1m
백 엘보	65A	3	=3개
	40A	2	=2개
	25A	(3×3)+(3×2)	=15개
	20A	3+1	=4개
	15A	(3×2)+4	=10개
티	50A×40A	1	=1개
	40A×40A	1	=1개
	40A×25A	2	=2개
	40A×20A	1	=1개
	32A×25A	2	=2개
	25A×25A	1	=2개
	25A×20A	1	=1개
	25A×15A	1	=1개
	20A×15A	1	=1개
	15A×15A	1	=1개
레듀서	65A×40A	1	=1개
	50A×40A	1	=1개
	40A×32A	2	=2개
	40A×25A	1	=1개
	32A×25A	2	=2개
	25A×15A	1	=1개
	20A×15A	1	=1개
니플	50A	1	=1개
	40A	2+3	=5개
	32A	2	=2개

	25A	(3×2)+3	=9개
	20A	1	=1개
	15A	1+2	=3개
백 캡	25A	2	=2개
	15A	1	=1개
소켓	25A	3(FV와 배관 연결용)	=3개
합플랜지	65A	2	=2개소
GV	65A	1	=1개
백관용접	65A	(3×2, 엘보)+1(레듀서)	=7개소
	50A	1(레듀서)	=1개소
관보온	65A×40T		=4.1m
	50A×25T		=2.1m
	40A×25T		=10.5m
	32A×25T		=4.6m
	25A×25T		=14.2m
	20A×25T		=4.7m
	15A×25T		=8.6m
아티론보온	25A×5T		=2.1m
	20A×5T		=1.2m
	15A×5T		=1.5m
일반행거	65A	4.1m(수평배관)÷2개소/m	=2개소
	50A	2.1m(수평배관)÷2개소/m	=1개소
	40A	10.5m(수평배관)÷2개소/m	=5개소
	32A	3.8m(수평배관)÷2개소/m	=2개소
	25A	6.1m(수평배관)÷2개소/m	=3개소
	20A	3.8m(수평배관)÷2개소/m	=4개소
	15A	5.3m(수평배관)÷2개소/m	=3개소
관슬리브	25A	3×2	=6개소
(지수판제외)	20A	1	=1개소
	15A	3+1	=4개소
배관공	1개(65A GV)		=0.108인
보통인부	1개(65A GV)		=0.073인

(2) 내역서 작성

품 명	규 격	단위	수량	재 료 비 단가	재 료 비 금액	노 무 비 단가	노 무 비 금액	비고
백관(KSD3507)	ø65	m	4.5	6,215	27,967.5	21,103	94,963.5	일대1
	ø50	m	2.3	4,592	10,561.6	17,916	4,1206.8	일대2
	ø40	m	11.5	3,921	45,091.5	15,421	177,341.5	일대3
	ø32	m	5.0	3,011	15,055.0	12,704	63,520.0	일대4
	ø25	m	17.9	2,212	39,594.8	10,987	196,667.3	일대5
	ø20	m	6.4	1,847	11,820.8	8,721	55,814.4	일대6
	ø15	m	11.1	1,182	13,120.2	7,910	87801.0	일대7
백 엘보	ø65	개	3	3,478	10,434			
	ø40	개	2	1,786	3,572			
	ø25	개	15	1,023	15,345			
	ø20	개	4	925	3,700			
	ø15	개	10	845	8,450			
티	ø50×40	개	1	3,636	3,636			
	ø40×40	개	1	2,484	2,484			
	ø40×25	개	2	2,484	4,968			
	ø40×20	개	1	2,484	2,484			
	ø32×25	개	2	1,858	3,716			
	ø25×25	개	1	1,382	1,382			
	ø25×20	개	1	1,382	1,382			
	ø25×15	개	1	1,382	1,382			
	ø20×15	개	1	985	985			
	ø15×15	개	1	782	782			
레듀서	ø65×40	개	1	3,078	3,078			
	ø50×40	개	1	2,182	2,182			
	ø40×32	개	2	1,368	2,736			
	ø40×25	개	1	1,368	1,368			
	ø32×25	개	2	1,152	2,304			
	ø25×15	개	1	919	919			
	ø20×15	개	1	827	827			
니플	ø50	개	1	2,657	2,657			
	ø40	개	5	1,954	9,770			
	ø32	개	2	1,027	2,054			
	ø25	개	9	914	8,226			
	ø20	개	1	655	655			
	ø15	개	3	548	1,644			

품 명	규 격	단위	수량	재 료 비		노 무 비		비고
				단가	금액	단가	금액	
백 캡	ø25	개	2	662	1,324			
	ø15	개	1	562	562			
소켓	ø25	개	3	886	2,658			
용접합플랜지	ø65	개소	2	6,082	12,056	17,766	35,532	일대8
GV(주철)	ø65	개	1	45,890	45,890			
강관전기아크용접	ø65	개소	7	850	5,950	17,766	124,362	일대9
	ø50	개소	1	541	541	14,382	14,382	일대10
관보온	ø65×40t	m	4.1	6,486	26,592.6	15,966	65,460.6	일대11
	ø50×25t	m	2.1	3,816	8,013.6	9,739	2,0451.9	일대12
	ø40×25t	m	10.5	3,120	32,760	8,104	85,092	일대13
	ø32×25t	m	4.6	2,685	12,351	6,278	28,878.8	일대14
	ø25×25t	m	14.2	2,119	30,089.8	5,987	85,015.4	일대15
	ø20×25t	m	4.7	1,878	,8826.6	4,927	23,156.9	일대16
	ø15×25t	m	8.6	1,675	14,405	4,570	3,9312	일대17
아티론보온	ø25×5t	m	2.1	560	1,176	1,370	2,877	일대18
	ø20×5t	m	1.2	511	613.2	1,317	1,580.4	일대19
	ø15×5t	m	1.5	462	693	1,264	1,896	일대20
일반행거	ø65	개소	2	1,120	2,240			일대21
	ø50	개소	1	1,080	1,080			일대22
	ø40	개소	5	980	4,900			일대23
	ø32	개소	2	930	1,860			일대24
	ø25	개소	3	890	2,670			일대25
	ø20	개소	4	840	3,360			일대26
	ø15	개소	3	780	2,340			일대27
관슬리브(바닥) (지수판제외)	ø25	개소	6	2,845	17,070	9,864	59,184	일대28
	ø20	개소	1	2,487	2,487	9,864	9,864	일대29
	ø15	개소	4	1,947	7,788	9,864	39,456	일대30
잡재료비	직관의 3%	식	1		4,538.7			
노무비	배관공	인	0.108			125,901	13,597.3	
	보통인부	인	0.073			94,338	6,886.6	
공구손료	노무비 3%	식	1		614.5			
계					509,863		1,378,299	

> **연습 5** 예제 6에서 배관의 재질만 SR 조인트 방식의 스테인리스관으로 변경 시에 대해 내역서를 작성하시오.

예제 7 다음의 그림과 같은 방열기의 설치 시 소요재료를 산출하시오.

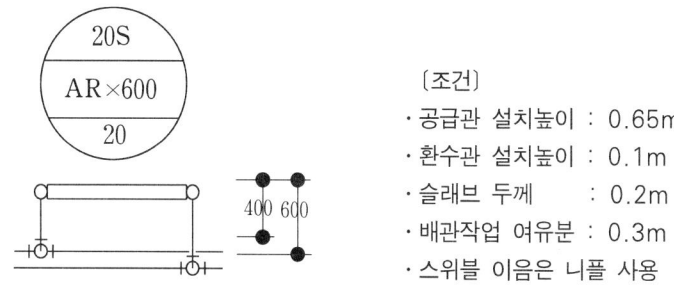

〔조건〕
- 공급관 설치높이 : 0.65m
- 환수관 설치높이 : 0.1m
- 슬래브 두께 : 0.2m
- 배관작업 여유분 : 0.3m
- 스위블 이음은 니플 사용

○ 방열기 도면 표시

[풀이]
(1) 물량 산출

- 알루미늄 방열기 600 : 20쪽
- 방열기밸브 20A : 2개
- 공급흑관 20A : 높이 0.65m+슬래브(slab) 두께 0.2m+작업여유분 0.3m+0.4m
  = 1.55m
- 환수흑관 20A : 높이 0.1m+슬래브(slab) 두께 0.2m+작업여유분 0.3m+0.6m
  = 1.2m
- 엘보 20A : 3개×2=6개
- 니플 20A : 3개×2=6개

위에 나열된 부품은 온수공급관에서 분기된 이후부터 시작하여 방열기를 거쳐 환수관으로 연결될 때까지 소요되는 배관재료를 산출한 결과이다. 또한 스위블이음을 위한 엘보 3개는 니플로 조합하는 것을 기준하였으며 노무인력의 계산방법은 앞의 품셈기준 적용하여 계산하였다.

(2) 공수(노무비) 산출

- 방열기 설치 : 배 관 공 0.44인 (8장 장비설치공사의 방열기 표준품셈 참조)
  　　　　　　보통인부 0.06인

강관배관의 노무비는 강관직관의 일위대가표에서 반영되기에 여기에서는 공수를 산출하지 않고, 강관의 일위대가표 상의 노무비 금액을 내역서에서 강관의 노무비 단가로 반영한다.

예제 8 아래의 FCU 주위배관 상세도에 대한 물량 및 공수를 산출하시오. 단, FCS, FCR은 동관이며, FCD는 백관이다.

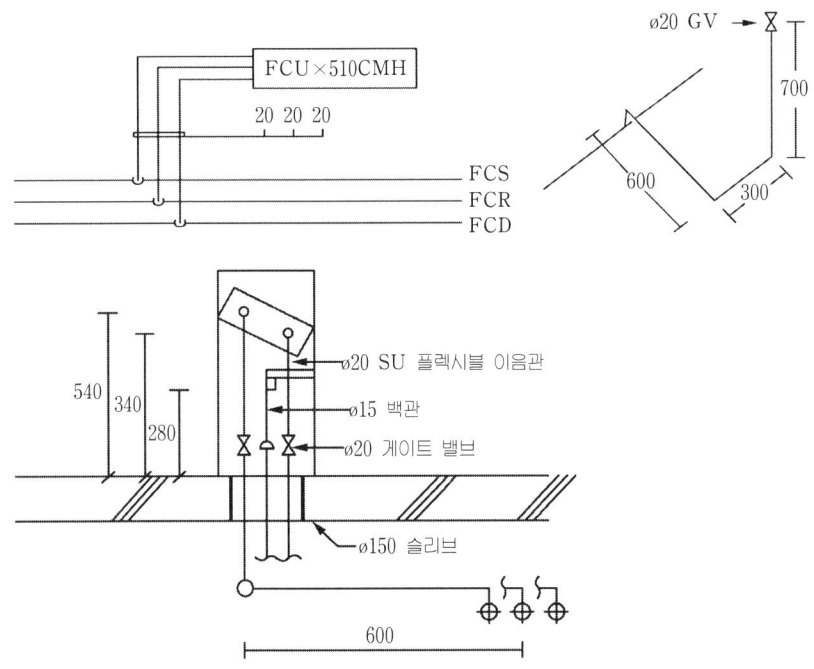

[풀이]

동관	ø20 : (0.6×2)+(0.3×2)+(0.7×2)=3.2×1.05	= 3.4m
백관	ø20 : 0.6+0.3+0.7=1.6×1.1	= 1.8m
	ø15 : 0.2×1.1	= 0.2m
STS 플렉시블 이음관	ø20 : 0.5+0.3	= 0.8m
동엘보	ø20 : 3×2	= 6개
동티	ø20×20	= 2개
C×M어댑터	ø20 : 1×2(밸브이음)	= 2개
동관용접	ø20 : 12(엘보) +6(티) +2(C×M어댑터)	= 20개소
백엘보	ø20	= 2개
백티	ø20×20	= 2개
백레듀서	ø20×15	= 1개
관보온	ø20×25T(게이트밸브 하부배관에 적용)	
	3.2+1.6	= 4.8m

아티론보온 (게이트밸브 상부배관에 적용)

$\varnothing 20 \times 20T : 0.5 + 0.3$ = 0.8m

$\varnothing 15 \times 20T : 0.2$ = 0.2m

관슬리브　　　　$\varnothing 150$　　　　　　　　　　　　　　　= 1개소

(FCU 연결용 3개 배관을 하나의 슬리브로 처리하며 일명 통슬리브라 함)

FCU 510CMH　　　　　　　　　　　　　　　　　　　　= 1대

배관공　　　　2(20A 밸브)×0.05인　　　　　　　　　= 0.1인

기계설치공　　1(FCU, 510CMH)×1인　　　　　　　　= 1인

예제 9 지하 1층 냉난방배관 평면도에 대하여 물량 및 공수를 산출하시오. 단, 냉온수배관(CHS, CHR)은 동관 L형, 배수관(D) 및 냉각수배관(CWS, CWR)은 백관임. (별첨 도면 참조)

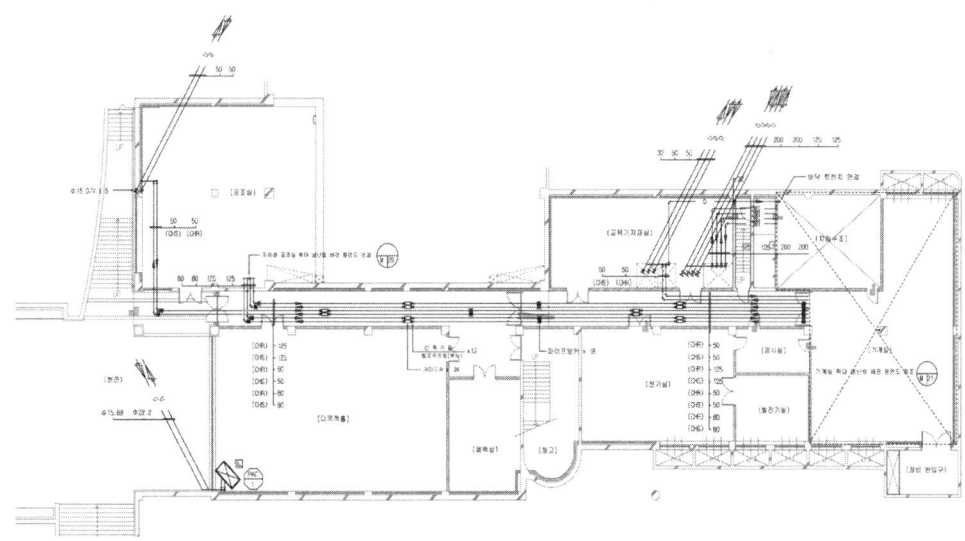

[풀이]

동관	125A	43.4+1.7+43.8+1.9=90.8×1.05	=95.3m
	80A	43.9+2.7+44.3+2.9=93.8×1.05	=196.1m
	50A	51+8.9+51.4+9.1+11.3+2.1	
		+11.5+2.4=147.7×1.05	=155.1m
동엘보	125A		=2
	80A		=2
	50A		=4

동소켓	(직관의 연결에 사용되며, 1본이 6m이므로)		
	125A	90.8÷6	=15개
	80A	93.8÷6	=16개
	50A	147.7÷6	=25개
용접개소	125A	4+30	=34개소
	80A	4+32	=36개소
	50A	8+50	=58개소
절연합플랜지	125A	4×2(신축이음쇠와 배관 연결용)	=8개
	80A	4×2(신축이음쇠와 배관 연결용)	=8개
	50A	4×2(신축이음쇠와 배관 연결용)	=8개
동관보온	125A		=90.8m
	80A		=93.8m
	50A		=147.7m
신축이음쇠	125A	4	=4개
(벨로즈 복식)	80A	4	=4개
	50A	4	=4개
가이드 슈	(복식이므로 신축접수 전, 후에 각 1개소 설치)		
(절연)	125A	4×2	=8개
	80A	4×2	=8개
	50A	4×2	=8개
앵커슈	(파이프 앵커 앞에 1개소 설치)		
(절연)	125A	8	=8개
	80A	8	=8개
	50A	8	=8개
레스팅 슈	(관지지용으로 2.5m마다 1개소 설치하면)		
(절연)	125A	90.8÷2.5	=36개
	80A	93.8÷2.5	=38개
	50A	147.7÷2.5	=59개
백관	200A	2.9+4.1+3.2+4.4=14.6×1.1	=16m
	125A	3.6+4.7+4.7+5.1=18.1×1.1	=19.9m
	32A	4.2+8.7+5.7(트렌치 연결 수직관)	
		=18.6×1.1	=20.4m

백엘보	200A		=2개
125A		=2개
32A		=2개
백용접	200A		=4개소
125A		=4개소
일반행거	32A 18.6m÷1.5m	=12개소

찬넬 (레스팅 슈, 가이드 슈, 신축이음쇠, 파이프 앵커, 앙카슈 및 냉각수 배관의 지지를 위해 100×50×5(9.36kg/m) 찬넬을 사용할 경우)
(133+24+12+18+24+8개소)×(0.7^L+0.5^H+0.5^H, 공통행거 규격)
=362.1m×9.36kg/m×1.05   =3,559kg

방청도창 (찬넬에 녹막이페인트칠 반영)
362.1m×0.3741m^2/m   =135m^2

잡철물제작설치 3,559kg   =3.56톤

관슬리브	200A	2	=2개소
125A	2+4	=6개소
80A	2	=2개소
50A	2	=2개소
32A	2	=2개소

절연U볼트너트 (파이프 앵커에서 1개소당 2개 설치)
125A	6×2	=12개
80A	6×2	=12개
50A	6×2	=12개

일반U볼트너트 (냉각수 배관의 공통행거부에 설치)
| 200A | 4개소(공통행거)×2개/개소 | =8개 |
| 125A | 4개소(공통행거)×2개/개소 | =8개 |

배관공   =14.86인
보통인부   =5.92인

구 분	규 격	수 량	배 관 공		보 통 인 부	
신축이음쇠 (복식)	125A	4개	1.985	7.94	0.711	2.844
	80A	4개	1.119	4.476	0.468	1.872
	50A	4개	0.611	2.444	0.301	1.204
계				14.86		5.92

예제 10 다음의 공동주택 난방배관 평면도에 대해 물량을 산출하고 내역서를 작성하시오.

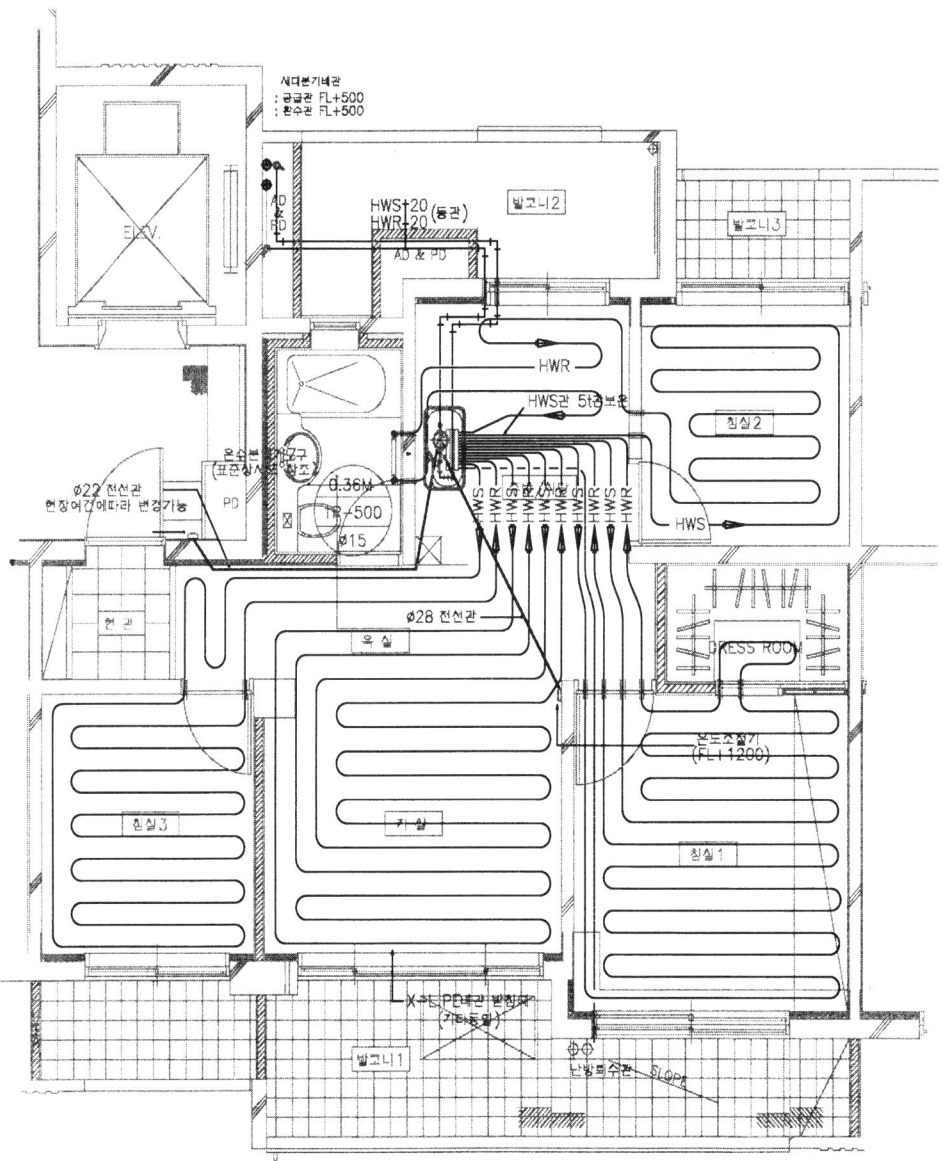

◐ 도면 1 단위세대 난방배관 평면도

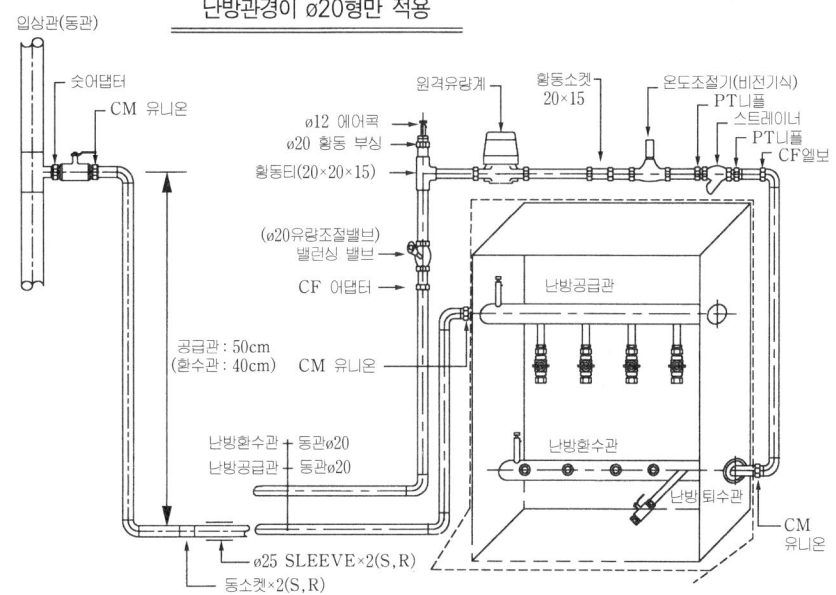

온수분배기 주위 산출

- 동관(무보온) ø20 : 0.5*4=2m
- 동엘보 ø20 : 4
- CM 유니온 ø20 : 2
- 암엘보 어댑터 ø20 : 1
- 황동티 20×20×15 : 1
- 암어댑터 ø20 : 1
- 황동부싱 ø20 : 1
- 황동소켓 20×15 : 1
- 황동니플 ø20 : 2
- 동관용접 : 12
- 온도조절기(비전기식) ø20 : 1
- 스트레이너 ø20 : 1
- 밸런싱 밸브 ø20 : 1
- 원격유량계 ø13 : 1
- 에어콕 ø20 : 1

◐ 도면 2 온수분배기 주변배관 상세도

[풀이]

(1) 단위세대 난방배관 물량 산출

- 동엘보 20A : 8개
- CM 어댑터 20A : 3개
- CF 어댑터 20A : 1개
- CM 유니온 20A : 5개
- CF 엘보 어댑터 20A : 1개

- 황동니플(PT니플) : 2개
- 황동부싱 20A×15 : 1개
- 황동소켓 20A×15 : 1개
- 황동티 20A×20×15 : 1개
- 수동공기변(에어핀) 12A : 1개
- U핀 15A : 544개
- 슬리브 20A : 2m
- 슬리브 125A : 0.11m
- 난방구획도 210×155mm : 1개
- 시운전 수도료 : 1.5m³
- 합성수지제 가요전선관 CD 22mm : 1.3+2.5+0.4+1.5+0.5=6.2m
- 합성수지제 가요전선관 CD 28mm : 2.9+1.2+1.5=4.6m
- 동관 옥내배관(M Type) 20A
  : 0.5+0.5+0.5+0.5+0.5+0.5+0.7+0.4+0.1+0.8+0.3+2.36+0.9+0.54+1.1+1.1+0.7+2.2=14.7m
- X-L관 난방코일배관 15A : 227m
- 동관용접(soldering)

규격	단위	동엘보	CM어댑터	CF 어댑터	CM유니온	CF 엘보 어댑터
20A	개소	16	3	1	5	1

- 목긴 볼밸브 설치(나사형)(kg/cm²) 20A : 2개소
- 스트레이너 설치 (주철제)(나사식) 20A : 1개소
- 온도조절기 설치(비전기식)(센서 20A×8mm) 20A : 1개
- 밸런싱밸브 설치(비전기식) 20A : 1개소
- 발포 폴리에틸렌 보온(D=18mm, t=5mm) 18A : 5.6m
- 발포 폴리에틸렌 보온(D=20mm, t=5mm) 20A
  : 2.36+0.9+0.54+1.1+0.5+0.7+2.2=9.4m
- 동관 보온(은박) (D=20mm, t=25mm) 20A
  : 0.5+0.5+0.7+0.4+0.8+0.3=3.3m
- 온수분개기 설치(X-L, 수직)(6구+드레인밸브) : 1set
- 크립바 설치 15A~20 : 54.48m
- 관슬리브(200H) 25A : 1개소
- 관슬리브(200H) 32A : 2개소

(2) 단위세대 난방배관 내역서

명 칭	규 격	단위	수량	단 가 재료비	단 가 노무비	단 가 경비	금 액 재료비	금 액 노무비	금 액 경비
동 관 (M형)	20A	m	14.7	1,720	2,242	44	25,284	32,957	647
동 엘 보	20A	개	8	312			2,496		
CM 어댑터	20A	개	3	487			1,461		
CF 어댑터	20A	개	1	487			487		
CM 유니온	20A	개	5	1,734			8,670		
CF 엘보 어댑터	20A	개	1	1,152			1,152		
동 관 용 접	20A	개소	26	64	1,581	31	1,664	41,106	806
XL 관	15A	m	227	242	1,870	37	54,934	424,990	8,399
황동니플(PT니플)	20A	개	1	583			583		
황 동 부 싱	20A	개	1	495			495		
황 동 소 켓	20A×15	개	1	1,054			1,054		
황 동 티	20A×20×15	개	1	2,175			2,175		
발포폴리에틸렌보온 (D=18, t=5mm)	18A	m	5.6	248	519	10	1,389	2,906	56
발포폴리에틸렌보온 (D=18, t=5mm)	20A	m	9.4	204	641	12	1,918	6,025	113
동관 보온 (은박)	20A	m	3.3	612	1,068	21	2,020	3,524	69
수동공기변(에어핀)	12A	개	1	650			650		
U핀	15A	개	544	9			4,896		
관 슬 리 브 (200 H)	25A	개소	1	357	872	17	357	872	17
관 슬 리 브 (200 H)	32A	개소	2	436	1,282	25	872	2,564	50
PVC슬리브	20A	m	2	326			652		
PVC슬리브	125A	m	0.11	5,082			559		
난 방 구 획 도	210×155mm	개	1	230			230		
합 성 수 지 제 가 요 전 선 관	CD 22mm	m	6.2	162	1,698	33	1,004	10,528	205
합 성 수 지 제 가 요 전 선 관	CD 28mm	m	4.6	234	2,148	42	1,076	9,881	193
시운전 수도료		m³	1.5	610			915		
목긴 볼밸브 설치	20A	개소	2	4,950	2,843	56	9,900	5,686	112
온도 조절기 설치	20A	개	1	56,346	25,538	510	56,346	25,538	510
밸런싱 밸브 설치	20A	개소	1	34,500	2,843	56	34,500	2,843	56
온수분개기 설치	6구	set	1	66,400	34,230	684	66,400	34,230	684
크 립 바 설 치	15A~20	m	52.21	248			12,948		
소 계							300,970	605,994	11,973
합 계							918,937		

연습 6 배관구경이 50A인 강관(KSD 3507, 용접식, 나사식, 그루브조인트식), 동관(KSD 5301), 스테인리스강관(KSD 3595, 프레스식, 용접식)의 m당 일위대가표를 표준품셈을 바탕으로 각각 작성하시오.

연습 7 배관구경이 50A인 동관 경납이음 및 스테인리스강관의 용접이음에 대한 일위대가표를 각각 작성하시오.

연습 8 배관행거로 100A 강관 및 동관을 지지 시 각각에 대한 일위대가표를 작성하시오.

연습 9 아래의 2층 냉난방 배관 평면도에 대한 내역서를 작성하시오. 단, 냉온수 배관은 동관 L형, 배수관은 백관임.(별첨 도면 참조)

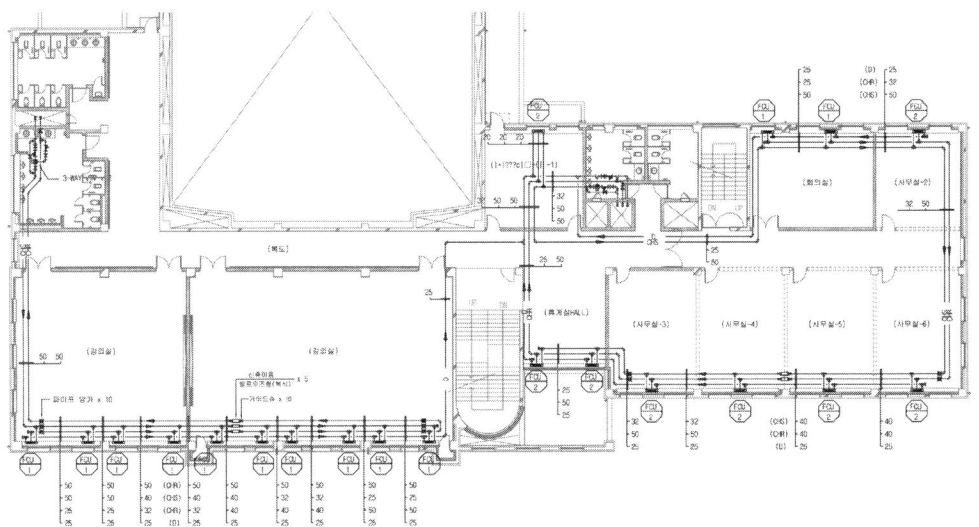

06

건·축·기·계·설·비·적·산

CHAPTER 06
위생기구 설치공사

- 1 일반 사항
- 2 적산 방법
- 3 표준품셈
- 4 적산 연습

06

CHAPTER 06

위생기구 설치공사

1 일반 사항

　위생기구란 물의 공급, 액체 혹은 세척해야 할 오물을 받아들이거나 그것을 배출하기 위해 설치되는 급수기구·물받이 용기·배수기구 및 부속품을 말하는 것으로 정의된다. 급수기구는 냉수와 온수를 공급하기 위해 설치된 급수전·세척 밸브·볼탭 등의 기구 등을 말하며, 물받이 용기는 사용하고자 하는 물 또는 사용한 물을 일시저류하거나 이들을 배수 계통으로 유도하기 위해 이용되는 세면기, 변기, 욕조 등의 기구 및 용기를 말한다.

　그 외 부속품으로는 실제로 물을 사용하지는 않지만 위생기구의 일부로서 이용되는 거울, 비누받침, 화장지 홀더 등이 있다. 위생기구설비(pulumbing fixture facilities)란 화장실, 주방, 욕실 등 위생기구를 조합하여 설치하는 경우를 말한다.

　현재 일반적으로 사용되고 있는 재질은 도기, 법랑칠기, 스테인리스강, 플라스틱류, 동합금(청동, 황동), 유리, 인조석, 고무 또는 합성고무 등이 있으며 특히 물받이 용기로서는 도기, 급수기구로서는 동합금이 가장 많이 이용되고 있다.

　위생도기의 종류 및 규격을 표시할 때에는 그림 6-1과 같이 나타내고 있다. 첫번째 문자는 도기 소지의 질을 나타내는 기호로서 용화소지질, 경질도기질 등이 있다. 두번째 문자는 도기의 용도를 나타내는 문자이고 그 다음에 나오는 세 자리 숫자는 한국산업규격에서 정하여진 제품번호이다.

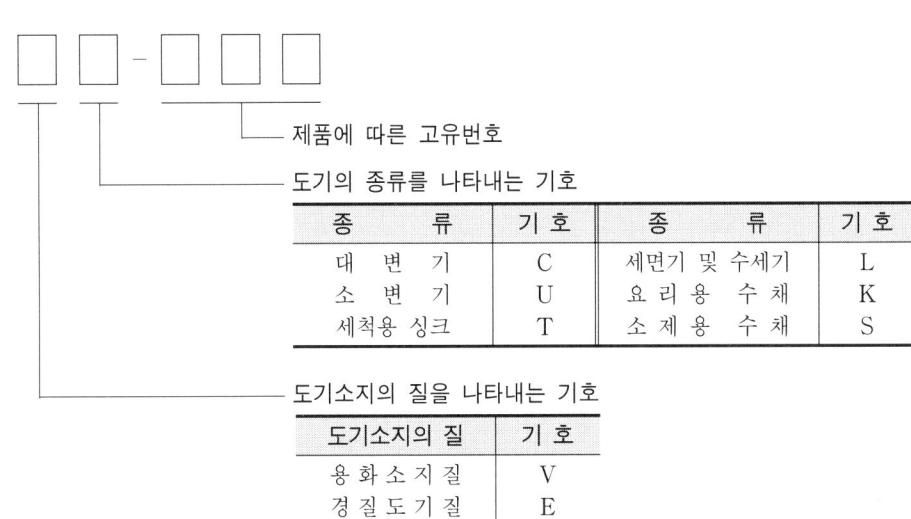

● 그림 6-1 위생도기 표시법

2 적산 방법

위생기구 중 세면기의 경우 도기, 부착류(브래킷, 백행거, 팝업), 급수전, 지수전, 트랩 등이 일체로 구성되어 있다. 또한 급수전을 별도로 산출하여야 하는 청소싱크를 제외한 대변기, 소변기 등도 세면기와 같이 여러 부품으로 조합되어 있다. 그러나 위생기구는 1세트로 판매하고 있으므로 위생기구 설치공사에 대한 물량을 산출시에는 위생기구 일람표를 바탕으로 위생기구의 경우 세트 단위로 산출하고, 각 위생기구의 설치 시 필요한 액세서리를 추가로 산출하면 된다. 단, 위생기구 설치를 위한 품(노무자 수)은 표준품셈에서 개당으로 제시되어 있으며, 각 위생기구에 부속되는 급수전 설치 품은 개당 별도로 제시되어 있다.

또한 일반적으로 바닥배수구(FD) 및 스툴형 소변기(트랩내장형 제외)에 추가되는 P 트랩은 배관공사에서 물량을 산출하고, 위생기구설치공사에서는 순순히 기구 및 액세서리만 적용한다. 특히 각 위생기구의 경우 급수·급탕관 및 오·배수관의 접결위치가 각 기구별로 차이가 있기 때문에 수평지관에서 기구에 접속하기 위한 수직관의 물량은 위생기구 상세도를 참조하여 산출하며, 가능한 그 산출근거를 산출조서 양식에 개략 도시하는 것이 바람직하다. 그림 6-2~그림 6-4는 한국산업규격에서 정한 세면기, 소변기 및 양변기의 설치규격이다.

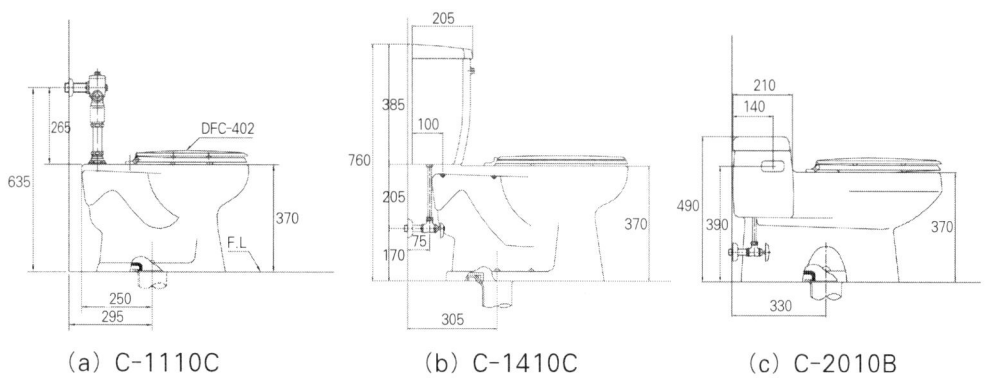

그림 6-2 대변기의 설치규격

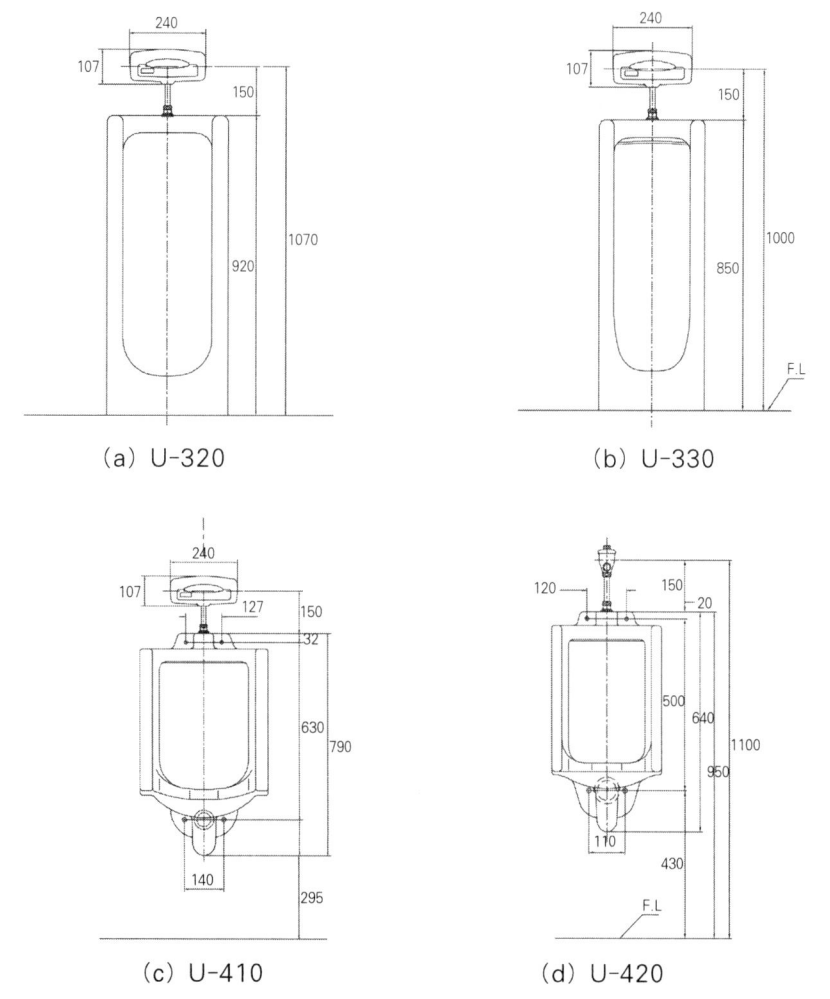

그림 6-3 소변기의 설치규격

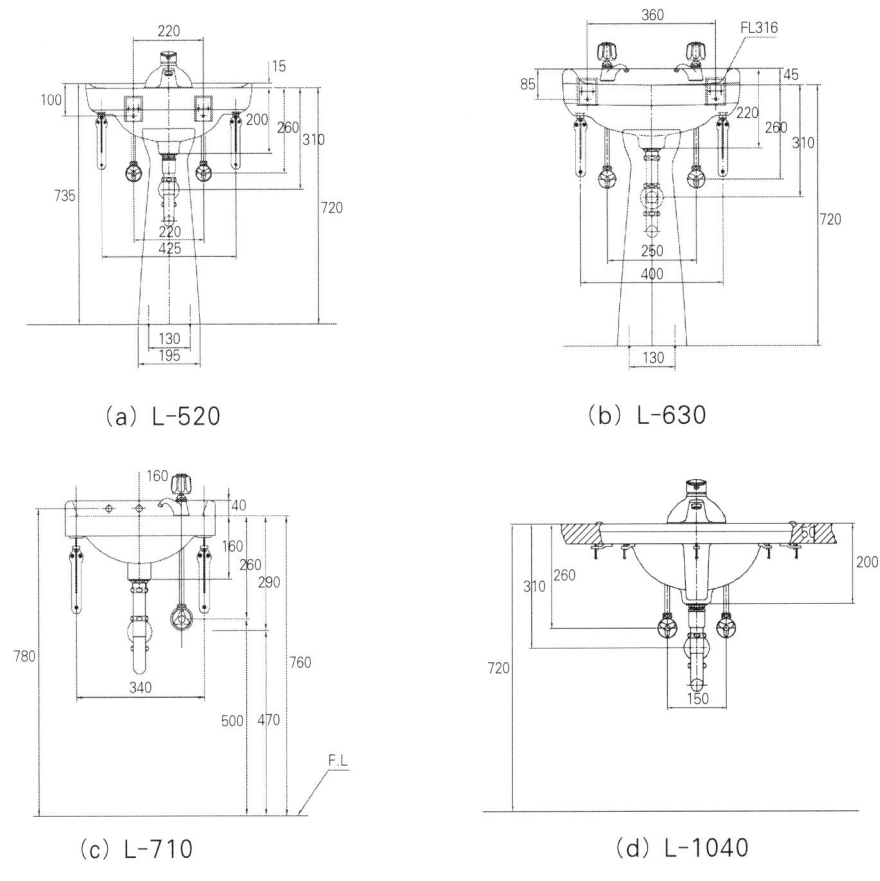

○ 그림 6-4 세면기의 설치규격

3 표준품셈

3-1 소변기 설치

(개)

구 분	단위	수 량			
		소변기		소변기 세정용 전자감응기	
		스톨형	벽걸이 스톨형	소변기일체형	노출형
위생공	인	0.747	0.784	0.049	0.160
보통인부	인	0.241	0.253	–	–

① 본 품은 소운반, 앙카 및 지지철물 설치, 플랜지 설치, 앵글밸브, 연결관 설치, 교정작업, 시멘트 충전 및 코킹작업, 통수시험 및 조정을 포함한다. 전자감응기 설치에는 결선작업이 포함되어 있다.

3-2 대변기 설치

(개)

구 분	단위	수 량		
		동양식 대변기	양식 대변기	
		F.V용	로탱크용	F.V용
위생공	인	0.605	0.694	0.669
보통인부	인	0.174	0.200	0.193

① 본 품은 소운반, 플랜지 설치, 앵글밸브, 연결관 및 탱크 설치, 교정작업, 시멘트 충전, 코킹작업, 통수시험 및 조정을 포함한다.

3-3 도기 세면기 설치

(개)

구 분	단 위	수 량
위생공	인	0.275
보통인부	인	0.065

① 본 품은 소운반, 앙카 설치, 배수구 연결, 세면기 설치, 품업, 배관커버 설치, 교정 및 코킹작업, 통수시험을 포함한다.

3-4 카운터형 세면기 설치

(1) 세면기·세면대 일체형

(개)

구 분	단 위	수 량
위생공	인	0.240
보통인부	인	0.094

① 본 품은 소운반, 앙카 설치, 브라켓 설치, 세면대 세면기 설치, 배수구 연결, 품업, 배관커버 설치, 교정 및 코킹작업, 통수시험을 포함한다. 세면기 하부에 배관커버가 필요한 경우 별도 계상한다.

(2) 세면기·세면대 분리형

(개)

구 분	단 위	수 량
위생공	인	0.285
보통인부	인	0.112

3-5 욕조 설치

(개)

구 분	단 위	수 량
위생공	인	0.634
보통인부	인	0.203

① 본 품은 욕조(월풀욕조 제외)를 설치하는 품.
① 본 품은 소운반, 지지대, 배수구연결, 몰탈충전, 욕조설치, 에어프런트설치, 코킹작업, 욕조보양재 제거, 검사 및 조정 품을 포함.

3-6 청소용 수채 설치

(개)

구 분	단 위	수 량
위생공	인	0.250
보통인부	인	0.096

① 본 품은 소운반, 앙카 설치, 배수구 연결, 교정 및 코킹작업, 통수시험을 포함한다.

3-7 수전 설치

(1) 욕조수전

(개)

구 분	단위	수 량			
		욕조혼합수전		샤워헤드걸이	
		매립형	노출형	고정식	높이조절식
위생공	인	1.000	0.087	0.071	0.099
보통인부	인	0.200	0.017	-	-

① 본 품은 소운반, 연결구 플러그 제거, 니플조정, 실테이프감기, 활자금 설치, 천공 및 목심설치, 호스 및 헤드 연결, 작동시험을 포함한다.
② 욕조혼합수전(매립형)의 품은 매립 배관품이 포함되어 있다.

(2) 세면기 및 손빨래 수전

(개)

구 분	단 위	수 량	
		세면기 수전	손빨래 수전
위생공	인	0.139	0.087
보통인부	인	0.028	0.017
비고	냉수 또는 온수만 전용으로 하는 수전은 30% 감하여 적용함.		

① 본 품은 세면기 혼합수전 설치 및 발코니 벽체에 벽붙이형 손빨래 혼합수전 설치 품이다.
② 본 품은 소운반, 연결구 플러그 제거, 실테이프 감기, 니플 및 앵글밸브 설치, 연결관 설치, 활자금 설치, 작동시험을 포함한다.
③ 살수전 설치품은 동일하게 적용한다.

(3) 씽크수전

(개)

구 분	단 위	수 량
위생공	인	0.164
보통인부	인	0.033

① 본 품은 씽크 혼합수전(대붙이형) 설치 품이다.
② 본 품은 소운반, 연결구 플러그 제거, 니플 및 앵글밸브 설치, 씰테이프감기, 연결관 설치, 씽크대 하부 보강판 및 패킹 설치, 작동시험을 포함한다.

3-8 욕실 금구류 설치

(개)

규 격		단위	위 생 공
화장경	0.5m^2 미만	인	0.189
	0.5m^2~1.0m^2 미만	인	0.229
	1.0m^2~1.5m^2 미만	인	0.292
수건걸이	BAR형	인	0.099
	환형	인	0.071
휴지걸이		인	0.071
비누대, 컵대		인	0.071
옷걸이		인	0.071

① 본 품은 소운반, 천공 및 브래킷 설치, 칼블록 설치, 금구류 설치를 포함한다.
② 화장경 설치는 거울주위 코킹을 포함한다.

4 적산 연습

예제 1 별첨의 위생기구일람표를 참조하여 위생기구설치공사에 대한 내역서를 작성하시오.

[풀이]

내역서를 작성하기 위해서는 물량 및 공수가 산출되어야 한다. 물량의 경우 위생기구일람표 상에 정리되어 있으므로 각 기구의 설치에 필요한 공수를 산출하면 아래와 같다.

품 명	규 격	수 량	위생공	보통인부	비 고
양변기(FV)	VC-1110	16조	0.669 / 10.70	0.193 / 3.08	
화변기(FV)	VC-310	19조	0.605 / 11.49	0.174 / 3.30	
스툴형 소변기	VU-320	26조	0.747 / 19.42	0.241 / 6.26	
소변기 전자감지기	RBT-201A	26개	0.16 / 4.16		노출형
카운터형 세면기	VL-1040	20조	0.24 / 4.8	0.094 / 1.88	
각형 세면기	VL-520	3조	0.275 / 0.82	0.065 / 0.19	도기
청소싱크	VS-210	3조	0.25 / 0.75	0.096 / 0.28	
입식혼합샤워기	RBT-201A	2조	0.087 / 0.17	0.017 / 0.03	욕조 노출형
샤워헤드 걸이	높이조절식	2개	0.099 / 0.19		
세면기 수전	FL-920G, 15A	23개	0.139 / 3.19	0.028 / 0.64	
청소싱크 수전	FS-103, 20A	3개	0.164 / 0.49	0.033 / 0.09	씽크수전
비 누 갑		23개	0.071 / 1.63		
화 장 경	1.3m^W×1.1m^H	10개	0.292 / 2.92		
수 건 걸 이	BAR형	10개	0.099 / 0.99		
휴 지 걸 이		35개	0.071 / 2.48		
옷걸이		35개	0.071 / 2.48		
페이퍼 타울기	350×140×750	10개	0.071 / 0.71		휴지걸이
계			67.4	15.8	

참고로 화경경(거울)은 건축 평면도 및 단면도를 참조하여 세면기 전면부에 폭 1.3m 높이 1.1m (1.43m^2)로 설치하는 것으로 한다.

상기에서 산출된 공수와 위생기구일람표를 바탕으로 내역서를 작성하면 아래와 같다. 샤워헤드 걸이, 세면기 수전은 공수 산출 시에만 구분하고 내역서 작성 시에는 샤워기 및 세면기에 포함된 것으로 본다.

품 명	규 격	단위	수량	재 료 비		노 무 비		비고
				단 가	금 액	단 가	금 액	
양변기(FV)	VC-1110	조	16	63,000	1,008,000			
화변기(FV)	VC-310	조	19	49,500	940,500			
스툴형 소변기	VU-320	조	26	90,200	2,345,200			
카운터형 세면기	VL-1040	조	20	115,500	2,310,000			
각형 세면기	VL-520	조	3	72,000	216,000			
청소싱크	VS-210	조	3	140,000	420,000			
입식혼합샤워기	RBT-201A	조	2	55,000	110,000			
소변기 전자감지기	180×105×5	개	26	160,000	4,160,000			
양변기 장애인 바		조	2	52,000	104,000			
세면기 장애인 바		조	2	90,910	181,820			
청소싱크 수전	FS-103, 20A	개	5	30,000	150,000			
화장경	1.3m^W×1.1m^H	m^2	14.3	27.777	397,211			
휴지걸이		개	35	5,500	192,500			
비누갑		개	23	3,500	80,500			
옷걸이		개	35	350	12,250			
수건걸이	BAR형	개	10	870	8,700			
페이퍼 타울기	350×140×750	개	10	120,000	1,200,000			
잡재료비	도기의 3%	식	1		151,738			
노무비	위 생 공	인	67			116,225	7,787,075	
	보통인부	인	15			94,338	1,415,070	
공구손료	노무비의 3%	인	식		276,064			
계					14,924,693		9,202,145	

CHAPTER 07 덕트 공사

- 1 일반 사항
- 2 적산 방법
- 3 표준품셈
- 4 일위대가표 작성
- 5 적산 연습

CHAPTER 07

덕트 공사

1 일반 사항

1-1 덕트의 종류

덕트란 기체를 이송시키기 위한 경로에 설치되는 장치를 말하며, 덕트의 종류를 그 속에 흐르는 공기의 종류에 따라 분류하면 공조기에서 조화된 공기를 실내로 보내는 급기덕트, 실내의 공기를 공조기로 보내는 환기덕트, 실내의 공기를 외부로 버리는 배기덕트, 외기를 공조기로 도입하는 외기덕트 등으로 구분된다.

또한 송풍공기의 흐름 속도에 따라 풍속 15m/s 이하인 저속덕트와 고속덕트로 구분되는데 저속덕트는 천장내의 덕트 스페이스를 줄이기 위하여 장방형 덕트를 사용하며, 고속덕트는 관마찰 저항을 줄이기 위하여 원형덕트를 주로 사용하고 있다. 송풍기의 입구 및 출구 측에는 송풍기의 진동이 덕트로 전달되지 않도록 캔버스 이음(canvas connection)을 설치하며 풍량조정이나 점검을 해야 할 장소에는 점검구를 설치한다.

화재 시에 덕트를 통해 방화구역으로 불이 번지지 않도록 덕트의 통로를 차단하는 방화댐퍼를 설치하고 그 벽은 방화벽으로 한다. 덕트 내에 흐르는 공기는 국부저항을 적게 받도록 변형이나 분기부를 처리하고 원형 덕트와 취출구 사이의 이음은 작업을 간편하게 하기 위하여 유연한 플렉시블 덕트(flexible duct)를 사용한다.

1-2 덕트 제작과 시공

(1) 덕트 재료

덕트의 사용재료로는 가격이 저렴하고 가공하기 쉬우며 강도가 높기 때문에 아연도철판(KS D 3506)이 가장 많이 사용되고 있으며, 공조용으로는 그 중에서 표준판 두께 0.5, 0.6, 0.8, 1.0, 1.2mm의 것이 사용된다. 아연도 철판은 평판 또는 코일 형상의 것이 시판되고 있으며, 최근에는 기계화 시공의 경향으로 코일의 이용이 증가하고 있다.

그 외에 온도가 높은 공기에 사용하는 덕트, 방화댐퍼, 보일러용 연도, 후드 등에는 열간 또는 냉간압연강판, 부식성 가스 또는 다습공기를 통하는 덕트에는 동판, 알루미늄판, 스테인리스강판, 플라스틱판 등이 사용되고 있으며 근래에는 단열 및 흡음을 겸한 유리섬유판으로 만든 글라스울 덕트(fiber glass duct)의 이용도 증가하고 있다. 이들 덕트의 접속이나 지지, 행거 등에는 평강, 형강, 기타 강재가 사용된다.

(2) 덕트 철판의 두께

아연도철판 덕트의 철판 두께는 덕트의 형상 및 덕트 내 풍속과 풍압에 의하여 표 7-4에 나타난 바와 같은 표준 두께를 사용한다.

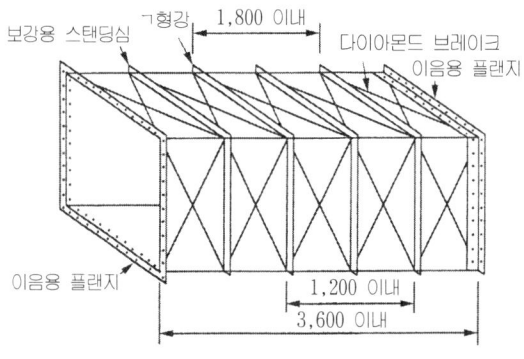

○ 그림 7-1 덕트의 구조

◎ 표 7-1 아연도철판 덕트의 판 두께와 치수

철판두께 (mm)	저 속 덕 트			고 속 덕 트		
	장방형 덕트 장변치수(mm)	원형 덕트 직경(mm)	나선형 덕트 직경(mm)	장방형 덕트 장변치수(mm)	원형 덕트 직경(mm)	나선형 덕트 직경(mm)
0.5	450 이하	450 이하	450 이하	-	200 이하	200 이하
0.6	450~750	450~750	450~750	-	200~600	200~600
0.8	750~1,500	750~1,000	750~1,000	450 이하	600~800	600~800
1.0	1,500~2,250	1,000 초과 이상	1,000 이상	450~1,200	800~1,000	800~1,000
1.2	2,250 초과 이상	-	-	1,200~2,250	-	-

(3) 덕트의 이음

① 아연도철판 덕트는 철판을 지정한 크기로 절단하고 이음으로 접속시키며 다시 각종 보강을 하여 제작한다. 덕트의 이음 및 보강의 형식에는 그림 7-2와 같은 여러 가지의 것이 있다. 종래에는 이들의 이음 중에서 모서리 세로이음, 피츠버그록, 플랜지 이음, 형강보강 등이 널리 사용되어 왔다.

그러나 최근에는 그림에 나타난 바와 같은 각종 형식의 것을 사용하고 있으며 전자를 재래공법, 후자를 SMACNA(Sheet Metal and Air-conditioning Contractors National Association) 공법이라 한다.

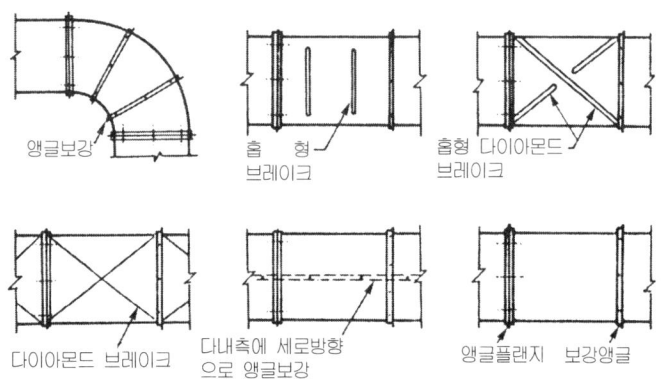

◎ 그림 7-2 덕트의 보강

장방형 덕트의 이음에 사용하는 형식 및 치수는 표 7-2와 같다. 장방향 덕트의 네 모서리는 이제까지 보강을 겸한 피츠버그록 등을 사용하는 경우가 많았으나 최근에는 두 모서리 또는 한 모서리만을 이음으로 하는 2시임법 또는 1시임법 등을 이용하여 덕트의 제작공수를 줄이도록 하고 있다.

● 표 7-2 장방향 저속덕트의 이음 형식과 판 두께, 형강등의 치수

(mm)

장변 치수 (mm)	이음의 형식 및 접합플랜지 재료 치수							최대 이음 간격 (mm)
	이음 형식	S 또는 D 슬립	바 또는 D 슬립	보강바 슬립, D슬립	포켓록	접합 플랜지			
						형강	리벳경 ×피치	볼트경 ×피치	
450 이하	버튼펀치스냅록피츠버그록	0.6	–	–	(0.6)	25×25×3	4.5×65	8.0×100	3.6
450~750		–	0.6	–	0.6	25×25×3	〃	〃	3.6
750~1,000		–	0.8	–	0.8	30×30×3	〃	〃	2.7
1,000~1,500		–	0.8	30×30×3	0.8	〃	〃	〃	2.7
1,500~2,250		–	–	–	–	40×40×3	〃	〃	1.8
2,250 이상		–	–	–	–	40×40×5	〃	〃	1.8

● 표 7-3 덕트의 보강

(a) 장방형 덕트

판두께 (mm)	형 강 보 강				스탠딩 시임 보강				간격 (m)
	형강치수 (mm)	최대간격 (m)	리 벳		시임높이 (mm)	보강 스탠딩 시임		
			경	피치		높이(mm)	평강(mm)	
0.5	25×25×3	1.8	4.5	150	25	–	–	1.2
0.6	25×25×3	1.8	4.5	150	25	–	–	1.2
0.8	30×30×3	0.9	4.5	150	25	–	–	0.9
1.0	40×40×3	0.9	4.5	150	40	45	40×3	0.9
1.2	40×40×5	0.9	4.5	150	40	45	40×3	0.9

(b) 원형 덕트

덕트경(mm)	형 강(mm)	간 격(m)
600~750	25×25×3	2.4 이하
750~1,200	25×25×3	1.8 이하
1,200 이상의 것	25×25×3	1.8 이하

또한 이음은 일반적으로 플랜지 이음이 사용되고 있으나 최근 현장공수를 줄이기 위한 새로운 형식의 것이 출현되고 있다. 고속덕트에서의 모서리 부분은 피츠버그록, 평면부는 모서리 세로이음이 이용되고 있으며, 덕트의 접속에는 플랜지 이음 및 플랜지 바와 코너 플레이트를 사용한다.

② 장방형 덕트의 보강법은 표에 제시한 방법 이외에 다이아몬드 브레이크 또는 평행보강 립(rib) 등이 사용되고 있다. 다만, 이 방법은 판상의 비교적 단단한 보온재를 부착할 때에는 시공상 불편하기 때문에 이용하지 않는 것이 좋다.

③ 원형 덕트는 아연도 철판을 둥글게 하여 축방향에 세로이음으로 성형하여 만드는 방법과 띠 형상의 아연도철판을 전용설비를 이용하여 나선형으로 말아서 이음부분을 세로이음으로 성형한 나선형 덕트가 있는데, 일반적으로 후자가 널리 이용되고 있다. 또한 원형 덕트의 접속은 플랜지 또는 끼워 맞춤이음으로 한다.

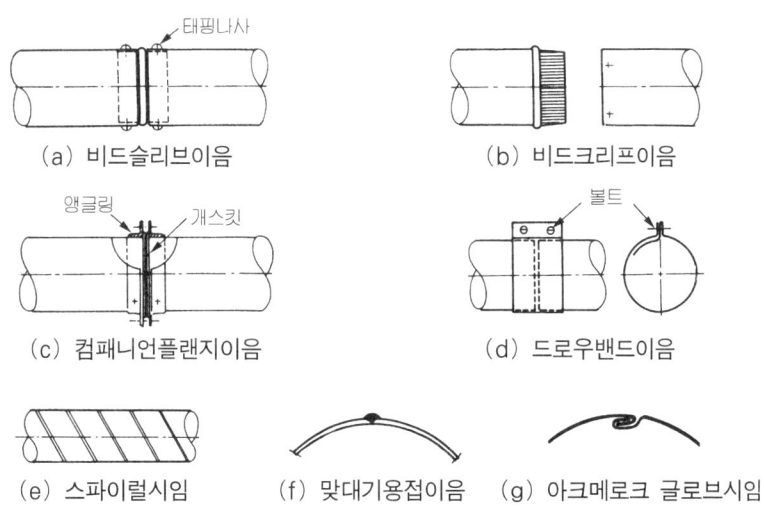

○ **그림 7-3 원형 덕트의 이음**

덕트의 플랜지 접속부에는 두께 3mm의 석면판이나 석면 테이프 또는 내구성이 있는 양질의 고무나 불건성 합성수지의 패킹을 사용한다. 원형 덕트에서 끼워맞춤 이음을 사용하는 경우에는 접합하기 전에 끼워 넣는 부분의 바깥면에 불건성 실(seal)제를 충분히 도포하여 끼워 넣고 구경이 큰 것은 여러 개의 철판 피스로서 고정하고 이음부분에 덕트 테이프를 이중으로 감는다.

(4) 덕트의 지지

수평덕트를 천장 슬래브에 매다는 데 사용하는 행거, 바닥 또는 벽체에 설치하는 지지물로서 수평덕트나 수직덕트를 지지하는 경우의 지지물에 대한 치수는 표 7-4와 같다. 행거는 천장 슬래브 등에 환봉을 매달고 형강을 부착하여 그 형강에 덕트를 올려 놓는 것이 일반적이다.

◎ 표 7-4 덕트의 행거 및 지지철물

(a) 장방형 덕트

장변치수 (mm)	행거					지지물	
	평판·철판 이용		형강 이용			형강치수	최대간격 (m)
	형상치수	리벳나사경×본수	형강치수	환봉	최대간격(m)		
450 이하	D슬립·0.6 평판 1.2t×25	4mm×2본	25×25×3	8	3.0	25×25×3	3.6
450 이상 750 이하	S슬립·0.6 평판 1.6t×25	4mm×3본	25×25×3	8	3.0	25×25×3	3.6
750 이상 1,000 이하	S슬립·0.6 평판 1.6t×25	4mm×3본	30×30×3	8	3.0	30×30×3	3.6
1,000 이상 1,500 이하			30×30×3	8	3.0	30×30×3	3.6
1,500 이상 2,250 이하			40×40×3	8	3.0	40×40×3	3.6
2,250 이상의 것			40×40×5	8	3.0	40×40×5	3.6

(b) 원형 덕트

덕트경(mm)	평강	환봉	최대간격(m)
1,500 이하	25×3	8	3.0
1,500 이상	30×3	8	3.0

그러나 최근에는 형강 대신 행거 레일을 이용하거나 평판 또는 철판을 D슬립, S슬립의 형상으로 접은 것을 행거로 하여 이것을 덕트의 측면에 리벳 또는 태핑나사에 의하여 설치하는 방법이 이용되고 있다. 또한 건물의 진동이나 소음이 전달되지 않도록 하기 위해서는 덕트의 지지물에 방진재를 설치하고 건물의 관통부에도 방진재를 삽입한다.

1-3 덕트 부속기기

(1) 취출구와 흡입구

실내의 공기를 공급 또는 흡인하는 기구는 분류방식, 취출공기의 흐름 형식, 설치 위치 등에 따라 분류되며 또한 각 제작회사에서 용도, 실내 인테리어와의 조화 등에 따라 다양한 모양의 제품이 생산되고 있다.

① 디퓨저(diffuser)

실제 토출면적에 비하여 목(neck) 면적이 작으므로 풍속이 빨라 압력이 낮아지고 이에 따라 실내공기가 유인되어 1차공기와 혼합한 후 실내로 공급되는 구조로 되어 있으므로 취출온도차를 다소 크게 취할 수 있다. 외형에 따라 원형 디퓨저(round diffuser), 각형 디퓨저(square diffuser) 등으로 구분되며 아네모스탯(anemostat)형이라고도 부른다.

② 유니버설 그릴(universal grille)

가동격자형 분출구(adjustable bar grille) 또는 유니버설 그릴(universal grille)이라고 하며, 바(bar)의 수평·수직각도를 임의로 조절하여 풍향을 조절할 수 있다. 특히 후면에 댐퍼를 부착하여 풍량을 조절할 수 있도록 한 것을 레지스터(register)라고 하며, 수평바를 일정한 각도로 경사시켜 고정시키고 외벽 등에 설치하는 것은 루버(louver)라고 한다.

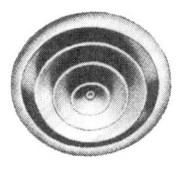
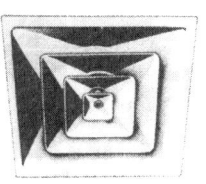
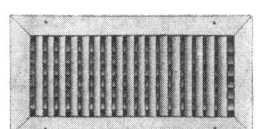

(a) 원형   (b) 각형

◆ 그림 7-4 디퓨저의 종류   ◆ 그림 7-5 유니버설 그릴

③ 펀칭 메탈(punching metal)

4각 프레임의 철판에 작은 구멍을 대량으로 뚫은 펀칭메탈을 부착시킨 것으로 댐퍼 유무에 따라 레지스터형과 그릴형이 있다.

④ 라인형 취출구(line diffuser)

취출구용으로 사용할 수 있으며 취출기류가 나오는 부분이 선형으로 되어 있는 형태로 프레임(frame) 내 베인(vane)을 제거하면 흡입구로도 활용 가능하다. 풍량에 따라 슬롯수를 1~3개의 범위에서 선정하며 기구 자체에서의 풍량 및 풍향의 조절은 슬롯 내에 있는 베인의 각도를 조절함으로써 이루어진다. 슬롯형, 브리즈라인형, 캄라인형, 라이트 트로퍼형 등이 있다.

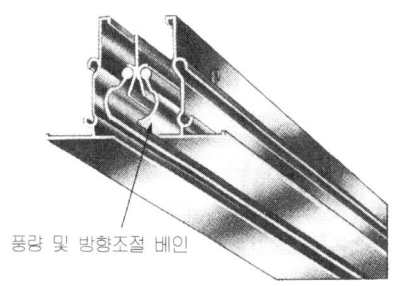

○ 그림 7-6 라인형 취출구

(2) 댐 퍼

① 풍량조절댐퍼

풍량조절댐퍼(VD : Volume Damper)는 그림과 같은 것으로서 주덕트의 주요 분기점, 송풍기 출구 측에 설치한다.

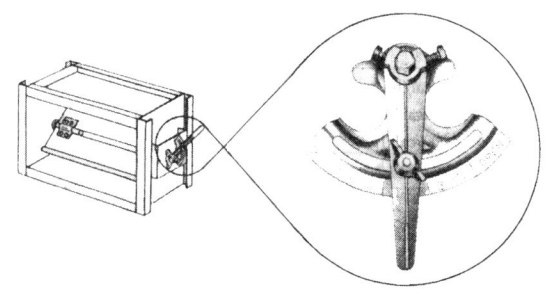

○ 그림 7-7 풍량조절댐퍼

날개의 열림 정도에 따라 풍량조절 또는 폐쇄의 역할을 하며 날개의 작동은 댐퍼축과 연결된 레버 핸들(lever handle)이나 웜기어 핸들(warm gear handle)을 사용하여 수동으로 조절하거나 또는 전동 모터(modulating type)와 연결시켜 자동으로 제어하기도 한다.

② 방화댐퍼

방화댐퍼(FD : Fire Damper)는 화재가 발생했을 때 덕트를 통해 다른 곳으로 화재가 확산되는 것을 방지하기 위하여 방화구역을 관통하는 덕트 내에 설치된 차단장치이다.

③ 방연댐퍼

방연댐퍼(SD : Smoke Damper)는 연기감지기와의 연동으로 되어 있는 댐퍼를 말하며, 작동은 실내에 설치된 연기감지기로 화재의 초기에 발생된 연기를 탐지하여 방연댐퍼로 덕트를 폐쇄시키므로 다른 구역으로 연기의 침투를 방지한다. 방연댐퍼에 연기감지기와 함께 감온퓨즈를 갖추면 방화댐퍼의 기능도 겸하게 되는 방연·방화댐퍼(SFD : Smoke Fire Damper)이다. 또 방연댐퍼(SD), 방화댐퍼(FD), 풍량조절댐퍼(VD)의 기능을 겸한 것을 방연·방화·풍량조절댐퍼(S-FVD)라고 한다.

(3) 기 타

① 체임버 및 소음 엘보

공조기와 덕트의 접속부분, 또는 취출구 직전에 에어 체임버(air chamber)를 설치한다. 에어 체임버는 덕트가 몇 개로 분기되거나 또는 취출할 때 기류를 안정시키기 위한 목적이며, 기류를 타고 오는 소음을 줄이기 위해서는 체임버 내벽면에 흡음재, 섬유류, 다공판의 순서로 내장한 소음체임버 또는 소음엘보가 사용된다.

소음 체임버는 내부의 표면적이 클수록 소음효과가 좋기 때문에 덕트 단면적의 10~20배 정도로 확대된 구조로 만든다. 따라서 동압이 낮아지고 전압의 강하가 심하다.

② 점검구

덕트의 주요 요소의 점검이나 조정을 위하여 점검구(access door)를 설치한다. 점검구가 필요한 곳은 방화댐퍼의 퓨즈를 교체할 수 있는 곳, 풍량조절댐퍼의 점검 및 조정할 수 있는 곳, 가열 또는 냉각코일이 있는 곳, 덕트의 말단(먼지의 제거가 가능한 것), 에어체임버가 있는 곳 등이며 공조기에도 주요 부분에는 설치한다.

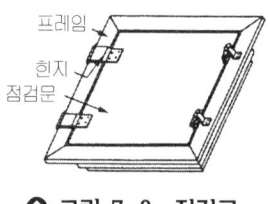

◐ 그림 7-8 점검구

③ 측정구

덕트내의 풍속(풍량), 온도, 압력, 먼지 등을 측정하기 위하여 측정구를 설치할 필요가 있다. 피토관으로 동압을 측정하기 위한 측정구는 엘보와 같은 곡관부에서 덕트 폭의 7.5배 이상 떨어진 장소를 택한다. 만약 이와 같은 장소가 없으면 정류베인을 설치하고 베인으로부터 덕트 폭 이상 떨어진 곳을 선정한다.

④ 신축이음

송풍기와 덕트가 직접 연결된 상태에서는 송풍기의 진동이 덕트로 쉽게 전달된다. 따라서 송풍기 입구 및 출구를 덕트에 접속할 때 신축이음(flexible connection, canvas connection)을 설치한다. 신축이음부는 저속덕트에서는 1겹, 고속덕트에서는 2겹으로 되어 있으며 송풍기 흡입측은 부압이 되므로 이음부의 변형을 막기 위해 내부에 피아노선이 있는 것을 사용한다.

2 적산 방법

2-1 적산과정

덕트공사는 크게 덕트의 제작 및 설치와 댐퍼, 플렉시블 덕트, 취출구 등의 부속기기로 구성되어 있다. 따라서 물량산출 시에는 도면에 명시되어 있는 덕트의 규격을 참조하여 철판두께별로 단위면적당 물량을 산출한 후 내역서 작성 시에 산출된 물량을 기준으로 덕트제작 및 설치의 일위대가표상에 있는 재료비 및 노무비를 반영한다. 이때 노출과 은폐, 도장과 보온 등을 구분하여 보온면적과 도장면적을 동시에 산출한다. 각종 댐퍼류나 덕트기구류와 같이 설치 공량을 필요로 하는 재료에 대하여는 규격별로 수량을 산출하고 표준품셈을 기준으로 설치공량을 산출하여 내역서상에 이를 반영한다.

2-2 판재의 산출

덕트를 제작하기 위하여 사용하는 철판의 두께는 덕트의 장변길이와 직경에 따라 결정되므로 표 7.1을 참조하여 결정하고 두께별로 소요재료의 면적을 다음과 같이 산출한다. 각형덕트의 직선 부분의 표면적은 그림과 같이 둘레길이와 덕트길이를 곱하여 면적을 산출하고, 곡선덕트나 분지덕트의 표면적은 그림 7-9와 같이 구한다. 소요철판의 매수로 산출하는 경우에는 아래와 같이 구한다.

소요철판매수($3' \times 6'$) = 덕트산출 표면적(m^2) ÷ 1.3

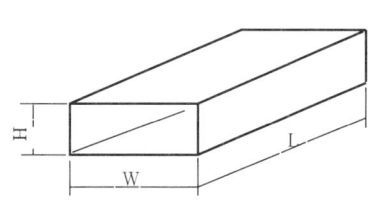

직선덕트의 표면적 = 덕트의 둘레길이 × 길이
  = 2(W+H)(L) (m^2)

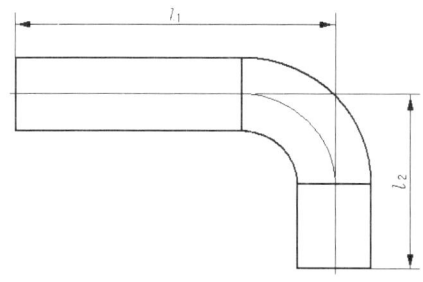

곡선덕트의 표면적 = 덕트둘레길이 × ($l_1 + l_2$)

○ 그림 7-9 곡선덕트의 표면적

원형덕트는 직경별로 직관부의 길이와 부속류를 산출한다. 직관부는 절단이나 접속 등에 의한 손실을 고려하여 10% 정도의 할증을 고려한다.

2-3 댐퍼 및 덕트 기구류

댐퍼는 도면상에 표시된 수량을 설치위치의 덕트 크기별로 구분하여 산출한다. 점검구는 휴즈 등 점검을 필요로 하는 장소에 설치수량을 산출하며, 덕트기구는 기구목록을 참조하여 산출하되 평면도상에 나타난 수량과 일치하는지 확인한다.

2-4 기타 재료

에어챔버는 덕트의 표면적을 산출하는 방법으로 재료를 산출하며, 소음챔버는 제작제품을 이용하는 것이 일반적이므로 수량을 산출한다. 플렉시블 덕트의 수량은 덕트와 덕트기구 사이의 연결길이로 산출하며, 설치를 위한 인원수 산출은 설치개소당으로 계산한다. 고정용 스테인리스 밴드는 양단에 설치하므로 개소당 플렉시블 직경에 맞게 2개씩 산출한다.

송풍기나 공조기에 연결되는 덕트 사이에는 진동 차단을 위하여 플렉시블 이음을 설치하며, 이음 방법은 캔버스 이음방법을 사용하며, 재료의 수량은 아래와 같이 전둘레의 캔버스 면적을 산출한다.

캔버스 면적＝겹수×폭0.15(m)×플랜지 둘레 길이(m)×여유율 1.3 [m^2]

3 표준품셈

3-1 아연도강판 덕트 제작 및 설치

(1) 각형덕트 제작 및 설치 재료량

(m^2)

품 명	규 격	단위	0.5	0.6	0.8	1.0	1.2	1.6
플랜지	아연도강판	m^2	0.11	0.11	0.11	0.11	0.11	0.11
코너플레이트	$25^W \times 25^L \times 1.6t$	개	5.9	3.6	2.0	1.2	0.9	0.9
볼트너트	ø8×25L	개	5.9	3.6	2.0	1.2	0.9	0.9
C-크리트바	20×25×1.0t	m	0.7	0.7	0.7	0.7	0.7	0.7
행거레일	20×25×1.2t	m	0.3	0.3	0.3	0.3	0.3	0.3
행거로드	ø9	m	1.1	0.7	0.4	0.3	0.2	0.2
너트	ø9	개	0.8	0.5	0.3	0.2	0.1	0.1
패킹재	$30^W \times 5T$	m	1.1	1.1	1.1	1.1	1.1	1.1
스트롱앵커	ø9 너트포함	개	0.7	0.5	0.3	0.2	0.1	0.1
콤파운드	비초산계	g	60	60	60	60	60	60
보강바	30×35×0.8T	m	-	-	0.6	0.6	0.6	0.6
직결비스	13mm	개	-	-	5.6	5.9	5.9	6.0

① 잡재료비는 철판을 포함한 재료비의 2~5%로 계상한다.

(2) 각형덕트 제작 및 설치

(m^2)

호칭두께 (mm)	제작	설 치	
	덕트공(인)	덕트공(인)	보통인부(인)
0.5	0.18	0.182	0.031
0.6	0.19	0.171	0.029
0.8	0.21	0.179	0.030
1.0	0.24	0.219	0.037
1.2	0.27	0.252	0.043
1.6	0.36	0.317	0.054

① 기계덕트 제작에 필요한 기계(만곡기, 절단기 등)의 사용료는 제작품에 포함되어 있다.
② 본 품은 제작이 완료된 상태의 덕트를 설치하는 것이다.
③ 본 품은 지지물 설치, 보강재 설치, 덕트의 접합 및 설치 작업이 포함된 것이다.
④ 덕트의 절단, 가공 및 보온은 별도 계상한다.
⑤ 공구손료 및 경장비(드릴 등)의 기계경비는 인력품의 2%를 계상한다.
⑥ 벽체통과 구간의 콘크리트 깨기(쪼아내기) 등이 필요한 경우에는 별도 계상한다.

(3) 스파이럴덕트 설치

(m)

철판 두께(mm)	규 격(mm)	덕트공(인)	보통인부(인)
0.5	ø80~150	0.131	0.017
	160	0.137	0.018
	180	0.151	0.021
	200	0.164	0.023
0.6	225	0.181	0.027
	250	0.198	0.030
	275	0.214	0.033
	300	0.231	0.036
	350	0.265	0.043
	400	0.298	0.050
	450	0.376	0.056
	500	0.410	0.063
	550	0.443	0.069
	600	0.476	0.076
0.8	650	0.510	0.082
	700	0.543	0.089
	750	0.577	0.095
	800	0.610	0.102
1.0	850	0.644	0.108
	900	0.677	0.115
	950	0.711	0.122
	1,000	0.744	0.128

① 본 품은 제작이 완료된 상태의 스파이럴덕트를 설치하는 기준이다.
② 본 품은 지지물 설치, 보강재 설치, 덕트의 절단, 접합 및 설치 작업이 포함된 것이다.
③ 덕트의 보온은 별도 계상한다.
④ 공구손료 및 경장비(드릴 등)의 기계경비는 인력품의 2%를 계상한다.
⑤ 벽체통과 구간의 콘크리트 깨기(쪼아내기) 등이 필요한 경우에는 별도 계상한다.

3-2 스테인리스 덕트 제작 및 설치

(m²)

호칭두께 (mm)	제작	설 치	
	덕트공(인)	덕트공(인)	보통인부(인)
0.5	0.36	0.238	0.041
0.6	0.37	0.224	0.038
0.8	0.40	0.244	0.042
1.0	0.49	0.300	0.051

① 스테인리스 덕트용 재료는 "아연도금강판 덕트 각형덕트 제작"을 적용한다.
② 기타 아연도금강판 제작 및 설치 기준을 적용한다.

3-3 PVC 덕트 제작 및 설치

(1) 덕트제작 재료량

(m²)

품 명	규 격	단 위	수 량	비 고
ㄴ형강	25×25×3T	kg	0.9	
볼트 및 너트	ø8×20L	본	10	ㄱ형강 조립용
석면 테이프	3T×20mm	m	0.75	
컴파운드		kg	0.04	
PVC 용접봉	D2.5	kg	0.2	
환 강	ø9	kg	0.5	
너트 및 와셔	ø9	본	0.5	행거 설치용
PVC 앵글	40×40×5T	m	0.25	

① 본 재료량은 PVC판 두께 3mm 덕트를 기준한 것이다.
② 잡재료비는 PVC판을 포함한 재료비의 2~5%를 계상한다.

(2) 덕트 제작·설치

(m²)

규 격	제작	설 치	
	덕트공(인)	덕트공(인)	보통인부(인)
두께 3mm	0.31	0.214	0.036

① 본 품은 제작이 완료된 상태의 덕트를 설치하는 것이다.
② 본 품은 지지물 설치, 보강재 설치, 덕트의 접합 및 설치 작업이 포함된 것이다.
③ 덕트의 절단, 가공 및 보온은 별도 계상한다.
④ 공구손료 및 경장비(드릴 등)의 기계경비는 인력품의 2%를 계상한다.
⑤ 벽체통과 구간의 콘크리트 깨기(쪼아내기) 등이 필요한 경우에는 별도 계상한다.

3-4 플렉시블 덕트

(개소)

구경(mm)	폭 50mm 테이프(m)	덕트공(인)	구경(mm)	폭 50mm 테이프(m)	덕트공(인)
ø100	1.3	0.05	ø250	3.1	0.12
125	1.6	0.06	275	3.5	0.14
150	1.8	0.08	300	3.8	0.17
175	2.2	0.09	350	4.4	0.21
200	2.5	0.10	400	5.0	0.25
225	2.5	0.11			

① 본 품은 덕트 타공, 플렉시블 덕트의 절단, 접합 및 설치 작업이 포함된 것이다.
② 덕트의 보온은 별도 계상한다.

3-5 취출구

(개)

구 분	규 격		덕트공(인)
anemostat	목지름 (mm)	100mm 이하	0.434
		200	0.506
		300	0.542
		400	0.578
		500	0.596
		600	0.651
universal형	단면적(m^2)	0.04 이하	0.370
		0.06	0.380
		0.08	0.410
		0.10	0.430
		0.15	0.450
		0.20	0.500
		0.25	0.540
		0.30	0.610
		0.35	0.660
		0.40	0.790
punching metal형	길이(m)	1m 미만	0.300
		1m 미만(셔터)	0.420
		1m 이상	0.850
		1m 이상(셔터)	1.190
slot형	변길이(m)	1m 이내	0.460
		1m 이상	1.300

① 본 품은 덕트 연결, 취출구 설치 및 고정 작업이 포함된 것이다.

3-6 흡입구 및 댐퍼

(개)

		규 격	덕트공(인)
그릴 (도어그릴)	흡입구 장변길이	1m 이내	0.525
		1m 이상	0.840
방화댐퍼	면적	0.1m^2 이하	0.415
		0.1m^2 증마다	0.125 가산
풍량조절 댐퍼 (수동식)	면적	0.1m^2 이하	0.375
		0.1m^2 증마다	0.110 가산
점검구		300mm×300mm 이하	0.355
후드	일반	투영면적 m^2 당	0.800
	2중	투영면적 m^2 당	0.960
	그리스필터	투영면적 m^2 당	0.860
	2중 글라스필터	투영면적 m^2 당	1.000

① 본 품은 덕트 타공, 기기의 설치 및 고정 작업이 포함된 것이다.

3-7 덕트 플렉시블 조인트

(개소)

송풍기 규격 호칭 번호	덕트공 (인)	보통인부 (인)	송풍기 규격 호칭번호	덕트공 (인)	보통인부 (인)
0.32(2)	0.205	0.062	080(5⅓)	0.577	0.176
0.36(2⅓)	0.228	0.069	090(6)	0.682	0.207
040(2⅔)	0.252	0.077	100(6⅔)	0.795	0.242
045(3)	0.285	0.087	112(7½)	0.944	0.287
050(3⅓)	0.320	0.097	125(8⅓)	1.119	0.341
056(3⅔)	0.365	0.111	140(9⅓)	1.341	0.408
063(4)	0.421	0.128	160(10⅔)	1.669	0.508
071(4⅔)	0.492	0.150	180(12)	2.034	0.619

① 본 품은 설치 완료된 상태의 송풍기와 덕트를 연결하는 플렉시블 조인트 설치하는 기준이다.
② 조인트의 규격은 송풍기의 호칭번호를 적용한다.
③ 본 품은 플렉시블 조인트 연결 및 고정 작업이 포함된 것이다.

3-8 전실제연 급기댐퍼

(m^2)

구 분	규 격		단 위	수 량
공수	덕 트 공		인	1.932
	보 통 인 부		인	0.557
재료량	앵 커	1/2″	개	20
	블라인드리벳		개	75
	철 물	D22 철근	kg	12.5
	실 리 콘		kg	1.25

① 본 품은 입상덕트와 연결작업, 슬리브 설치를 위한 앵커부착 및 접착물 보강, 댐퍼설치 작업이 포함된 것이다.
② 댐퍼의 작동을 위한 전선의 연결 및 결선은 제외되어 있다.
③ 슬리브용 철판은 벽두께에 따라 계상한다.
④ 공구손료 및 경장비(드릴 등)의 기계경비는 인력품의 2%를 계상한다.

4 일위대가표 작성

표준품셈에서 아연도 강판 및 스테인리스강판을 사용한 덕트의 제작은 기계식으로 제시되어 있기에 "덕트 제작 및 설치"에 대한 일위대가표는 철판의 두께별로 기계제작으로 작성한다. 표 7-5는 0.8t 아연도 강판(#22)으로 각형덕트를 단위면적당 제작 및 설치 시, 표 7-6은 0.5t 스테인리스 덕트를 단위면적당 제작 및 설치 시의 일위대가표이다. 이때 강판의 수량은 재료의 할증률 기준에 따라 28% 할증한다.

표 7-7은 PVC 덕트의 면적당 제작 및 설치 일위대가표이다.

◐ 표 7-5 아연도강판 각형덕트 제작 및 설치(1.2t, 기계)

(m²)

품 명	규 격	단위	수량	재료비 단가	재료비 금액	노무비 단가	노무비 금액	비고
아연도 강판	1.2t(18#)	m²	1.28	12,735	16,300.8			
플 랜 지	아연도강판 1.2t	m²	0.11	12,735	1,400.8			
코너 플레이트	30W×105L×1.6t	개	0.9	135	121.5			
볼 트 너 트	ø8×25L	개	0.9	44	39.6			
C-크리트바	20×25×1.0t	m	0.7	130	91.0			
행 거 레 일	20×25×1.2t	m	0.3	1,250	375.0			
행 거 로 드	ø9	m	0.2	700	140.0			
너 트	ø9	개	0.1	16	1.6			
패 킹	30W×5t	m	1.1	150	165.0			
스트롱앵커	ø9	개	0.1	80	8.0			
컴 파 운 드	비초산계	g	60	5	300.0			
보 강 바	30×35×0.8t	m	0.6	1,050	630.0			
직 결 비 스	13mm	개	5.9	16	94.4			
잡 재 료 비	재료비의 3%	식	1		590.0			
노 무 비	덕트공	인	0.522			116,121	60,615.1	
	보통인부	인	0.043			94,338	4,056.5	
공 구 손 료	노무비의 2%	식	1		1,293.4			
계					21,551		64,671	

○ 표 7-6 스테인리스 덕트 제작 및 설치(0.5t, 기계)

(m²)

품 명	규 격	단위	수량	재 료 비		노 무 비		비고
				단가	금액	단가	금액	
STS 강판	0.5t	m²	1.28	15,675	20,064.0			
플 랜 지	0.5t STS 강판	m²	0.11	15,675	1,724.2			
코너 플레이트	30W×105L×1.6t	개	5.9	510	3,009.0			
볼 트 너 트	ø8×25L	개	5.9	180	1,062.0			
C-크리트바	20×25×1.0t	m	0.7	185	129.5			
행 거 레 일	20×25×1.2t	m	0.3	3,450	1,035.0			
행 거 로 드	ø9	m	1.1	700	770.0			
너 트	ø9	개	0.8	59	47.2			
패 킹	30W×5t	m	1.1	150	165.0			
스트롱앵커	ø9	개	0.7	80	8.0			
컴 파 운 드	비초산계	g	60	5	300.0			
잡 재 료 비	재료비의 3%	식	1		850.8			
노 무 비	덕 트 공	인	0.598			116,121	69,440.3	
	보통인부	인	0.041			94,338	3,867.8	
공 구 손 료	노무비의 2%	식	1		1,466.1			
계					30,678		73,308	

○ 표 7-7 PVC 덕트 제작 및 설치(0.3t)

(m²)

품 명	규 격	단위	수량	재 료 비		노 무 비		비고
				단가	금액	단가	금액	
PVC평판	3t	m²	1.28	11,500	14,720.0			
L 형강	20×25×3t	kg	0.9	950	855.0			
볼트 너트	ø9×20ℓ	개	10	41	410.0			
석면테이프	3t ℓ200w	m	0.75	233	174.7			
콤파운드		kg	0.04	5,000	200.0			
PVC용접봉	D2.5	kg	0.2	4,600	920.0			
환강	ø9	kg	0.5	1,150	575.0			
너트와셔	ø9	개	0.5	12	6.0			
PVC앵글	40×40×5t	m	0.25	2,000	500.0			
잡 재 료 비	재료비의 3%	식	1		550.8			
노 무 비	덕 트 공	인	0.524			116,121	35,997.5	
	보통인부	인	0.036			94,338	3,396.1	
공 구 손 료	노무비의 2%	식	1		787.8			
계					19,698		39,393	

표 7-8은 ø125, 0.5t 스파이럴 덕트를 단위길이(m)당 설치 시, 표 7-9는 ø100 플렉시블 덕트를 개소당 설치에 따른 일위대가표이다.

◐ 표 7-8 스파이럴 덕트 설치(ø125, 0.5t)

(m)

품 명	규 격	단위	수량	재 료 비		노 무 비		비고
				단가	금액	단가	금액	
스파이럴 덕트	ø125×0.5t	m	1.05	4,000	4,200.0			
잡 재 료 비	재료비의 3%	식	1		125.0			
노 무 비	덕트공	인	0.131			116,121	15,211.8	
	보통인부	인	0.017			94,338	1,603.7	
공 구 손 료	노무비의 2%	식	1		336.3			
계					4,662		16,815	

◐ 표 7-9 플렉시블 덕트 설치(ø100)

(개소)

품 명	규 격	단위	수량	재 료 비		노 무 비		비고
				단가	금액	단가	금액	
플렉시블 덕트	ø100	m	1.05	3,200	3,360.0			
테이프	50mm^W	m	1.3	120	156.0			
노 무 비	덕트공	인	0.05			116,121	5,806.0	
공 구 손 료	노무비의 2%	식	1		116.1			
계					3,632		5,806	

연습 1 1.0t 아연도 강판 각형덕트 및 스테인리스강판 덕트를 사용하여 단위기준당 제작 및 설치 시의 일위대가표를 각각 작성하시오.

연습 2 ø300 스파이럴 덕트 및 플렉시블 덕트를 단위기준당 설치 시 일위대가표를 각각 작성하시오.

5 적산 연습

예제 1 지하1층 덕트 평면도에 대하여 물량 및 공수를 산출하시오. 단, SA 덕트만 보온함. (별첨 도면 참조.)

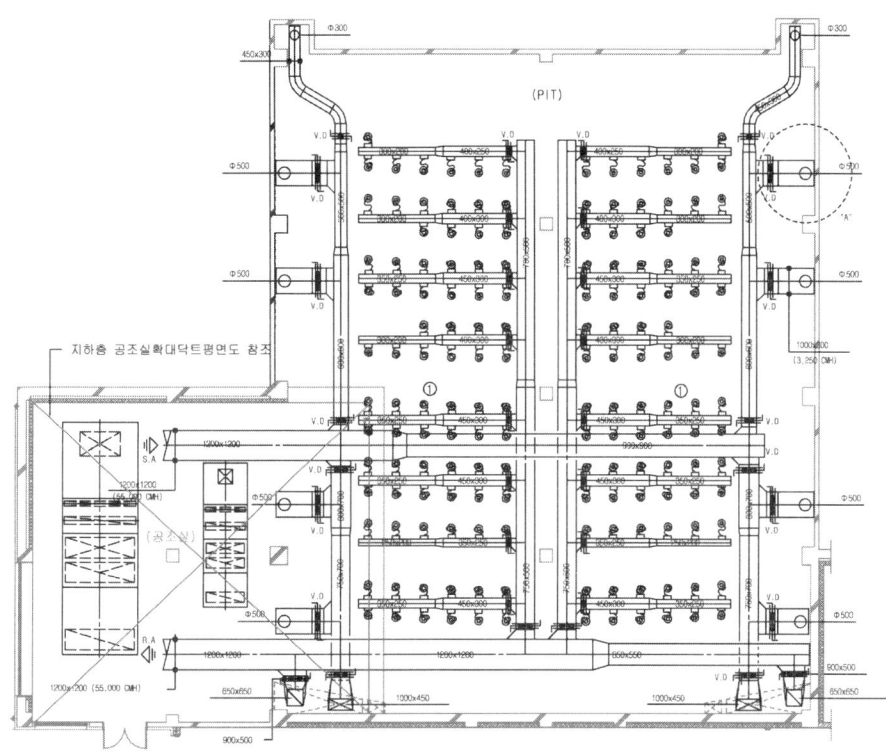

[풀이]

아연도철판 0.5t (RA)	$\{(0.3+0.2)\times3\times6\}+\{(0.35+0.25)\times3\times8\}+\{(0.25+0.2)\times3\times2\}+\{(0.4+0.25)\times3.2\times2\}+\{(0.4+0.3)\times3.2\times4\}+\{(0.45+0.3)\times3.2\times8\}+\{(0.35+0.25)\times3.2\times2\}$	
	$=62.26\text{m}^2\times2$개소	$=124.5\text{m}^2$
0.6t	$\{(0.7+0.5)\times9.3\times2\}+\{(0.75+0.5)\times10\times2\}$	
	$=47.32\text{m}^2\times2$개소	$=94.6\text{m}^2$
0.8t	$\{(1.2+1.2)\times17.7\}+\{(0.85+0.55)\times8\}+\{(0.9+0.5)\times1.5\}$	
	$=55.78\text{m}^2\times2$개소	$=111.5\text{m}^2$
아연도철판 0.5t	$\{(0.45+0.3)\times5.4\times2\}=8.1\text{m}^2\times2$개소	$=16.2\text{m}^2$

(SA)	0.6t	$\{(0.5+0.5)\times 4\times 2\}+\{(0.6+0.6)\times 7.2\times 2\}+$	
		$\{(0.75+0.7)\times 5.6\times 2\}=41.52m^2\times 2$개소	$=83m^2$
	0.8t	$\{(1.2+1.2)\times 9.6\}+\{(0.9+0.9)\times 14.4\}+$	
		$\{(0.8+0.7)\times 2.9\}+\{(1+0.45)\times 1.4\times 2\}+$	
		$\{(1+0.3)\times 2.2\times 8\}=80.25m^2\times 2$개소	$=160.5m^2$
덕트보온	25t	$16.2+83+160.5$	$=259.7m^2$
V.D	1,000×300	6	=6개
	900×500	2	=2개
	800×700	2	=2개
	750×700	2	=2개
	750×500	2	=2개
	600×600	2	=2개
	450×300	2+8	=10개
	400×300	4	=4개
	400×250	2	=2개
	350×250	2	=2개
플렉시블 덕트 ø500		8	=8개소
	ø350	162	=162개소
	ø300	2	=2개소
머쉬룸 디퓨저 ø350		162	=162개
PVC 슬리브 ø500		8	=8개소
	ø350	162	=162개소
	ø300	2	=2개소
덕트공		9.7+93.6	=103인

구 분	산 출 근 거	덕 트 공
VD	총면적이 $8.5m^2$이므로 0.375인$+\{(8.5m^2/0.1m^2)\times 0.11$인$\}$	9.7인
머쉬룸 디퓨저	162개×0.578인/개	93.6인

예제 2 아래의 2층 덕트 평면도에 대하여 내역서를 주어진 양식을 사용하여 작성하시오.(별첨도면 참조)

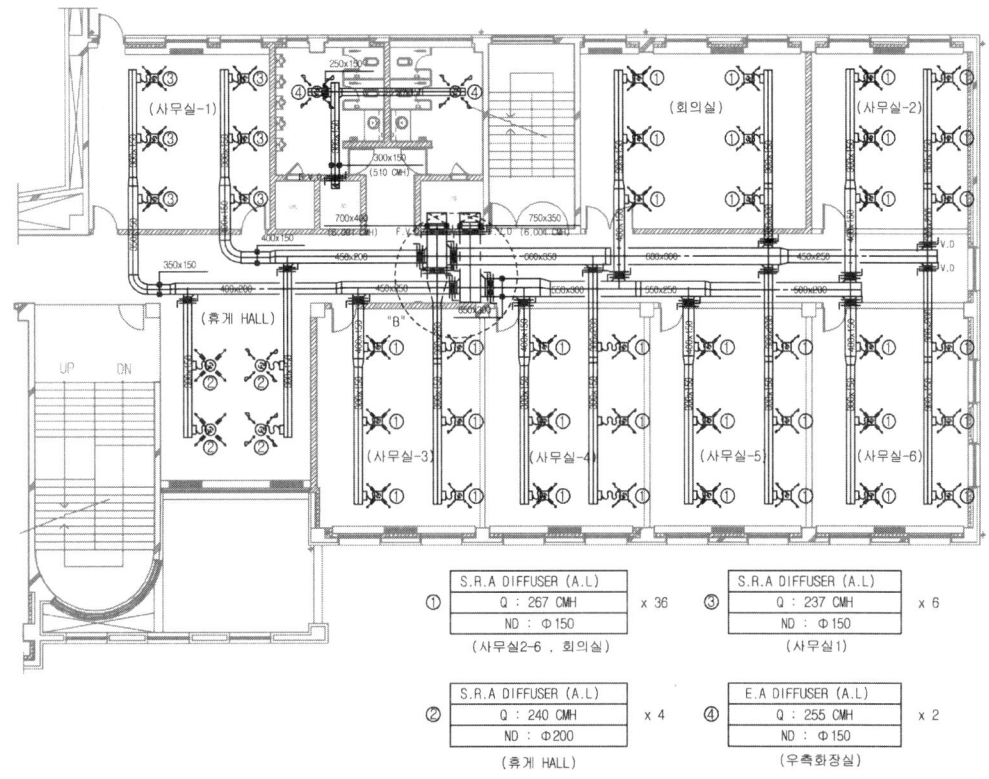

내 역 서

공사명 :

품 명	규 격	단위	수량	재 료 비		노 무 비		비 고
				단 가	금 액	단 가	금 액	

08

건·축·기·계·설·비·적·산

CHAPTER 08 장비 설치공사

- □ 1 일반 사항
- □ 2 적산 방법
- □ 3 표준품셈
- □ 4 적산 연습

CHAPTER 08
장비 설치공사

1 일반 사항

1-1 장비의 종류 및 특성

건축기계설비 분야에서 사용되고 있는 장비류에는 크게 냉·난방기류(냉동기, 냉각탑, 보일러, 항온항습기, 공조기, 에어컨, 히트펌프 등), 반송기류(펌프, 팬), 열교환기류(열교환기, 전열교환기, 히트파이프, 방열기, FCU, 콘벡터 등), 탱크류(팽창탱크, 압력탱크, 급탕가열탱크, 응축수탱크 등), 수·공기정화기류(가습기, 수처리기, 에어필터, 집진기 등)로 분류할 수 있다.

보일러는 본체와 연소장치, 급수장치, 자동제어장치 등의 부속설비로 구성되어 있다. 종류는 구성재료(주철제, 강판제), 사용압력(저압, 중압, 고압), 본체구조(노통연관식, 수관식, 관류식, 진공식, 무압식), 축심방향(입형, 횡형), 발생열매(온수, 고온수, 증기), 사용열원(가스, 기름, 심야전기)의 종류에 따라 분류되며, 건축물의 규모 및 시스템의 특성 등에 따라 선정된다.

냉동기는 증기압축식과 흡수식이 건축물에 널리 적용되고 있다. 증기압축식은 냉매의 가압에 압축기를 사용하는 것이며, 압축기의 종류에 따라서 왕복동식 냉동기, 원심식 냉동기, 회전식 냉동기 등으로 구분한다. 압축기의 동력으로는 대체로 전동기가 사용되지만 증기터빈이나 가스 엔진, 디젤 엔진, 가스터빈과 같은 내연기관을 이용하는 것도 있다. 냉동기는 빌딩, 주택, 공장 등의 공조용 이외에 냉동, 냉장, 제빙 및 산업용의 저온냉각장치에도 이용된다. 공조용에서는 상온 정도의 일반 공조용의 것이 많으나, 저온용의 빙축열용 또는 생산 연구용으로 사용되며, 열펌프(heat pump)로서 난방용, 급탕용으로도 이용되고 있다.

냉각탑(cooling tower)은 냉동기의 응축기에 사용하는 냉각수를 냉각하는 것으로 공기류 속에 냉각수를 물방울 상태로 낙하시켜서 공기와 접촉한 물방울의 일부가 증발함으로써 수온을 떨어뜨리는 것이다. 냉각탑에는 자연통풍식과 강제통풍식이 있으며 공조용에는 대부분 강제통풍식이 사용된다. 여기서도 송풍기의 위치나 물과 공기의 흐름의 방향에 의하여 여러 가지 형식의 것이 있으며 공기를 아래에서 위로 흐르게 하는 대향류형, 공기를 물의 흐름과 직각으로 흐르게 하는 직교류형이 있다.

냉각탑의 내부에는 그림과 같이 물방울이 공기와 접촉하는 표면적을 증가시키기 위하여 충진재를 채워 넣는다. 또한 기류에 따라서 물방울이 냉각탑 밖으로 날아가는 것을 방지하기 위하여 엘리미네이터(eliminator)가 설치된다. 냉각탑의 성능은 충진재의 재질 구조, 배치 또는 물과 공기의 유량에 따라서 달라진다. 냉각탑에 의하여 냉각할 수 있는 수온은 냉각작용이 주로 물의 증발에 의하므로 입구공기의 습구온도까지만 내릴 수가 있다.

공기조화기는 실내에 공급하는 공기의 온습도를 제어하는 기계장치로 공기의 가열, 냉각, 가습, 감습의 작용을 하는 것을 말한다. 일반적으로 냉각과 감습은 공기냉각기로 하며 그 외에 가열 및 가습을 위하여 공기가열기와 가습기가 필요하게 된다. 공기조화기는 여기에 송풍기, 공기여과기 등을 추가하여 구성되며 냉동기를 내장하는 것을 패키지형 공조기라 부른다.

따라서 주택 등에서 사용되는 소형의 패키지형 공조기를 룸 에어컨디셔너(룸 에어컨)라고 한다. 공기조화기의 종류는 기계실에 설치하고 덕트에 의하여 실내에 송풍하는 중앙식과 공조하는 실내에 설치하는 개별식으로 구분한다. 한편 개별식에는 실내 유닛과 실외유닛을 분리설치하여 냉매배관으로 연결하는 분리형과 이것들을 한데 모아 설치하는 일체형이 있다.

방열기기는 실내공간에 열을 방출하기 위한 기기로서 열의 전달방법(대류식, 복사식), 형상(방열기, FCU, 콘벡터), 재질(주철제, 강판제, 알루미늄)에 따라 분류된다. 이중 주철제 및 알루미늄 방열기는 순수 난방용으로, 콘벡터 및 FCU는 페리메터 존의 냉·난방용으로 널리 사용되고 있다. FCU는 송풍기, 냉온수 코일, 필터 등으로 구성되는 소형의 실내형 공조기로서 바닥설치형과 천장형이 있다. 송풍기에는 다익형 또는 관류형이 전동기에 직결되어 사용되며, 전동기는 회전을 3단계 또는 온-오프 변환으로 풍량제어가 가능하다.

송풍기란 기체를 수송하기 위한 기기류로서 공기조화용으로는 다익송풍기가 가장 많이 사용되고 있다. 비교적 높은 압력용으로는 터보 송풍기, 냉각탑이나 환기용으로는 압력은 낮지만 풍량이 많은 축류 송풍기가 사용되며 에어커튼과 같이 폭이 넓은 기류를 필요로 하는 경우에는 관류 송풍기가 사용된다. 이들 송풍기의 동력은 전동기를 직결하거나 V벨트에 의하여 전달한다.

다익송풍기는 원심식 송풍기의 일종으로 다수의 작은 전곡형 임펠러(forward blade)를 갖고 있으며, 압력 100mmAq 이하의 저압용으로 사용한다. 송풍기의 크기 호칭은 날개의 직경을 150mm의 배수로서 #, No로 표시한다. 다익송풍기는 회전수가 적고 소음도 비교적 적다. 터보송풍기는 임펠러가 비교적 긴 후향형 날개(backward blade)를 갖는 것으로 날개의 매수는 다익 송풍기보다 적고 그보다 높은 압력에서 사용된다.

또한 날개를 익형(airfoil)으로 제작한 것을 익형 송풍기라 부르는데 효율이 좋고 소음이 비교적 적다는 장점을 갖고 있다. 이들 송풍기를 V벨트로 구동하는 경우에는 잡아당기는 쪽이 아래에 오도록 전동기를 배치하며, 방진고무 또는 금속성 스프링으로 지지하는 경우에는 송풍기와 전동기를 공통가대에 설치하고 가대와 기초와의 사이에 방진재를 설치한다. 또한 송풍기의 진동이 덕트에 전달되어 소음이 발생하는 것을 방지하기 위하여 캔버스 이음을 사용한다.

축류송풍기는 프로펠러의 회전에 의하여 축방향으로 공기를 흐르게 하는 것으로 덕트를 축방향으로 접속할 수 있으므로 설치공간이 비교적 적어지지만 소음이 커서 일반 건물의 공기조화용으로는 냉각탑이나 환기용으로 사용되고 있는 정도이다. 관류송풍기(cross flow fan)는 다익 송풍기와 유사한 날개를 가지며 기류는 축과 직각인 방향에서 흡입되므로 폭이 넓은 임펠러가 사용된다. 토출 기류도 폭이 넓은 공기막이 형성되어 에어커튼용으로 사용되며 송풍기의 두께가 적어서 팬코일유닛 또는 실내 순환팬으로도 사용된다.

펌프는 액체를 수송하기 위한 기기류를 말하며 일반적으로 냉온수의 순환에는 원심식 펌프가 사용되며, 보일러의 급수용으로 저압증기 보일러에서는 응축수 펌프 또는 진공급수 펌프가 사용되며 고압증기 보일러에서는 터빈 펌프가 사용된다. 그리고 연료 송유용으로는 기어펌프가 적합하다. 원심펌프는 날개차(impeller)를 회전시켜서 원심력에 의하여 물을 가압하는 것으로 안내날개가 없는 볼류트 펌프(volute pump)와 안내날개가 있는 터빈 펌프(turbine pump) 등으로 구분한다. 터빈펌프는 높은 양정을 낼 수 있지만 더욱 높은 양정이 필요할 때에는 다단 터빈펌프를 사용한다. 이들 펌프는 일반적으로 전동기에 직결하여 구동한다. 소형에는 전동기와 펌프를 일체의 구조로 하여 설치가대를 사용하지 않고 배관 중에 설치하는 인라인 펌프(inline pump)도 있다. 펌프의 선정은 유량(토출량)과 양정에 의하여 결정되며 흡입측의 흡입압정(NPSH)이나 유체의 온도에도 주의해야 한다.

보일러 급수용 진공급수 펌프는 급수용 볼류트 펌프, 수봉식 진공펌프, 배수용 볼류트 펌프, 수수탱크 등으로 구성되며 수수탱크 안을 진공 펌프로 감압시키고 환수관에서 응축수나 공기를 탱크 안으로 흡인하여 물과 공기를 분리시켜서 보일러에 급수하는 것이다. 응축수 펌프는 수수탱크와 급수 펌프를 조합한 것이며 탱크 안으로 유입한 환수를 펌프로 보일러에 급수한다.

1-2 장비의 설치

냉동기, 냉각탑, 보일러, 펌프 등의 장비류를 설치 시에는 운전중량을 고려하여 제조사의 기초도를 기준으로 콘크리트 기초를 슬라브 상부에 설치하여야 한다. 이들 장비들은 가동에 따른 진동이 배관, 덕트 및 건축물의 구조체에 전달되는 것을 방지하기 위해 방진설비가 부가되며, 이는 해당 업체로부터 견적서를 받아 건축기계설비공사에 방진설비공사로 포함시켜 주면 된다.

각 장비별 설치방법은 다음과 같다.

(1) 냉동기

설계도서에 명시된 내용에 따라 방진장치를 설치하는 경우에는 전도방지 스토퍼(stopper)를 설치하며, 냉동기의 접속배관에는 방진이음을 한다. 그림 8-1은 냉동기 기초의 내진시공 예이다.

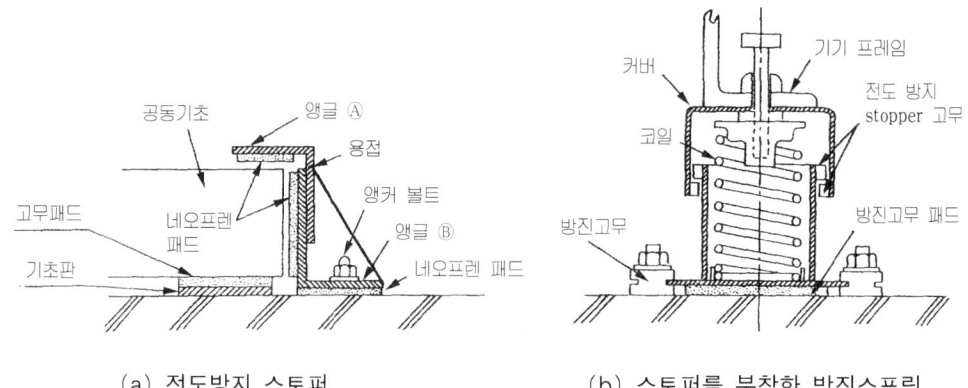

(a) 전도방지 스토퍼 (b) 스토퍼를 부착한 방진스프링

○ 그림 8-1 냉동기 기초의 내진시공 예

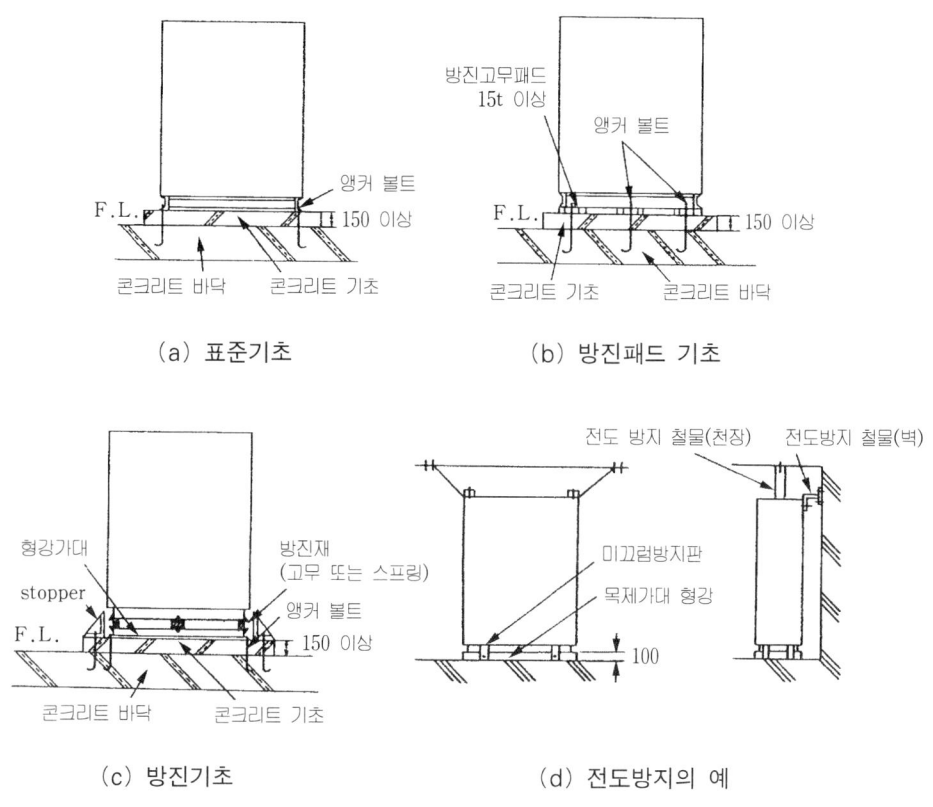

○ 그림 8-2 공기조화기 기초 시공 예

(2) 공기조화기

콘크리트 기초 위에 방진패드 등을 부설하고 수평으로 설치하며, 방음·방진이 문제되지 않는 곳에 설치 시에는 표준기초로 한다. 또한 각층 공조실의 위치가 동일 장소에 설치하고 인접실이 일반사무실인 경우에는 표준기초 위에 15t 이상의 방진고무패드를 포설하며, 소음·진동이 문제가 되는 스튜디오 또는 상하층에 거실이 있는 경우에는 방진기초로 한다.

그림 8-2는 공조기 기초시공의 예이다.

(3) 펌 프

펌프의 흡입 측에는 이물질이 유입되지 않도록 스트레이너를 설치하고 토출 측에는 체크밸브를 설치하여 공급관 내의 물이 역류되지 않도록 하며, 흡입 측에는 진공계, 토출 측에는 압력계를 설치하여 운전상태를 확인할 수 있도록 한다. 또한 펌프의 진동이 배관으로의 전달을 방지하기 위하여 흡입관과 토출관에 각각 플렉시블 조인트(flexible joint)를 설치하며, 이때 배관의 자중이 플렉시블 조인트에 미치지 않도록 배관의 지지에 유의하여야 한다. 그리고 펌프는 그림 8-3과 같이 콘크리트 패드 위에 앵커 볼트를 사용하여 고정시키며, 펌프의 진동이 바닥면을 통하여 전달되지 않도록 방진설비를 갖추어야 한다.

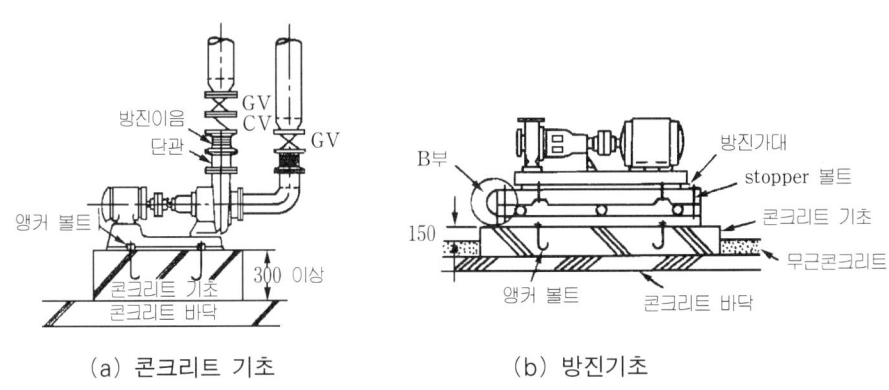

○ 그림 8-3 펌프기초의 설치 예

(4) 송풍기

송풍기의 진동이 덕트로 전달되지 못하도록 덕트와 연결되는 곳에 플렉시블 이음(flexible connection)을 설치하는데, 전에는 석면포로 짜여진 캔버스(canvas)를 주로 사용하였으므로 캔버스이음이라고도 한다. 진동과 소음이 바닥면을 통하여 실내로 전달될 수도 있으므로 그림 8-4와 같이 콘크리트 기초 위에 앵커 볼트로 고정시키고 방지고무나 금속스프링 등을 사용하여 방진구조를 갖추어야 한다.

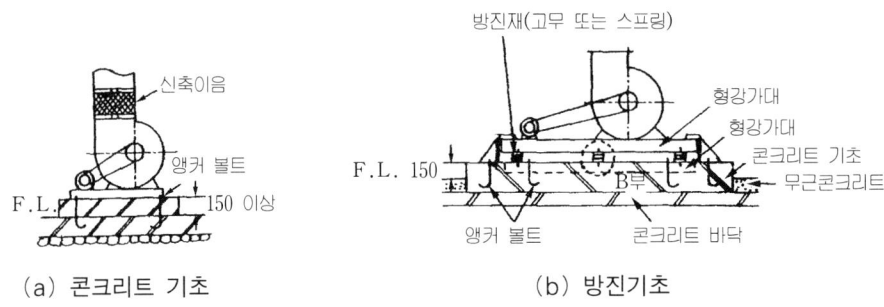

○ 그림 8-4 송풍기 기초의 설치 예

또한 송풍기를 천장에 매달 경우에는 현수볼트에 의하거나, 그림 8-5와 같이 앵글 등의 철물을 사용하여 현수하며, 소음 등이 문제가 되는 경우에는 그림 8-6과 같이 차음·차폐구조로 한다.

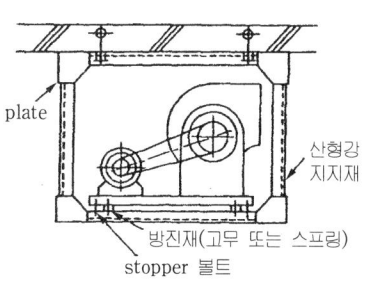 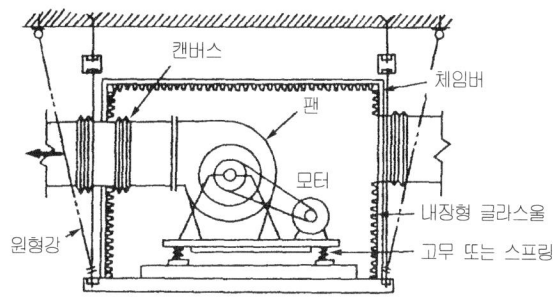

◎ 그림 8-5 천장현수의 시공 예   ◎ 그림 8-6 차음차폐구조의 예

2 적산 방법

장비설치공사의 적산은 기본적으로 도면의 장비일람표를 기준으로 물량을 산출한 후 여기에 단가를 곱하는 단순한 과정이라 할 수 있다. 그러나 현재 단가의 적용을 위해 사용되고 있는 시중의 물가정보지의 경우 소비자 가격이 반영되어 있어 금액이 큰 냉동기, 냉각탑, 보일러, 공조기 등은 실 거래가격과 차이가 있을 수 있다. 이러한 경우에는 운반설치 및 시운전조정비의 포함여부를 구분하여 2개사 이상의 해당 제조업체의 견적서를 받아 최저가를 반영하는 것이 합리적일 수 있다. 그리고 펌프 및 송풍기의 금액을 물가정보지를 이용할 경우에는 본체와 모터의 단가가 분리되어 수록되어 있기에 이를 각각 합산하여야 하며, 보일러의 경우에도 본체와 버너의 단가가 따로 수록되어 있다.

또한 냉온수·증기헤더, 응축수탱크, 팽창탱크 등의 경우 상세도를 바탕으로 물량을 산출한 후 이를 일위대가표를 작성하는 것도 좋은 방안이다. 이때 철판, 앵글 등의 철물 제작 및 설치에 대해서는 강관과 철판의 절단 및 용접물량을 각각 산출하거나 잡철물 제작 및 설치로 일괄 처리할 수 있다.

장비설치에 소요되는 공량은 표준품셈을 적용하여 산출하며, 장비의 반입 및 설치비가 업체의 견적서에 포함되어 있을 경우에는 공량이 중복 산출되지 않도록 주의한다.

3 표준품셈

3-1 보일러

(1) 보일러 설치

규 격		단위	보일러공	특별인부
주철제 보일러	1호(20~ 60 미만) 1,000 kcal/h	인/절	0.90	0.30
	2호(60~ 135 미만) 1,000 kcal/h		1.10	0.30
	3호(135~ 230 미만) 1,000 kcal/h		1.10	0.30
	4호(230~ 330 미만) 1,000 kcal/h		2.10	0.50
	5호(330~ 640 미만) 1,000 kcal/h		3.0	0.70
	6호(640~1,180 미만) 1,000 kcal/h		4.5	0.70
강 판 제 보일러		인/중량톤	1.2	0.8
패키지형 수관식 보일러		인/중량톤	6.0	2.0

① 각 보일러 품은 지면과 동일한 평면에 설치하는 경우이며, 운반 자동차가 설치위치까지 들어가지 못할 시는 하치장에서의 반입비는 별도 가산한다.
② 조립, 설치, 수압시험 및 시운전 등을 포함한다.
③ 강판제 및 패키지형 보일러는 내화시설품이 포함되었다.
④ 산업용 보일러 설치는 "플랜트설비공사 화력발전 기계설비공사의 보일러 설치"를 적용한다.

(2) 오일버너

① 로터리 오일버너 설치

전동기 전 력 (kW)	로터리오일버너 (수동식)		로터리오일버너 (반자동식)		로터리오일버너 (전자동식)(on/off)		로터리오일버너 (전자동식)(비례)	
	기계설치공 (인)	특별인부 (인)	기계설치공 (인)	특별인부 (인)	기계설치공 (인)	특별인부 (인)	기계설치공 (인)	특별인부 (인)
0.40 이하	2.5~3.0	1.0~1.2	4.2~5.0	1.4~1.7	5.0~6.0	1.7~2.0	5.9~7.1	2.0~2.4
0.55 이하	2.7~3.2	1.2~1.4	4.5~5.0	2.0~2.4	5.4~6.5	2.4~2.9	6.3~7.6	2.8~3.4
0.75 이하	3.0~3.6	1.4~1.7	5.0~6.0	2.3~2.8	6.0~7.2	2.7~3.2	7.0~8.4	3.2~3.8
1.50 이하	3.3~4.0	1.5~1.8	5.5~6.6	2.5~3.0	6.6~7.9	3.0~3.6	7.7~9.2	3.5~4.2

① 수동식에는 유량조절기, 오일프리히터, 2차 공기 주입구, 철물 등을 포함한다.
② 반자동식에는 수동의 부속품 조작기, 압력스위치 또는 광전관 저수위 스위치 등을 포함한다.
③ 전자동식 on/off에는 반자동의 부속품, 착화장치, 댐퍼 컨트롤러 등을 포함하고 비례제어에는 전자동 on/off의 부속품의 모터, 컨트롤, 비례압력, 조절기 품 등을 포함한다.

② 건타입 오일버너 설치

(대)

규 격	보일러공	특별인부
건타입 오일버너(전자동방식) 0.75 kW	4.2	2.0
건타입 오일버너(전자동방식) 1.50 kW	4.6	2.2
건타입 오일버너(전자동방식) 2.20 kW	5.0	2.5
건타입 오일버너(전자동방식) 3.70 kW	6.0	3.0

① 조립, 설치, 수압시험 및 시운전 등을 포함한다.

(3) 경유보일러 설치

(대)

규 격	배 관 공	보 통 인 부
15,000 kcal/h	1.00	0.39

① 수압시험, 시운전품은 본 품에 포함되어 있다.
② 소운반은 별도 계상한다.

(4) 가정용 가스보일러 설치

(대)

구 분	단위	수 량				
		13,000 kcal/hr	16,000 kcal/hr	20,000 kcal/hr	25,000 kcal/hr	30,000 kcal/hr
보일러공	인	0.845	0.952	1.028	1.123	1.218
보통인부	인	0.164	0.184	0.199	0.217	0.236
비 고	본 품은 벽걸이형설치 기준이며, 바닥설치형은 본 품에 15%를 감한다.					

① 본 품은 새대 내 가스보일러 설치작업을 기준한 것이다.
② 본 품은 보일러 설치, 연동용 슬리브, 배기팬 설치 및 접속부의 기밀유지, 수압시험 및 시운전이 포함되어 있다.

(5) 온수보일러 설치

(대)

규 격	보일러공(인)	특별인부(인)
70,000 kcal/h 이하	1.46	0.58
120,000 kcal/h 이하	2.06	0.83
150,000 kcal/h 이하	2.47	0.99
240,000 kcal/h 이하	3.03	1.22
360,000 kcal/h 이하	3.85	1.54

① 본 품은 온수보일러를 조립 및 설치하는 품으로 수압시험이 포함되어 있다.
② 기초공사, 반입 및 시운전은 현장여건에 따라 필요시 별도 계상한다.

(6) 오일 서비스탱크 설치

탱크용량(l)	배관공(인)	보통인부(인)	탱크용량(l)	배관공(인)	보통인부(인)
100	0.75	0.90	500	1.50	1.50
200	0.98	1.05	750	2.10	2.10
300	1.13	1.28	1,000	2.63	2.63
400	1.50	1.50			

① 본 품에는 가대 설치품이 포함되어 있다.

(7) 방열기 설치

규 격	단 위	배관공(인)	보통인부(인)
주철제 바닥설치 20절 이하	조	1.10	0.10
주철제 바닥설치 20절 이상	조	1.50	0.10
주철제 벽걸이 3절 이상	조	1.60	0.20
주철제 천장달기 3절	조	2.50	0.50
1m 길드	본	0.70	0.10
컨벡터 길이 1m 미만	조	0.80	0.10
컨벡터 길이 1m 이상	조	1.10	0.10
베이스보드 1단형 길이 2m 미만	단	1.90	0.20
베이스보드 1단형 길이 2m 이상	단	2.40	0.20
강관제 및 알루미늄제 방열기 1m 미만	조	0.44	0.06
강관제 및 알루미늄제 방열기 1m 이상	조	0.60	0.06

① 본체, 밸브, 트랩류(강관제 및 알루미늄제 방열기 제외) 등 지지철물 설치, 소운반, 기밀시험 및 공기빼기 품이 포함되어 있다.
② 벽걸이 3절 초과하는 경우 매 1절 증가마다 15%씩 가산한다.
③ 컨벡터 및 베이스보드는 1단 증가마다 20%씩 가산한다.
④ 철거는 신설의 50%(재사용을 고려치 않을 때) 계상하며, 패널 라디에타는 컨벡터 품을 적용한다.

(8) 전기보일러 설치

(대)

규 격	보 일 러 공	비 계 공
135,000kcal (30kW)	3.8	2.3

① 본 품은 축열식 심야 전기보일러, 실내온도조절기 설치기준으로 시운전 및 소운반이 포함되어 있다.
② 본 품에는 팽창탱크, 안전핀, 순환펌프 설치가 포함되었으며, 기초공사, 전선관, 전기배선은 별도 계상한다.
③ 사용장비는 다음 기준에 따라 적용한다.

(대)

장 비 명	규 격	사 용 기 간
트럭탑재형 크레인	5톤	3hr

(9) 전기온수기 설치

(대)

규 격	보일러공	비 계 공
350l	2.0	0.3

① 본 품은 축열식 심야 전기온수기 설치기준으로 시운전 및 소운반이 포함되어 있다.
② 본 품은 안전핀, 감압밸브 설치가 포함되었으며 기초공사, 전선관, 전기배선은 별도 계상한다.

3-2 냉동기 및 냉각탑

(1) 냉동기 반입

작업횟수	1회						2회				소운반		가조립	
냉동 US톤 \ 층별 공종	지하1층		지하2층		지하3층		지하2층		지하3층		10m 거리내		설치기초상	
	비계공	특별인부	비계공	특별인부	비계공	특별인부	비계공	특별인부	비계공	특별인부	비계공	특별인부	비계공	특별인부
10	3	1	3	2	3	2	6	2	7	2	1	-	2	-
20	4	2	4	3	5	3	7	4	10	4	2	-	3	-
30	5	3	5	4	7	4	10	5	12	7	2	-	4	1
50	7	3	7	4	9	5	14	6	16	8	2	1	4	2
80	10	5	12	7	15	7	23	8	28	10	4	1	7	3
10	14	6	16	8	20	8	30	10	36	12	4	2	7	4
150	20	11	24	14	31	14	46	18	57	20	6	3	13	6
200	29	11	32	16	40	16	60	20	72	24	7	4	16	8
300	40	20	44	28	56	28	80	40	90	54	12	6	24	12
400	50	30	56	40	72	40	100	60	112	80	16	8	34	14
500	60	40	70	50	90	50	120	80	140	100	20	10	40	20
600	70	50	84	60	108	60	140	100	169	120	24	12	48	24

(2) 냉동기 설치

(대)

규 격	배 관 공(인)	보 통 인 부(인)
왕복동식 냉동기 5.0 냉동톤	2.19	1.09
왕복동식 냉동기 7.5 냉동톤	2.89	1.27
왕복동식 냉동기 15 냉동톤	3.37	1.70
왕복동식 냉동기 20 냉동톤	3.93	1.98
왕복동식 냉동기 30 냉동톤	5.04	2.53
왕복동식 냉동기 50 냉동톤	5.91	3.80
왕복동식 냉동기 80 냉동톤	12.03	5.91

① 본 품은 현장 반입 후 지하 1층 설치를 기준하였으며, 시운전품이 포함되어 있다.
② 철거는 신설의 50%(재사용을 고려치 않을 때) 계상한다.
③ 기초 및 소운반은 제외되었다.

(3) 냉각탑 설치

구 분		2층 건물					5층 건물					9층 건물				
냉동 US 톤	작업횟수	1회			2회		1회			2회		1회			2회	
	층별 공종	옥상	옥탑 1층	옥탑 3층	옥탑 1층	옥탑 3층	옥상	옥탑 1층	옥탑 3층	옥탑 1층	옥탑 3층	옥상	옥탑 1층	옥탑 3층	옥탑 1층	옥탑 3층
5	비계공	6	6	6	10	10	7	7	8	11	12	8	8	10	12	13
	특별인부	2	2	3	4	5	3	3	3	6	6	4	4	4	6	6
10	비계공	7	7	8	13	14	8	8	10	14	15	10	11	12	14	15
	특별인부	3	3	3	5	5	4	4	4	6	6	4	4	4	8	8
20	비계공	8	9	10	14	15	9	10	11	15	16	11	12	13	15	16
	특별인부	3	3	4	6	6	5	5	5	7	7	5	5	5	9	9
30	비계공	11	12	13	19	20	12	13	14	20	21	14	15	16	21	23
	특별인부	4	4	5	7	7	6	6	6	8	8	6	6	6	9	9
50	비계공	15	15	17	22	23	16	17	18	24	25	17	18	19	23	24
	특별인부	5	5	5	8	8	6	6	6	8	8	7	7	7	10	10
80	비계공	23	24	26	37	38	24	25	26	38	39	28	29	30	38	39
	특별인부	8	8	8	12	12	10	10	10	13	13	8	8	8	15	15
100	비계공	30	30	32	43	44	32	32	33	45	46	35	35	36	47	48
	특별인부	10	10	10	18	18	11	11	11	18	18	10	10	10	18	18
150	비계공	41	41	44	61	61	42	43	44	64	65	43	44	45	65	66
	특별인부	15	15	15	24	24	17	17	17	24	24	18	18	18	25	25
200	비계공	57	57	90	78	79	55	56	57	79	80	57	58	59	81	81
	특별인부	19	19	19	32	32	24	24	24	33	33	24	24	24	34	34
300	비계공	82	82	86	119	120	85	86	87	120	121	86	87	88	121	122
	특별인부	34	34	34	48	48	35	35	35	49	49	36	36	36	50	50
400	비계공	108	109	112	164	166	112	113	114	169	170	113	114	115	161	162
	특별인부	48	48	48	60	60	49	49	49	68	68	50	50	50	68	68
500	비계공	131	131	146	192	192	139	140	141	192	193	142	143	144	193	194
	특별인부	65	65	65	90	90	63	63	63	92	92	62	62	62	93	93
600	비계공	157	157	162	199	199	155	156	157	201	202	163	163	164	201	202
	특별인부	80	80	80	140	140	88	88	88	140	140	82	82	82	142	142

① 탑 본체, 수조 등 부속기기의 반입 및 설치를 포함한 것이다.
② 반입 시 사용되는 장비의 사용료를 포함한 것이다.
③ 철거 시는 본 품의 50%(재사용을 고려하지 않을 때) 계상한다.

3-3 공기조화기

(1) 공기가열기, 공기냉각기, 공기여과기 설치

(대)

규 격 (유효길이)	기계설치공(인)	보통인부(인)	규 격 (유효길이)	기계설치공(인)	보통인부(인)
610mm	2.0	0.60	1,829mm	6.0	1.80
762mm	2.5	0.75	1,981mm	6.5	1.90
914mm	3.0	0.90	2,134mm	7.0	2.10
1,067mm	3.5	1.00	2,286mm	7.5	2.20
1,219mm	4.0	1.20	2,438mm	8.0	2.40
1,372mm	4.5	1.30	2,591mm	8.5	2.50
1,524mm	5.0	1.50	2,875mm	10.0	3.00
1,676mm	5.5	1.6.	3,048mm	11.0	3.30

① 직접팽창식(디스트리뷰터 포함)은 본 공량에 30%를 가산한다.
② 헤더 분리형은 본 공량에 50%를 가산한다.
③ 연결 케이싱은 납땜 시공한다.
④ 풍압이 특히 높을 경우에는 별도 할증 가산한다.
⑤ 에로핀, 플레이트핀 및 핀 피치에 상관없이 핀 치수 18본 1~3열 기준(W254mm×H737mm)한 것임.
⑥ 튜브의 본수에 의한 증감 : 2본 감할 때마다 5% 감한다. 2본 증할 때마다 5%씩 가산한다.
⑦ 철거는 신설의 50%(재사용을 고려치 않을 때) 계상한다.

(2) 패키지형 공기조화기 설치

작업횟수		1회					2회				1회					
출력 kW	층별 공종 반입대수	지하1층		지하2층		지하3층		지하2층		지하3층		2층		5층		9층	
		비계공	특별인부	비계공	특별인부	비계공	특별인부	비계공	특별인부	비계공	특별인부	비계공	특별인부	비계공	특별인부	비계공	특별인부
0.75 이하	15대분	9.7	4.9	10.3	5.1	11.5	5.7	19.5	9.7	21.2	10.6	9.7	4.9	11.5	5.7	12.9	6.5
1.50 이하	8대분	9.7	4.9	10.3	5.1	11.5	5.7	19.5	9.7	21.2	10.6	9.7	4.9	11.5	5.7	12.9	6.5
2.20 이하	5대분	9.7	4.9	10.3	5.1	11.5	5.7	19.5	9.7	21.2	10.6	9.7	4.9	11.5	5.7	12.9	6.5
3.70 이하	4대분	9.7	4.9	10.3	5.1	11.5	5.7	19.5	9.7	21.2	10.6	9.7	4.9	11.5	5.7	12.9	6.5
5.50 이하	3대분	8.2	4.1	8.8	4.4	9.7	4.9	16.2	8.1	18.0	9.0	8.2	4.1	9.7	4.9	11.5	5.7
7.50 이하	2대분	8.2	4.1	8.8	4.4	9.7	4.9	16.2	8.1	18.0	9.0	8.2	4.1	9.7	4.9	11.5	5.7
9.80 이하	1대분	6.5	3.2	7.1	3.5	8.8	4.4	12.9	6.5	14.7	7.4	6.5	3.2	8.8	4.4	9.7	4.9
15.0 이하	1대분	7.9	4.0	8.8	4.4	9.7	4.9	16.22	8.1	21.2	10.6	8.2	4.1	9.7	4.9	11.5	5.7
17.0 이하	1대분	12.9	6.5	13.5	6.8	14.7	7.4	5.9	13.0	26.5	13.3	12.9	6.5	14.7	7.4	16.2	8.1
20.0 이하	1대분	14.7	7.4	15.3	7.7	16.2	8.1	29.2	14.6	30.9	15.5	14.7	7.4	16.2	8.1	18.0	9.0
37.0 이하	1대분	25.9	13.0	26.5	13.3	27.7	13.8	51.9	25.9	53.7	26.8	25.9	13.0	27.7	13.8	29.2	14.6

① 반입 및 설치품을 포함한 것이다.
② 반입시 사용되는 장비 사용료를 포함한 것이다.

(3) 공기조화기(air handling unit) 설치

(대)

규 격			기계설치공(인)	보통인부(인)
수냉식 패키지형 압축기 전동기	출력	0.75 kW 이하	0.5	0.5
		1.10 kW 이하	0.6	0.6
		1.50 kW 이하	1.0	1.0
		2.20 kW 이하	1.3	1.3
		3.70 kW 이하	1.5	2.0
		10.8 kW 이하	2.0	1.5
		30.0 kW 이하	3.0	3.0
		37.0 kW 이하	3.5	3.5
공냉식 패키지형 압축기 전동기	출력	2.20 kW 이하	1.0	1.0
		3.70 kW 이하	1.3	1.3
		7.50 kW 이하	1.5	1.5
핸들링 유닛 전동기	출력	7.50 kW 이하	4.0	1.2
		15.0 kW 이하	6.0	1.8
		15.0 kW 이상	7.0	2.5
팬코일 유닛	상치형	풍량 510 CMH 이하	1.0	
		680 CMH 이상	1.0	0.2
	천정형	풍량 510 CMH 이하	1.5	0.5
		680 CMH 이상	2.0	0.5
윈도우 타입	출력	0.40 kW 이하	1.0	0.5
		0.55 kW 이하	1.3	0.5
		0.75 kW 이하	1.5	1.0

① 조립 및 부속품 설치품을 포함한다.
② 수배관, 전기배관품은 포함하지 않았음.
③ 운반품 및 가대는 별도 계상한다.
④ 핸들링유닛 설치는 가열기 또는 냉각기 설치품이 제외되었다.
⑤ 철거는 시설의 50%(재사용을 고려치 않을 때) 계상한다.

(4) 벽걸이 배기팬

(개)

구 분	단위	수 량				
		100mm	200mm	300mm	400mm	600mm
기계설비공	인	0.087	0.30	0.40	0.50	0.80
보통 인부	인	0.044	-	-	-	-

① 본 품은 전동기 직결형 배기팬의 벽걸이형 설치작업을 기준한 것이다.
② 본 품은 플렉시블덕트의 설치 및 연결, 소운반 및 검사를 포함하고, 방화댐퍼 설치품은 별도 계상한다.
③ 형틀 설치는 별도 계상한다.

(5) 무덕트배기팬 설치

(대)

규 격	기계설치공	보통인부	비 고
1,400(10)~1,600(18)m³/h	0.23	0.17	( )는 토출풍속, 단위 : m/s

① 본 품은 지하주차장의 배기팬 설치 기준이다.
② 본 품에는 소운반, 앵커 설치, 가대 조립, 작동시험 등이 포함되어 있다.
③ 높이 3.5m 이상일 경우 가설물 손료는 별도 계상한다.

(6) 레인지 후드 설치

(개)

규 격	기계설비공(인)	보통인부(인)
700mm 이하	0.119	0.038
900mm 이하	0.142	0.046

① 본 품은 공동주택의 주방에 설치하는 것으로 최대 풍량이 6~12m/분을 기준한 것임.
② 상기 공량에는 플렉시블 덕트의 연결, 소운반 및 검사가 포함된 것임.

3-4 펌프 및 송풍기

(1) 펌프 설치

① 일반펌프

(대)

규 격	기계설치공(인)	보통인부(인)	규 격	기계설치공(인)	보통인부(인)
0.75 kW 이하	0.766	0.254	11.0 kW 이하	2.144	0.710
1.50 kW 이하	0.848	0.281	15.0 kW 이하	2.276	0.754
2.20 kW 이하	0.977	0.324	22.0 kW 이하	3.677	1.218
3.70 kW 이하	1.122	0.372	37.0 kW 이하	4.718	1.572
5.50 kW 이하	1.352	0.448	55.0 kW 이하	7.638	2.530
7.50 kW 이하	1.706	0.565	75.0 kW 이하	9.357	3.099

① 본 품은 제작 및 조립이 완료된 상태의 일반펌프를 옥내에 설치하는 품이다.
② 본 품은 소운반, 펌프설치, 자동제어설비와의 결선, 펌프 시운전 및 교정 작업을 포함한다.
③ 본 품에는 펌프 기초 및 방진가대, 전기배선 및 입선, 펌프주위 연결배관은 제외되어 있다.
④ 펌프 압력탱크, 펌프 운영을 위한 자동제어설비의 설치는 제외되어 있다.
⑤ 공구손료 및 경장비(윈치 등)의 기계경비는 인력품의 3%를 계상한다.
⑥ 본 품은 인력과 윈치설치 기준이며, 펌프 설치를 위해 장비를 사용할 경우 별도 계상한다.

② 집수정 배수펌프

(대)

규 격	기계설치공(인)	보통인부(인)
0.75 kW 이하	1.325	0.471
1.5 kW 이하	1.498	0.533
2.2 kW 이하	1.660	0.590
3.7 kW 이하	2.005	0.713
5.5 kW 이하	2.420	0.861
7.5 kW 이하	2.881	1.025

① 본 품은 제작 및 조립이 완료된 상태의 수중펌프를 집수정에 설치하는 기준이다.
② 본 품은지지대 및 펌프설치, 자동제어설비와의 결선, 펌프 시운전 및 교정 작업을 포함한다.
③ 본 품에는 기초, 전기배선 및 입선, 펌프주위 연결배관은 제외되어 있다.
④ 펌프 운영을 위한 자동제어설비의 설치는 제외되어 있다.
⑤ 공구손료 및 경장비(용접기 등)의 기계경비는 인력품의 3%를 계상한다.
⑥ 본 품은 인력과 윈치설치 기준이며, 펌프 설치를 위해 장비를 사용할 경우 별도 계상한다.

(2) 펌프 방진가대 설치

(대)

규 격	기 계 설 치 공(인)	보 통 인 부(인)
0.75 kW 이하	0.650	0.207
1.5 kW 이하	0.675	0.215
2.2 kW 이하	0.715	0.228
3.7 kW 이하	0.759	0.242
5.5 kW 이하	0.830	0.265
7.5 kW 이하	0.891	0.284
11 kW 이하	0.987	0.315
15 kW 이하	1.021	0.326
22 kW 이하	1.349	0.430
37 kW 이하	1.566	0.499
55 kW 이하	1.988	0.634
75 kW 이하	2.378	0.758

① 본 품은 펌프설치를 위한 방진가대 설치 품이다.
② 본 품은 소운반, 방진가대 및 방진마운트 설치를 포함한다.
③ 방진가대 내에 콘크리트(모르타르) 충전이 필요한 경우 별도 계상한다.

(3) 송풍기 설치

(대당)

송풍기 규격	편흡입		양흡입	
호칭 번호	기계설비공(인)	보통인부(인)	기계설비공(인)	보통인부(인)
032(2)	1.042	0.309	1.377	0.409
036(2⅓)	1.111	0.330	1.469	0.436
040(2⅔)	1.200	0.356	1.586	0.471
045(3)	1.313	0.390	1.735	0.515
050(3⅓)	1.440	0.428	1.903	0.565
056(3⅔)	1.613	0.479	2.132	0.633
063(4)	1.843	0.547	2.435	0.723
071(4⅔)	2.142	0.636	2.830	0.840
080(5⅓)	2.526	0.750	3.338	0.991
090(6)	3.014	0.895	3.982	1.183
100(6⅔)	3.565	1.059	4.711	1.399
112(7½)	4.177	1.240	5.519	1.639
125(8⅓)	4.606	1.368	6.086	1.807
140(9⅓)	5.165	1.534	6.824	2.027
160(10⅔)	6.760	2.008	8.933	2.653
180(12)	7.682	2.281	10.150	3.014
비 고	- 천장설치는 천장높이 3.5m일 때, 투입품 70%를 가산한다. - 철거는 신설의 50%(재사용을 고려하지 않을 때)로 계상한다.			

① 본 품은 제작 및 조립이 완료된 상태의 다익형 송풍기를 설치하는 기준이다.
② 호칭번호는 송풍기 임펠러 깃 바깥 지름의 최대 치수(mm)를 기준으로 한다.
③ 본 품은 송풍기 설치, 자동제어설비와의 결선, 송풍기 시운전 및 교정 작업을 포함한다.
④ 본 품에는 송풍기 기초 및 방진가대, 전기배선 및 입선, 송풍기 주위 연결시설물은 제외되어 있다.
⑤ 공구손료 및 경장비(윈치 등)의 기계경비는 인력품의 3%를 계상한다.
⑥ 산업용 송풍기 설치는 "플랜트설비공사 화력발전 기계설비공사의 Fan설치"를 적용한다.
⑦ 본 품은 윈치에 의한 인력설치 기준이며, 송풍기 설치를 위해 장비를 사용할 경우 별도 계상한다.

3-5 배관을 위한 구멍뚫기

(대당)

구 분			단위	수 량				
				25mm	50mm	75mm	100mm	150mm
콘크리트 두 께 150mm	바닥	착암공 보통인부 코어드릴	인 인 hr	0.096 0.096 0.28	0.119 0.119 0.43	0.142 0.142 0.58	0.165 0.165 0.73	0.210 0.210 1.03
	벽체	착암공 보통인부 코어드릴	인 인 hr	0.123 0.123 0.36	0.152 0.152 0.55	0.181 0.181 0.75	0.211 0.211 0.93	0.268 0.268 1.32
콘크리트 두 께 300mm	바닥	착암공 보통인부 코어드릴	인 인 hr	0.169 0.169 0.56	0.208 0.208 0.86	0.248 0.248 1.16	0.287 0.287 1.46	0.367 0.367 2.06
	벽체	착암공 보통인부 코어드릴	인 인 hr	0.216 0.216 0.72	0.266 0.266 1.10	0.317 0.317 1.49	0.368 0.368 1.87	0.469 0.469 2.64

구 분			단위	수 량				
				200mm	250mm	300mm	350mm	400mm
콘크리트 두 께 150mm	바닥	착암공 보통인부 코어드릴	인 인 hr	0.252 0.252 1.33	0.295 0.295 1.63	0.339 0.339 1.93	0.384 0.384 2.23	0.426 0.426 2.53
	벽체	착암공 보통인부 코어드릴	인 인 hr	0.322 0.322 1.71	0.377 0.377 2.09	0.434 0.434 2.47	0.491 0.491 2.86	0.544 0.544 3.24
콘크리트 두 께 300mm	바닥	착암공 보통인부 코어드릴	인 인 hr	0.446 0.446 2.66	0.525 0.525 3.26	0.604 0.604 3.86	0.683 0.683 4.46	0.762 0.762 5.06
	벽체	착암공 보통인부 코어드릴	인 인 hr	0.570 0.570 3.40	0.671 0.671 4.17	0.772 0.772 4.94	0.874 0.874 5.71	0.975 0.975 6.47

① 본 품은 코어드릴을 사용하여 철근콘크리트 슬래브를 하향으로 천공하는 작업에 적용한다.
② 본 품은 코어드릴의 소운반, 천공 및 마무리를 포함한다.
③ 부산물 처리 및 반출품은 별도 계상한다.
④ 주재료비(다이아몬트 비트)는 별도 계상한다.
⑤ 철근탐색 및 시험천공작업은 별도 계상한다.

4 적산 연습

예제 1 아래 저압증기헤더 상세도의 일위대가표를 작성하시오. (별첨도면 참조)

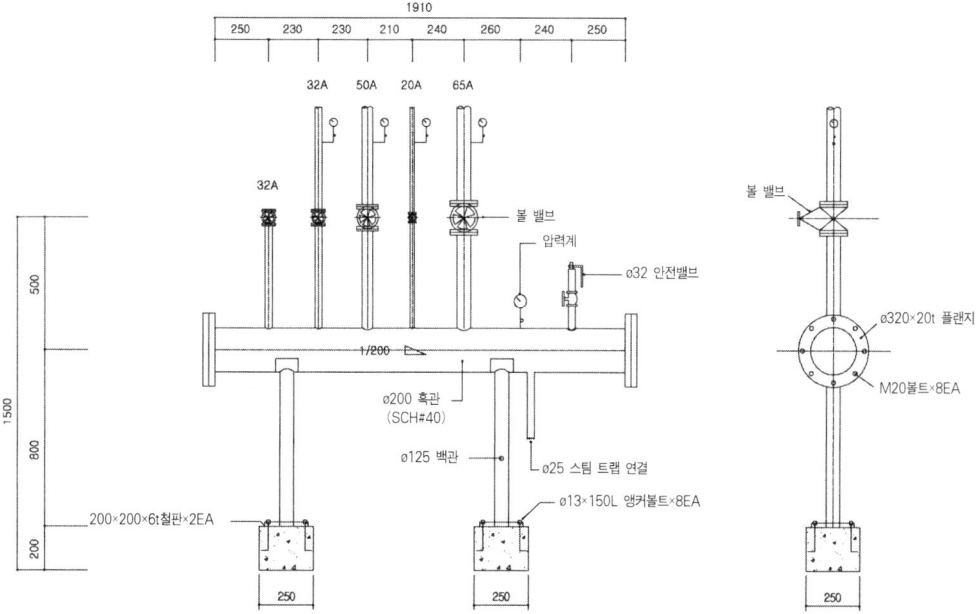

[풀이]

(1) 물량산출

① 헤더 본체

흑관(SCH 40)	200A	1.91×1.1	=2.1m
합플랜지	200A×10kg/cm²		=2개소
	32A×10kg/cm²		=1개소
맹플랜지	200A×10kg/cm²		=2개소
흑소켓(나사이음부만 적용)	25A		=1개
	15A		=1개
흑관절단	200A(허더용)		=2개소
흑관용접	125A(지지용 백관)		=2개소
	65A(65A 분기관)		=1개소
	50A(50A 분기관)		=1개소

	32A(32A 분기관+안전밸브)		=3개소
	25A(응축수관)		=1개소
	20A(20A 분기관)		=1개소
	15A(압력계)		=1개소
압력계 신설	ø100×10kg/cm^2		=1조
안전밸브	32A×10kg/cm^2		=1개
녹막이페인트(2회)	200A		=1.19m
헤더보온(50t)	1.29+(π×0.16^2)		=1.37m^2

② 분기관

상기 상세도에서 분기관의 경우 헤더 본체에서 볼밸브 전까지를 헤더 제작에 포함시키고 밸브 이후의 물량을 기계실에서 산출하는 것으로 한다.

흑관(SCH 40)	65A	0.4×1.1	=0.44m
	50A	0.4×1.1	=0.44m
	32A	0.44×2×1.1	=0.97m
	20A	0.4	=0.44m
관보온	상기 흑관(SCH 40)의 할증 전 물량을 40t로 보온		
녹막이페인트(2회)	상기 흑관(SCH 40)의 할증 전 물량 기준 방청		
합플랜지	65A×10kg/cm^2		=1개소
	50A×10kg/cm^2		=1개소
	32A×10kg/cm^2		=2개소
	20A×10kg/cm^2		=1개소

③ 지지철물 등

백관	125A	0.7×2×1.1	=1.54m
철판	6t	0.2×0.2×2=0.08m^2	
		0.08m^2×47.137kg/m^2×1.1	=4.14kg
앵커볼트너트	M13×150L	8×2	=16조
잡철물제작설치			=3.77kg
기초콘크리트(1:3:6)		0.25×0.25×0.2×2	=0.025m^3
합판거푸집(4회)		0.25×0.2×4×2	=0.4m^2

(2) 물량집계

품 명	규 격	물 량	비 고
흑관(SCH40)	200A	2.1m	일위
	65A	0.44m	일위
	50A	0.44m	일위
	32A	0.97m	일위
	20A	0.44m	일위
관보온	65A×40t	0.4m	일위
	50A×40t	0.4m	일위
	32A×40t	0.88m	일위
	20A×40t	0.4m	일위
녹막이페인트 (2회)	200A	1.2m	일위
	65A	0.4m	일위
	50A	0.4m	일위
	32A	0.88m	일위
	20A	0.4m	일위
흑 소 켓	25A	1개	
	15A	1개	
흑 관 절 단	200A	2개소	일위
흑 관 용 접	125A	2개소	일위
	65A	1개소	일위
	50A	1개소	일위
	32A	3개소	일위
	25A	1개소	일위
	20A	1개소	일위
	15A	1개소	일위
합 플 랜 지	200A×10kg/cm^2	2개소	일위
	65A×10kg/cm^2	1개소	일위
	50A×10kg/cm^2	1개소	일위
	32A×10kg/cm^2	3개소	일위
	20A×10kg/cm^2	1개소	일위
맹 플 랜 지	200A×10kg/cm^2	1개소	
압력계신설	100A×10kg/cm^2	1조	일위
안 전 밸 브	32A×10kg/cm^2	1개	
헤 더 보 온	50t	1.37m^2	일위
백 관	125A	1.54m	
철 판	6t	4.14kg	
앵커볼트너트	M13×150L	16조	
잡철물제작설치(간단)		3.77kg	일위
기초콘크리트	1:2:4	0.025m^3	일위
합판거푸집	4회	0.4m^2	일위

(3) 일위대가표 작성

상기의 물량집계를 바탕으로 일위대가표를 작성한다. 이때 잡재료비를 강관의 3%를 반영하며, 일위대가표 비고란에 각 품명별로 일위대가 번호를 기입한다.

예제 2 아래의 냉온수 공급헤더에 대한 내역서를 작성하시오.(별첨도면 참조)

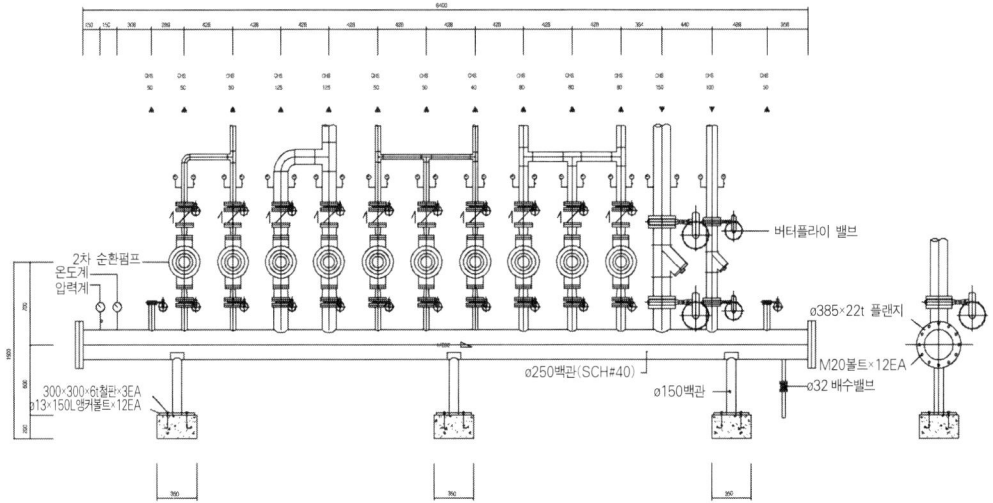

예제 3 별첨의 장비일람표를 참조하여 장비설치공사에 대한 내역서를 작성하시오.

CHAPTER 09 소화 및 가스설비 공사

- 1 일반 사항
- 2 적산 방법
- 3 표준품셈
- 4 적산 연습

09

건·축·기·계·설·비·적·산

CHAPTER 09 소화 및 가스설비 공사

1 일반 사항

1-1 소방설비

　소방이란 연소작용을 정지시키는 소화, 연소를 억제하거나 냉각하여 연소의 확대를 방지하는 방화, 연소작용의 발생원인을 근원적으로 방지하는 예방 등을 총칭하는 말이다. 그 중에서 소화설비란 화재의 발생을 신속하게 감지하여 화재를 초기단계에서 소멸시키기 위하여 시설하는 설비로서 화재에 의한 피해를 최소화하기 위하여 설치한다. 우리나라에서 소방법에 규정하고 있는 소화시설은 분류하면 다음과 같다. 이들은 다시 기계설비와 전기설비로 나눌 수 있으며, 기계설비 분야의 대표적 설비로는 소화설비와 피난기구, 인명구조기구, 소화용수설비, 제연설비, 연결송수관설비, 연결살수설비이다.

(1) 소화설비

　물이나 기타 소화약제를 사용하여 소화를 행하는 다음의 기계, 기구 또는 설비와 이에 상응한 소화성능이 있는 것을 말한다.
① 소화기구(소화기, 및 간이소화용구 및 자동확산소화기)
② 자동소화장치(주방용·캐비닛형·가스·분말·고체에어로졸 자동소화장치)
③ 옥내소화전 설비
④ 옥외소화전 설비
⑤ 스프링클러 설비
⑥ 물분무 등 소화설비(물분무·미분부·포말·분말·이산화탄소·할로겐화물·청정소화약제·강화액 소화설비)

(2) 경보설비

화재의 발생을 통보하는 기계·기구 또는 장비로서 다음의 것을 말한다.
① 자동화재탐지설비
② 단독경보형감지기
③ 자동화재속보설비
④ 비상경보설비(비상벨·자동식 사이렌 설비)
⑤ 비상방송설비 등

(3) 피난설비

화재가 발생한 때에 피난하기 위하여 사용하는 것으로서 다음을 말한다.
① 피난기구(미끄럼대, 피난사다리, 구조대, 완강기, 피난교, 피난 밧줄 등)
② 유도등(피난유도선, 피난유도등, 통로유도등, 객석유로등, 유도표시)
③ 비상조명등 및 휴대용비상조명등
④ 인명구조장비(방열복, 공기호흡기, 인공소생기)

(4) 소화용수설비

화재의 진압에 필요한 소화용수를 저장하는 설비로서 다음을 말한다.
① 상수도 소화용수설비
② 소화수조, 저수조 기타 소화용수설비

(5) 소화활동설비

화재를 진압하거나 인명구조 활동을 위하여 사용하는 설비를 말하며, 제연설비, 연결송수관설비, 연결살수설비, 비상콘센트설비, 무선통신보조설비 및 연소방지설비가 이에 해당한다.

1-2 가스설비

일반적으로 건물에서 사용하는 연료용 가스는 주로 조리, 급탕, 냉·난방용으로 사용하며 최근에는 클린 에너지(clean energy)로 가스 사용이 증가하고 있다. 현재 국내에서 사용되고 있는 가스는 수소, 일산화탄소, 메탄 등의 혼합물인데, 원료에 따라 분류하면 석탄계, 석유계, 천연가스계로 나누어진다.

또한 국내에서는 에너지가 석탄에서 석유로 변하는 데에 대하여 가스의 원료로서 석유가 큰 위치를 차지하고 있다. 석유계 가스에는 원유, 중유, 휘발유 등을 분해하여 얻어지는 가스나, 석유 정제의 도중에서 부산물로서 얻어지는 프로판가스나 부탄가스 등이 있다. 프로판가스나 부탄가스는 용이하게 액화되므로 LPG(Liquefied Petroleum Gas, 액화석유가스)로서 공급되고 있다. 천연계 가스에는 천연가스나 천연가스를 액화한 LNG(Liquefied Natural Gas, 액화천연가스)가 있다.

(1) 도시가스 공급방식

수용가에 공급되는 가스압력은 고압, 중압, 저압의 단계를 거쳐서 용도에 따라 사용할 수 있으며, 사용하는 기구 및 사용량에 따라 저압공급과 중압공급으로 구분된다. 일반 가정용으로 사용되는 가스는 저압 공급 방식으로 도시가스는 100~250mmAq, LPG는 280±50mmAq로 유지되고 있다.

① 저압공급($1kg/cm^2atg$ 미만)

가스홀더로부터 직접 홀더 압력을 이용하여 공급하는 방법으로 가스홀더의 출구에서 정압기로 조정된 후 저압배관을 통하여 수요자에게 공급되는데 그 압력은 보통 50~250mmAq이다. 일반 수용가를 대상으로 한 방식이며 가정용 주택 공급에 이용된다.

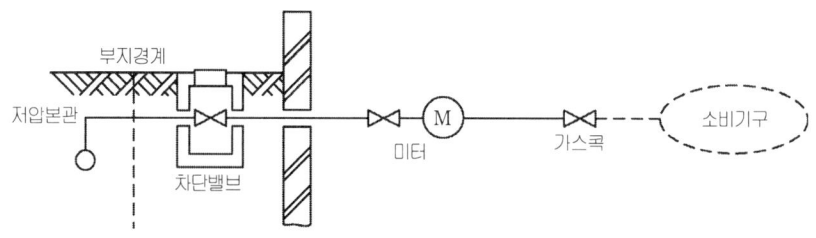

○ **그림 9-1 저압공급 방식**

② 중앙공급(1~$10kg/cm^2atg$ 미만)

공장에서 압송기로 중앙본관에 가스를 수송하고 공급지역의 적당한 위치에 설치된 지구정압기로 공급압력을 중압으로 조정하여 수요자에게 공급하는 방법으로 압력은 1~$2.5kg/cm^2atg$ 정도이다. 따라서 가스공급량이 많거나 공급지역이 넓어 저압공급으로 할 경우 도관비용이 많이 드는 경우에 사용된다.

㉠ 기구 정압기 방식 : 이 방식은 도로에 매설된 중압가스본관에서 건물 내에 공급하는 방식으로, 공급된 중앙가스 보일러나 냉온수기 등에 설치된 기구 정압기에서 연소에 적당한 압력까지 감압하여 빌딩 냉난방용에 이 방식이 사용되고 있다.

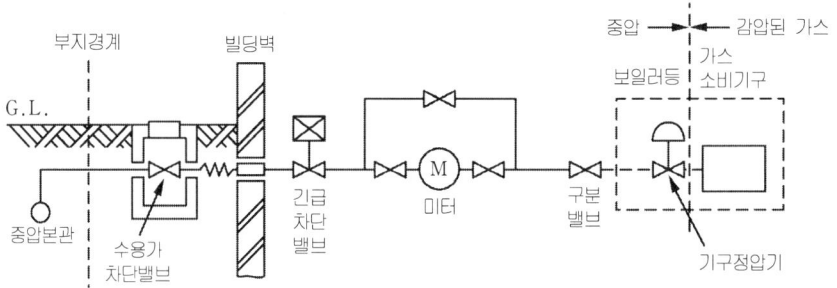

○ 그림 9-2 기구 정압기 방식

㉡ 전용 정압기 방식 : 종래부터 사용되어 온 중압가스 공급방식으로 수용가의 건물 내에 정압기를 설치하여 중압의 가스를 저압으로 감압하여 가스기구에 공급하는 시스템이다. 보일러, 냉동기 이외의 일반저압가스 기구의 가스소비량이 대량으로 될 때나 건물 부근에 저압가스 본관이 없는 경우 등에 적용된다.

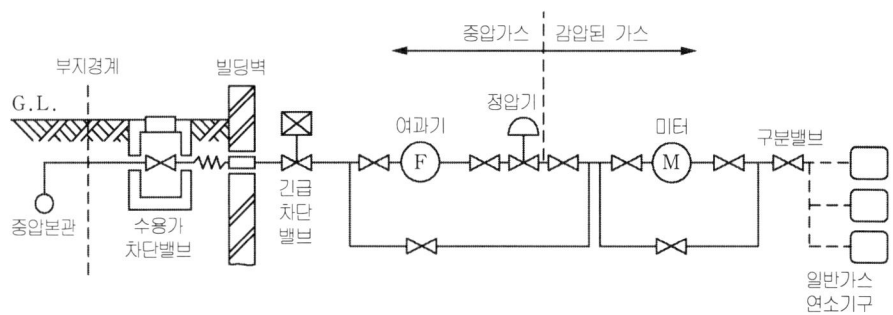

○ 그림 9-3 전용 정압기 방식

㉢ 기구 정압기 방식＋전용 정압기 방식 : 업무용 빌딩에서 중압과 저압이 함께 사용될 때 이 공급방식에 의하는 수가 있으나 일반적으로는 저압공급＋중앙공급에 의존한다.

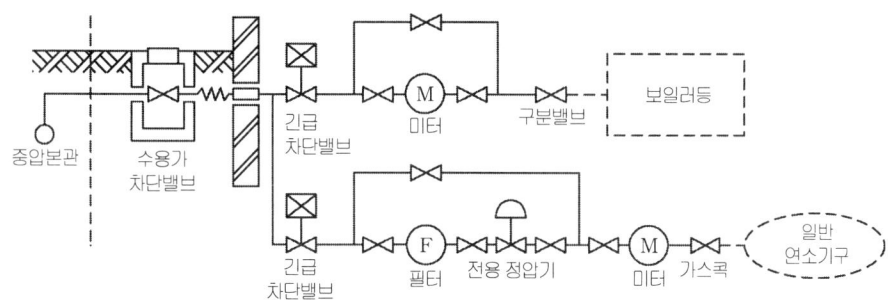

○ 그림 9-4 기구 정압기 방식 + 전용 정압기 방식(병용방식)

③ 중간압 공급 방식(저압공급＋중앙공급)

일반적으로 건물 내에 도입되는 관은 하나를 원칙으로 하지만 업무용 빌딩 등에서 대용량의 냉온수기용 등에는 중앙공급을 하며 일반기구에는 저압공급을 하여 사용 형태에 따라 다른 방식을 사용한다. 즉 도로에 매설된 중압본관에서 공급관을 따내고 수요자의 부지 내에 정압기를 설치하여 대형 전용 연소기에 적당한 압력(500~1,500mmAq)까지 감압하여 공급하는 방법이며, 일반 가스 기구는 저압본관에서 별개의 선을 분기하거나 별도의 정압기를 설치하여 저압까지 압력을 낮추어 사용한다.

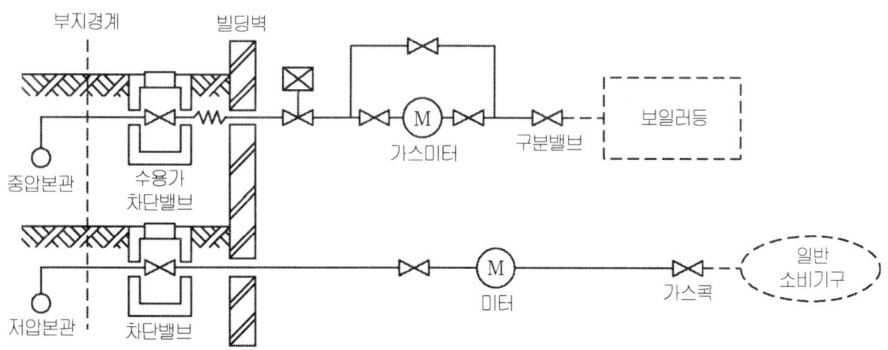

○ 그림 9-5 중간압 공급 방식

④ 고압 공급(10kg/cm^{2}atg 이상)

수송할 가스량이 많고, 배관의 길이가 길 때는 수송압력을 높이면 큰 배관을 사용하지 않고도 많은 가스를 수송할 수 있으므로 배관 시설비가 절약되어 경제적이다. 근년에 강관의 제작, 용접 및 방식법이 발달하여 신뢰할 수 있는 고압배관시설의 설치가 가능해짐으로써 고압에 의한 원거리 수송이 여러 나라에서 이루어지며, 수송압력도 60kg/cm² 정도의 높은 압력을 사용하고 있다. 공장에서 고압으로 압송된 가스는 다른 공장 또는 공급소에 수용되든가, 지역정압기에 의해 감압되어 중압 또는 저압본관으로도 공급된다. 고압에서 저압으로 감압할 경우는 일단 중압으로 감압해서 다시 저압으로 감압한다. 가스 제조공장 또는 공급소에 고압홀더를 설치할 때는 가스 수요가 적은 시간에 압입저장하여 낮에는 고압 또는 중압으로 공급할 수 있으므로 피크 시의 압송량이 감소하여 공급의 안전성도 현저하게 증가한다.

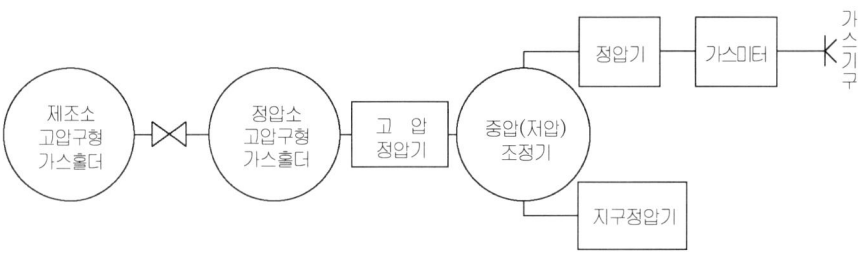

○ 그림 9-6 고압 공급 방식

(2) 가스관의 이음 방법

관 이음 방법은 가스의 최고 사용압력, 관의 재질, 용도 등에 따라 적합하게 선택해야 하며, 지반의 부등침하 및 온도변화 때문에 주위로부터 큰 외력이 작용되므로 신축성과 가요성이 충분하도록 접속되어야 한다.

○ 표 9-1 가스관의 종류와 이음 방법

최고 사용압력의 구분		도관 재료의 종류	접 합 의 방 법
고 압		강 관	용접, 플랜지 이음 또는 기계적 이음
중 압	3kg/cm² 이상 10kg/cm² 미만	강 관	용접, 플랜지 이음 또는 기계적 이음
		주철관(구상 흑연 주철관에 한한다)	플랜지 이음 또는 기계적 이음
	1kg/cm² 이상	강 관	용접, 플랜지 이음, 기계적 접합, 나사이음, 가스형 이음 또는 인납형 접형(압륜을 사용한 것에 한한다)
	3kg/cm² 미만	주철관	플랜지이음, 기계적 이음, 나사이음, 가스형 이음 또는 인납형 이음(압륜을 사용한 것에 한한다)
저 압		강 관	용접, 플랜지이음, 기계적 이음, 나사이음, 가스형 이음, 인납형 이음, 유니언 이음, 끼워맞춤이음 또는 테이퍼조인트 이음(경질염화비닐관 또는 폴리에틸렌관과의 이음에 한한다)
		주철관	플랜지이음, 기계적 이음, 나사이음, 가스형 이음 또는 인납형 이음
		경질염화비닐관 또는 폴리에틸렌관	용접, 플랜지이음, 기계적 이음, 나사이음, 유니언 이음, 융착, 끼워맞춤이음 또는 테이퍼조인트이음

2 적산 방법

소방 및 가스설비 공사는 크게 배관공사와 장비설치공사를 구성되어 있다. 따라서 배관공사 및 장비설치공사의 적산방식은 각 도면을 바탕으로 "제5장 배관 관련 공사" 및 "제8장 장비 설치공사"와 동일한 과정으로 적산할 수 있다. 단, 직관의 재질 및 접합방법은 범례를 참조하며, 일위대가표는 소화 및 가스설비의 표준품셈을 바탕으로 작성하여야 한다.

3 표준품셈

3-1 소방설비

(1) 소화전 설치

(조)

종		별	단위	수 량	
				배관공	보통인부
옥내 설비	옥내소화전함	매 립 형	인	0.906	0.375
		노 출 형	인	0.816	0.338
	방수구	40mm	인	0.078	-
		65mm	인	0.115	-
	송수구	단 구 형	인	0.400	-
		쌍 구 형	인	0.600	-
		단구 스탠드형	인	0.800	-
		쌍구 스탠드형	인	1.200	-
옥외 설비	옥외소화전	지하식	단구형	인	0.500	-
			쌍구형	인	0.600	-
		지상식	단구형	인	0.620	-
			쌍구형	인	1.500	-
소화용구 격납상자			인	0.625	0.250
비고	철거는 신설의 50%(재사용을 고려하지 않을 때)를 계상한다.				

① 본 품은 소운반, 설비별 설치품을 포함한다.
② 옥내소화전함 설치 품에는 호스걸이 및 기타장치 설치품이 포함되어 있다.
③ 소화전 내부 전기설비, 주위배관, 보온은 별도 계상한다.

(2) 스프링클러 설치

구 분		규 격	단위	배관공	보통인부
기계 설비	경보 밸브 장치	알람밸브 ø65	인/조	1.230	-
		ø80		1.510	-
		ø100		1.660	-
		ø120		1.820	0.190
		ø150		2.020	0.190
	준비작동식 밸브	ø80	인/조	1.830	-
		ø100		2.010	-
		ø120		2.190	0.190
		ø150		2.440	0.190
	드라이밸브	ø100	인/조	2.110	-
		ø150		2.560	0.190
	스프링클러 헤드		인/개	0.092	0.037
	관말 시험 밸브		인/개	0.356	0.144
	압력 공기 탱크		인/개	1.782	0.718
	마 중 물 탱 크	100~150 l	인/대	2.060	-
	연 결 송 수 구		인/대	0.620	-
	유량 측정 장치		인/조	1.030	-
전기 설비	펌 프 기 동 반	7.5kW 이하	인/면	2.580	-
		11~19kW		2.890	-
		22kW		3.400	-
	벨		인/개	0.210	-

① 본 품은 스프링클러 시스템의 설비별 설치품 기준이며, 소운반, 설비별 설치품을 포함한다.
② 경보밸브장치는 자동경종장치, 배수밸브, 작동시험밸브, 압력스위치, 압력계부착 등을 포함한다.
③ 템퍼스위치결선, 종단저항설치, 주위배관 및 보온은 별도 계상한다.

(3) 자동식 소화기 설치

(개)

구 분	단 위	수 량
기계설비공	인	0.212
보통인부	인	0.117

① 본 품은 세대 내 레인지후드에 자동식 소화기를 설치하는 품이다.
② 본 품는 소운반, 구멍뚫기, 분사노즐, 탐지부, 조작부, 수신부, 자동식소화기 및 지지철물 설치를 포함한다.
③ 본 품은 제어배선의 결선은 포함되어 있으나, 제어배관 및 입선은 별도 계상한다.
④ 가스차단 밸브설치품은 별도 계상한다.

(4) 소화약제 소화설비

구 분		규 격	단위	배관공
기계 설비	선택밸브	ø25 이하	인/개	0.52
		32 이하		0.82
		40 이하		0.82
		50 이하		0.82
		65 이하		1.03
		80 이하		1.24
		100 이하		2.06
		125 이하		2.06
		150 이하		2.06
	가스분사헤드	노출형	인/개	0.21
		매립형		0.41
	용기지지대	5본 이하	인/조	1.03
		6~10본		1.55
		11~20본		2.06
	용기집합함	5본 이하	인/조	0.42
		6~10본		0.72
	기동용기		인/조	0.62
	수동기동함		인/개	0.41
	압력스위치		인/개	0.31
	역지밸브		인/개	0.10
전기 설비	배전반	1~3실용	인/면	2.06
		4~6실용		3.09
	단자함	대형	인/면	0.41
		소형		0.21
	가스방출표시등함		인/개	0.41
	모터사이렌		인/개	0.31
	벨		인/개	0.21

① 본 품은 소화약제 소화설비의 설비별 설치 품 기준이며, 소운반, 설비별 설치품이 포함되어 있다.
② 소화약제 용기설치는 규격별, 약제별로 별도 계상한다.

(5) 완강기 설치

(개)

구 분	단 위	수 량
기계설비공	인	0.094
보통인부	인	0.046

① 본 품은 피난용 완강기를 설치하는 품이다.
② 본 품에는 소운반, 완강기 지지대, 보호함, 안전표시 설치를 포함한다.

3-2 가스설비

(1) 강관

① 부설

(m당)

규격	인력시공		기계시공		
	배관공(인)	보통인부(인)	배관공(인)	보통인부(인)	크레인(hr)
ø15	0.022	0.005	-	-	-
20	0.024	0.006	-	-	-
25	0.032	0.007	-	-	-
32	0.037	0.008	-	-	-
40	0.043	0.010	-	-	-
50	0.052	0.12	-	-	-
65	0.060	0.014	-	-	-
80	0.072	0.017	-	-	-
100	0.094	0.022	-	-	-
125	0.117	0.027	-	-	-
150	0.136	0.031	0.051	0.012	0.04
200	0.202	0.047	0.076	0.018	0.06
250	0.266	0.061	0.100	0.023	0.07
300	0.333	0.077	0.126	0.029	0.09
350	0.409	0.094	0.154	0.035	0.11
400	0.482	0.111	0.182	0.042	0.13

① 본 품은 중압 이하의 가스용 강관을 부설하는 기준이다.
② 본 품은 절단 및 가공, 부설 및 표시용 비닐 깔기 작업이 포함된 것이다.
③ 강관 부설 시 터파기, 되메우기, 기초 및 흙막이, 잔토처리 및 물푸기, 기밀시험은 별도 계상한다.
④ 크레인의 규격은 10톤급 트럭탑재형 크레인을 기준으로 한다.
⑤ 공구손료 및 경장비(절단기 등)의 기계정비는 다음의 요율을 계상한다.

인력시공	기계시공
인력품의 1%	인력품의 3%

⑥ 지지철물을 설치하여 시공되는 경우에는 기계설비 '1-1-2 금속관 배관'을 참고하여 계상한다.

② 용접식 접합

(용접개소당)

규격(mm)	플랜트용접공(인)	규격(mm)	플랜트용접공(인)
ø15	0.044	100	0.159
20	0.049	125	0.191
25	0.058	150	0.223
32	0.069	200	0.287
40	0.076	250	0.351
50	0.091	300	0.415
65	0.111	350	0.462
80	0.127	400	0.526
비 고		- 아크용접으로 가스용 강관을 접합하는 경우는 본 품의 5%를 감한다.

① 본 품은 알곤용접으로 가스용 강관을 접합하는 기준이다.
② 용접접합에 필요한 부자재는 별도 계상한다.
③ 공구손료 및 경장비(용접비 등)의 기계경비는 인력품의 3%를 계상한다.

③ 나사식 접합

(접합개소당)

규격(mm)	배관공(인)	보통인부(인)
ø20	0.061	0.017
25	0.087	0.024
32	0.109	0.030
40	0.123	0.034
50	0.168	0.046

① 본 품은 중압 이하의 가스용 강관의 나사식 접합 및 배관 기준이다.
② 본 품은 절단, 나사홈가공, 배관 및 나사접합 작업이 포함된 것이다.
③ 공구손료 및 경장비(절단기, 나사홈가공기 등)의 기계경비는 인력품의 2%를 계상한다.

④ 재료량은 다음과 같다.

(접합개소당)

구경(mm)	스레트실테이프(cm)		컴파운드(g)
ø20	13mm	34.3	3.0
25	〃	43.0	4.2
30	〃	53.8	5.8
40	〃	78.7	7.3
50	〃	95.1	10.6

(2) PE관 접합 및 부설

(개소당)

관경(mm)	배 관 공(인)	보통인부(인)
ø25	0.081	0.019
32	0.094	0.022
40	0.108	0.025
50	0.141	0.033
63	0.184	0.043
75	0.210	0.049
90	0.244	0.057
110	0.288	0.067
125	0.322	0.075
140	0.355	0.083
160	0.400	0.094
180	0.444	0.104
200	0.489	0.114
225	0.545	0.127
250	0.601	0.140
280	0.667	0.156
315	0.745	0.174
355	0.835	0.195
400	0.935	0.219

① 본 품은 가스용 폴리에틸렌(PE)관을 버트융착식으로 접합 및 부설하는 기준이다.
② 전기융착기를 사용하여 전자소켓으로 폴리에틸렌관을 접합 및 부설하는 경우에도 본 품을 적용한다.
③ 본 품은 절단, 부설 및 접합, 표시용 비닐 깔기 작업이 포함된 것이다.
④ PE관 부설 시 터파기, 되메우기, 기초 및 흙막이, 잔토처리 및 물푸기, 기밀시험은 별도 계상한다.
⑤ 공구손료 및 경장비(융착기, 절단기 등)의 기계경비는 인력품의 5%를 계상한다.

(3) 분기공

(개당)

구경(mm)	배관공(인)	보통인부(인)	플랜트용접공(인)
ø20~25	0.193	0.134	0.290
40~50	0.270	0.187	0.406
65	0.317	0.219	0.476
80	0.363	0.252	0.546
100	0.425	0.295	0.639
125	0.503	0.348	0.755
150	0.580	0.402	0.872
200	0.735	0.509	1.105
250	0.890	0.616	1.337
300	1.045	0.724	1.570
350	1.200	0.831	1.803
400	1.354	0.938	2.036

① 본 품은 기존관 절단 후 T형분기관(개)을 설치하여 분기하는 기준이다.
② 본 품은 절단 및 가공, T형관 부설 및 접합 작업이 포함된 것이다.
③ 분기공 시공 시 터파기, 되메우기, 기초 및 흙막이, 잔토처리 및 물푸기, 기밀시험은 별도 계상한다.
④ 공구손료 및 경장비(절단기, 용접기 등)의 기계경비는 인력품의 1%를 계상한다.

(4) 밸브 설치

(개당)

구경 명칭	배관공	보통인부	구경 명칭	배관공	보통인부
ø15~25	0.197	0.064	ø150	0.754	0.244
32~50	0.308	0.100	200	0.976	0.316
65	0.375	0.121	250	1.199	0.389
80	0.442	0.143	300	1.422	0.461
100	0.531	0.172	350	1.645	0.533
125	0.642	0.208	400	1.868	0.605

① 본 품은 설치위치 선정, 밸브 설치, 작동시험 및 마무리 작업이 포함된 것이다.
② 공구손료 및 경장비(절단기 등)의 기계경비는 인력품의 2%를 계상한다.

(5) 가스미터 설치

① 직독식

(개소당)

구 분	단 위	ø15mm	ø20~25mm
배 관 공	인	0.209	0.250
보통인부	인	0.052	0.063

① 본 품은 가스미터를 세대 내에 설치하는 기준이다.
② 본 품은 가스미터 설치 및 고정, 작동시험 및 마무리 작업이 포함된 것이다.
③ 재료량은 다음과 같다.

구경(mm)	스레트실테이프(cm)	컴파운드(g)
ø15	45.7cm	4g
ø20~25	68.6cm	6g

② 원격식

(개소당)

구 분	단 위	ø15mm	ø20~25mm
배 관 공	인	0.230	0.270
보통인부	인	0.057	0.068

① 본 품은 원격식 가스미터를 세대 내에 설치하는 기준이다.
② 본 품은 가스미터 설치 및 고정, 전선관 결선, 작동시험 및 마무리 작업이 포함된 것이다.
③ 전선관 배관 및 입선, 지시부 설치는 별도 계상한다.

(6) 기밀시험

① 강관

(구간당)

구경(mm)	배관공	보통인부	구경(mm)	배관공	보통인부
ø80	1.00	1.50	ø250	1.50	2.30
100	1.00	1.50	300	1.50	2.30
150	1.20	1.80	350	1.80	3.00
200	1.20	1.80	400	1.80	3.00

① 1구간은 100m를 기준한 것이다.
② 본 품은 기밀시험 및 시험 전후의 배관내부에 오물 및 지하수 유입의 방지를 위한 맹판접합 및 철거작업이 포함된 것이다.
③ 기밀시험에 소요되는 재료 및 기구류(맹판, 콤프레서 등)의 사용료는 별도 계상한다.

② 내관

(호당)

구분	구경(mm)	배 관 공	보통인부
단 독 주 택	ø20~25	0.20	0.20
집단아파트	ø20~25	0.10	0.10

① 단독주택 1호당 2회 시행하는 품이다.
② 집단아파트 1호당 2회 시행하는 품이다.
③ 기밀시험에 필요한 맹관접합 및 맹대와 수주(水柱)기 손료는 별도 계상한다.

③ 공급관

(호당)

구분	구경(mm)	배 관 공	보통인부
지하매설 공급관	ø30~50	1.00	1.00
집단아파트 상승관	ø30~50	0.50	0.50

① 1구간 지하매설공급관 품은 100m당 2회 시행하는 품이다.
② 1구간 집단아파트 상승관 품은 20m당 2회 시행하는 품이다.
③ 기밀시험에 필요한 맹관접합 및 맹대와 수주기손료는 별도 계상한다.

(7) 시험점화

(호당)

구분	배 관 공	보통인부
단 독 주 택	0.10	0.10
집단아파트	0.05	0.05

① 본 품은 단독주택 10호당 1조 및 집단아파트 20호당 1조를 기준한 품이다.
② 본 품은 관 내부의 공기를 가스로 완전 치환하여 연소기구로서 점화상태를 시험하는데 필요한 품이다.
③ 공구손료는 인력품의(연소기 및 호스) 2%로 계상한다.

4 적산 연습

예제 1 지하 1층 소화배관 평면도에 대한 물량 및 공수를 산출하시오. 단, 배관은 백관임. (별첨 도면 참조)

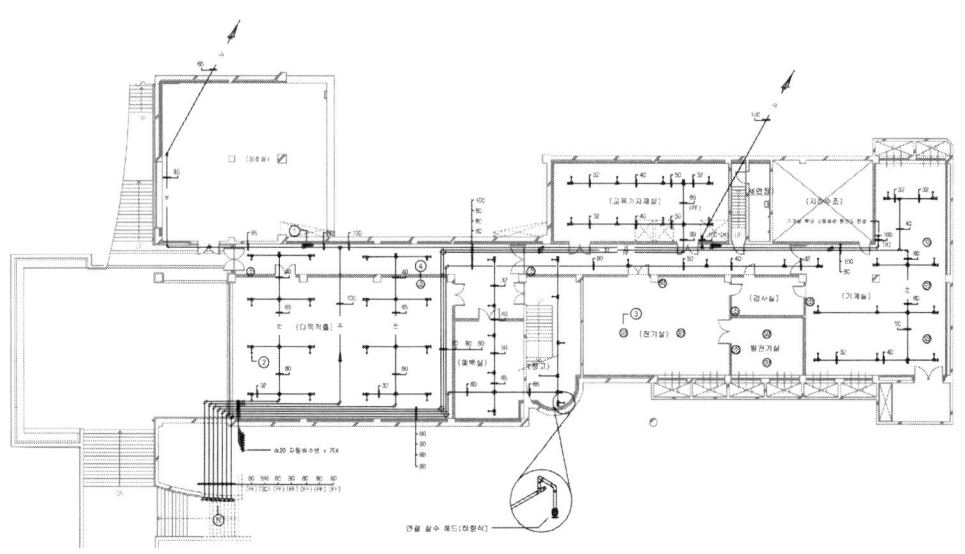

[풀이]

옥내소화전용 백관(보온)

100A	6.4(지중매설로 비보온)+11.7+12.4+43.8+0.9+0.7	=75.9m
80A	2.8	=2.8m
65A	11+7	=18m
40A	0.3×2	=0.6m

연결살수용 백관(비보온)

80A	7.6+7.3+7+6.7+6.4+6.1+6+14.8+(18×4) +(12.4×2)+11.3+1.7+3.6+14.5+19.2+2 +37.7+4.7+4.2+4.5	=262.1m
65A	(3.6×2)+1.3+4.8+1.3+3.2	=17.8m
50A	2.8+2.4+6+3.6+(1.4×2)	=17.6m
40A	(3.2×2)+2+3.4+6.2+3.8+(2.3×2)+(3.4×2)	=33.6m

| | 32A | $(5.2\times8)+3.6+1.6+3+0.8+3+(4.8\times2+2.6+(2.2\times3)$ | |
| | | $+4+(3.8\times2)+(2.2\times2)+(0.5\times48)+(1\times48)$ | $=88.4\text{m}$ |

자동배수배관 높이를 1m로 보면

| 20A | 1×7 | $=7\text{m}$ |
| 15A | 1.5×48(연결살수헤드 연결) | $=72\text{m}$ |

상기에서 산출한 백관길이를 집계하면

관경(A)	보온관(m)	비보온관(m)	소계(m)	할증(%)	계(m)
100	69.5	6.4	75.9	10	83.4
80	2.8	262.1	270.9	10	297.9
65	18	17.8	35.8	10	39.3
50	–	17.6	17.6	10	19.3
40	0.6	33.6	34.2	10	37.6
32	–	88.4	88.4	10	97.2
20	–	7	7	10	7.7
15	–	72	72	10	79.2

백엘보	100A		=5개
	80A	12+4+2	=18개
	65A		=1개
	40A	6+1	=7개
	15A	48×2	=96개
백티	100A×100A	2+1	=3개
	×40A		=2개
	80A×80A		=6개
	×65A		=1개
	×50A		=1개
	×40A		=1개
	×32A	4+2	=6개
	×20A		=7개
	65A×65A	1+2	=3개
	×50A		=1개
	×32A	2+2	=4개
	50A×50A		=2개
	×40A		=1개
	×32A	2+1+2	=5개

	40A×40A	2+1	=3개
	×32A	2+3+4	=9개
	32A×15A	48	=48개
백레듀서	100A×80A	6+1	=7개
	×20A		=1개
	80A×65A	2+2	=4개
	×50A		=2개
	×20A		=6개
	65A×50A	2+2	=4개
	×40A		=2개
	×32A		=2개
	50A×40A	3+2	=5개
	×32A		=1개
	40A×32A	3+2+4+2	=11개
백캡	50A	3+3	=6개
	40A		=2개
	32A	16+4+9+4	=33개
백니플	50A	4+4+2	=10개
	40A	3+3+3+6	=15개
	32A	8+3+48	=59개
	20A		=7개
백관용접	65A 이상의 직관 및 부속류를 용접접합하면		
	100A	10+13+8	=31개소
	80A	36+36+7+12	=91개소
	65A	2+1+19+4+8	=34개소
	50A	1+1+2+4	=8개소
	40A	2+1+2	=5개소
	32A	6+4+2	=12개소
	20A	1+6	=7개소
관슬리브	100A		=2개소
	80A		=12개소
	65A		=1개소

관보온	100A×40t		=69.5m
	80A×40t		=2.8m
	65A×40t		=18m
	40A×25t		=0.6m
일반행거	100A	69.5÷2.5	=27개소
	80A	262.1−38.4(지중매설배관)=223.7÷2.5	=89개소
	65A	35.8÷2.5	=14개소
	50A	17.6÷2	=8개소
	40A	33.6÷2	=16개소
	32A	97.2÷2	=48개소
연결살수헤드	15A		=48개
자동배수밸브	20A		=7개
체크밸브	100A	스모렌스키	=1개
쌍구형 송수구	100×65×65		=7개
ABC소화기	3.3kg		=7개
자동확산소화기	3kg		=7개
옥내소화전함	1,200×650×180×1.6t, STS		=2조
배관공			=9인
보통인부			=3인
기계설치공			=1인

구 분	규 격	수 량	배 관 공		보 통 인 부		기계설치공	
송 수 구	쌍구형	7개	0.6	4.2				
살 수 헤 드	15A	48개	0.092	4.416	0.037	1.776		
자 동 확 산 소 화 기		7개			0.117	0.819	0.212	1.484
밸 브 류	100A	1개	0.214	0.214	0.105	0.105		
	20A	7개	0.05	0.35				
계				9.18		2.7		1.484

　상기 물량에서 일위대가표를 작성하는 것은 백관, 백관용접(강관전기아크용접), 관슬리브(지수판 제외, 벽체), 관보온, 일반행거, 옥내소화전함이다.

예제 2 아래의 기계실 확대 소화배관 평면도에 대하여 내역서를 작성하시오.
(별첨 도면 참조)

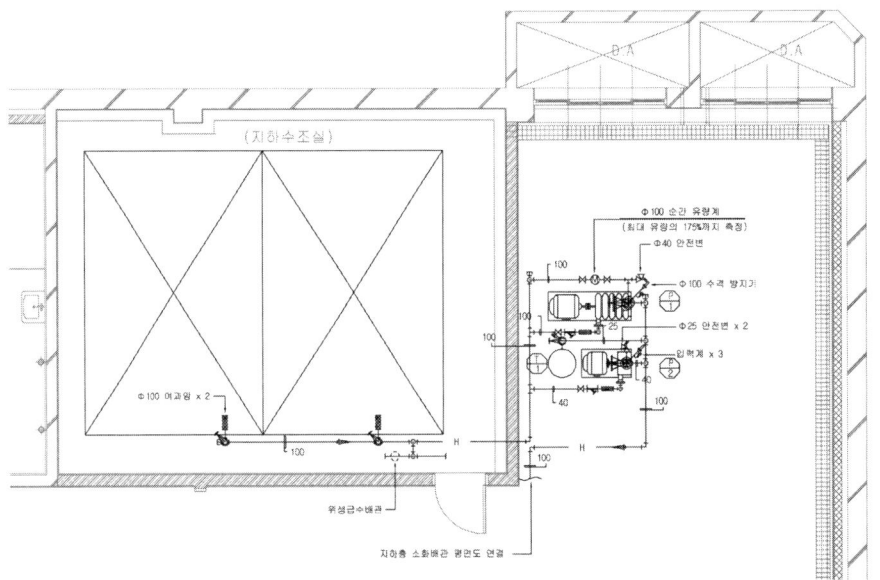

내 역 서

공사명 :

품 명	규 격	단위	수량	재료비		노무비		비고
				단가	금액	단가	금액	

예제 3 아래의 기계실 확대 가스배관 평면도에 대하여 내역서를 작성하시오. (별첨 도면 참조.)

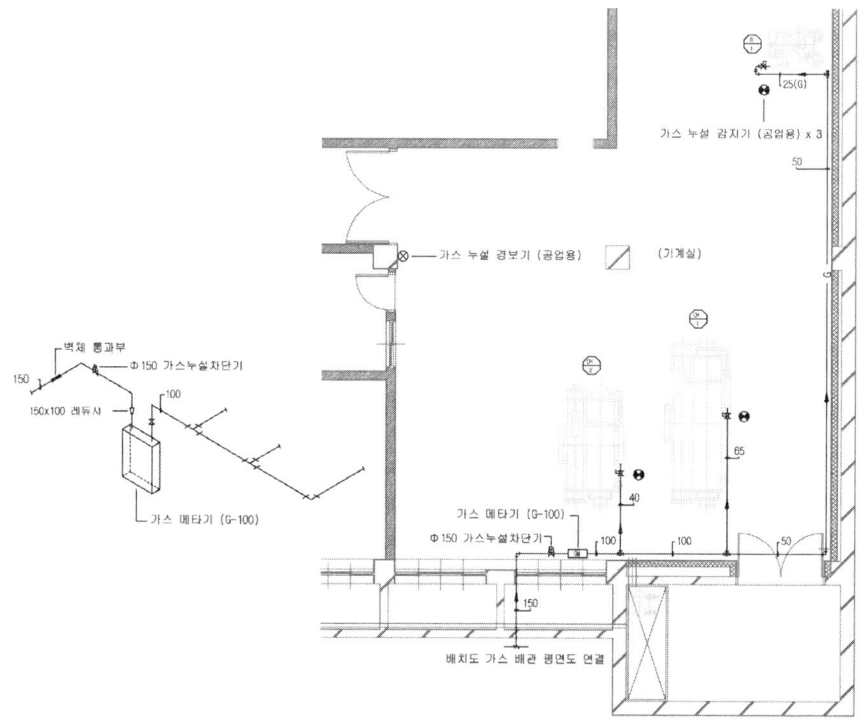

내 역 서

공사명 :

품 명	규 격	단 위	수 량	재 료 비		노 무 비		비 고
				단 가	금 액	단 가	금 액	

부 록

- □ 1 예정가격 작성기준
- □ 2 배관재료의 주요 규격
- □ 3 이음쇠의 규격 및 용도
- □ 4 밸브류의 규격 및 용도
- □ 5 철물의 규격 및 단위중량
- □ 6 철물의 도장면적
- □ 7 압력별 플랜지 규격
- □ 8 기계설비 일위대가표 목록
- □ 9 적산 연습 도면

건·축·기·계·설·비·적·산

부 록

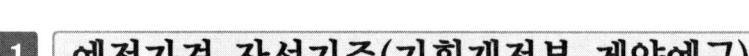

1 예정가격 작성기준(기획재정부 계약예규)

(제2장 제3절 공사원가계산, 제3장 표준시장단가에 의한 예정가격작성 발췌)

1-1 제2장 제3절 공사원가계산

제5조 〔비목별 가격결정의 원칙〕

① 재료비, 노무비, 경비는 각각 아래에서 정한 산식에 따른다.
  - 재료비＝재료량×단위당 가격
  - 노무비＝노무량×단위당 가격
  - 경 비＝소요(소비)량×단위당 가격

② 재료비, 노무비, 경비의 각 세비목별 단위당 가격은 시행규칙 제7조에 따라 계산한다.

③ 계약담당 공무원은 재료비, 노무비, 경비의 각 세비목 및 그 물량(재료량, 노무량, 소요량) 산출은 계약목적물에 대한 규격서, 설계서 등에 의하거나 제34조에 의한 원가계산자료를 근거로 하여 산정하여야 하며, 일정률로 계상하는 일반관리비, 간접노무비 등에 대해서는 사전 공고한 공사원가 제비율을 준수하여야 한다.

④ 계약담당 공무원은 제3항의 각 세비목 및 그 물량산출은 계약목적물의 내용 및 특성 등을 고려하여 그 완성에 적합하다고 인정되는 합리적인 방법으로 작성하여야 한다.

제15조 〔공사원가〕

공사원가라 함은 공사시공 과정에서 발생한 재료비, 노무비, 경비의 합계액을 말한다.

제16조 〔작성방법〕

계약담당 공무원은 공사원가계산을 하고자 할 때에는 별표 2의 공사원가계산서를 작성하고 비목별 산출근거를 명시한 기초계산서를 첨부하여야 한다. 이 경우에 재료비, 노무비, 경비 중 일부를 별표 2의 공사원가계산서상 일반관리비 또는 이윤 다음 비목으로 계상하여서는 아니된다.

제17조 〔재료비〕

재료비는 공사원가를 구성하는 다음 내용의 직접 재료비 및 간접재료비로 한다.
① 직접재료비는 공사목적물의 실체를 형성하는 물품의 자치로서 다음 각호를 말한다.
  1. 주요재료비 : 공사 목적물의 기본적 구성형태를 이루는 물품의 가치
  2. 부분품비 : 공사목적물에 원형대로 부착되어 그 조성부분이 되는 매입부품, 수입부품, 외장재료 및 제19조 제3항 제13호 규정에 의한 경비로 계상되는 것을 제외한 외주품의 가치
② 간접재료비는 공사 목적물의 실치를 형성하지는 않으나 공사에 보조적으로 소비되는 물품의 가치로서 다음 각호를 말한다.
  1. 소모재료비 : 기계오일·접착제·용접가스·장갑 등 소모성 물품의 가치
  2. 소모공구·기구·비품비 : 내용연수 1년 미만으로서 구입단가가 법인세법 또는 소득세법 규정에 의한 상당금액 이하인 감가상각 대상에서 제외되는 소모성 공구·기구·비품의 가치
  3. 가설재료비 : 비계, 거푸집, 동바리 등 공사목적물의 실체를 형성하는 것은 아니나 동 시공을 위하여 필요한 가설재의 가치
③ 재료의 구입과정에서 당해 재료에 직접 관련되어 발생하는 운임, 보험료, 보관비 등의 부대비용은 재료비로서 계산한다.
④ 계약 목적물의 시공중에 발생하는 작업설, 부산물 등은 그 매각액 또는 이용가치를 추산하여 재료비로부터 공제하여야 한다.

제18조〔노무비〕

　노무비의 내용 및 산정방식은 제5조와 제10조를 준용하며, 간접노무비의 구체적 계산방법 등에 대하여는 별표 2-1을 참고하여 계산한다.

※ 제10조(노무비) 노무비는 제조원가를 구성하는 다음 내용의 직접노무비, 간접노무비를 말한다.

① 직접노무비는 제조현장에서 계약목적물을 완성하기 위하여 직접작업에 종사하는 종업원 및 노무자에 의하여 제공되는 노동력의 대가로서 다음 각호의 합계액으로 한다. 다만, 상여금은 기본급의 년 400%, 제수당, 퇴직급여충당금은 「근로기준법」상 인정되는 범위를 초과하여 계상할 수 없다.

　1. 기본급(「통계법」 제15조의 규정에 의한 지정기관이 조사·공표한 단위당가격 또는 기획재정부장관이 결정·고시하는 단위당가격으로서 동단가에는 기본급의 성격을 갖는 정근수당·가족수당·위험수당 등이 포함된다)
　2. 제수당(기본급의 성격을 가지지 않는 시간외 수당·야간수당·휴일수당 등 작업상 통상적으로 지급되는 금액을 말한다)
　3. 상여금
　4. 퇴직급여충당금

② 간접노무비는 직접 제조작업에 종사하지는 않으나, 작업현장에서 보조작업에 종사하는 노무자, 종업원과 현장감독자 등의 기본급과 제수당, 상여금, 퇴직급여충당금의 합계액으로 한다. 이 경우에는 제1항 각호 및 단서를 준용한다.

③ 제1항의 직접노무비는 제조공정별로 작업인원, 작업시간, 제조수량을 기준으로 계약목적물의 제조에 소요되는 노무량을 산정하고 노무비 단가를 곱하여 계산한다.

④ 제2항의 간접노무비는 제34조에 의한 원가계산자료를 활용하여 직접노무비에 대하여 간접노무비율(간접노무비/직접노무비)을 곱하여 계산한다.

⑤ 제4항의 간접노무비는 제3항의 직접노무비를 초과하여 계상할 수 없다. 다만, 작업현장의 기계화, 자동화 등으로 인하여 불가피하게 간접노무비가 직접노무비를 초과하는 경우에는 증빙자료에 의하여 초과 계상할 수 있다.

제19조 〔경 비〕

① 경비는 공사의 시공을 위하여 소요되는 공사원가 중 재료비, 노무비를 제외한 원가를 말하며 기업의 유지를 위한 관리활동부분에서 발생하는 일반관리비와 구분된다.

② 경비는 당해 계약 목적물 시공기간의 소요(소비)량을 측정하거나 제34조에 의한 원가계산 자료나 계약서, 영수증 등을 근거로 산정하여야 한다.

③ 경비의 세비목은 다음 각호의 것으로 한다.

1. 전력비, 수도광열비는 계약 목적물을 시공하는 데 직접 소요되는 당해 비용을 말한다.
2. 운반비는 재료비에 포함되지 않은 운반비로서 원재료, 반재료 또는 기계기구의 운송비, 하역비, 상하차비, 조작비 등을 말한다.
3. 기계경비는 각 중앙관서의 장 또는 그가 지정하는 단체에서 제정한 "표준품셈"상의 건설기계의 경비산정기준에 의한 비용을 말한다.
4. 특허권사용료는 타인 소유의 특허권을 사용한 경우에 지급되는 사용료로서 그 사용비례에 따라 계산한다.
5. 기술료는 당해 계약 목적물을 시공하는데 직접 필요한 노하우(know-how)비 및 동부대비용으로서 외부에 지급되는 비용을 말하며 법인세법상의 시험연구비 등에서 정한 바에 따라 계상하여 사업초년도부터 이연상각하되 그 사용비례를 기준으로 배분계산한다.
6. 연구개발비는 당해 계약 목적물을 시공하는 데 직접 필요한 기술개발 및 연구비로서 시험 및 시범제작에 소요된 비용 또는 연구기관에 의뢰한 기술개발용역비와 법령에 의한 기술개발촉진비 및 직업훈련비를 말하며 법인세상의 시험연구비 등에서 정한 바에 따라 이연상각하되 그 사용비례를 기준하여 배분계산한다. 다만, 연구개발비 중 장래 계속 시공으로서의 연결이 불확실하여 미래 수익의 증가와 관련이 없는 비용은 특별상각할 수 있다.
7. 품질관리비는 당해 계약 목적물의 시공을 위하여 관련법령이나 계약조건에 의하여 품질시험이 요구되는 경우의 비용(품질시험 인건비를 포함한다)을 말하며, 간접노무비에 계상(시험관리인)되는 것은 제외한다.
8. 가설비는 공사목적물의 실체를 형성하는 것이 아니나 현장사무소, 창고, 식당, 숙소, 화장실 등 동 시공을 위하여 필요한 가설물의 설치에 소요되는 비용(노무비, 재료비를 포함한다)을 말한다.

9. 지급임차료는 계약 목적물을 시공하는데 직접 사용되거나 제공되는 토지, 건물, 기계기구(건설기계를 제외한다)의 사용료를 말한다.
10. 보험료는 산업재해보험, 고용보험, 국민건강보험 및 국민연금보험 등 법령이나 계약조건에 의하여 의무적으로 가입이 요구되는 보험의 보험료를 말하고, 동 보험료는 건설산업기본법 제22조제7항 등 관련법령에서 정한 바에 따라 계상하며, 재료비에 계상되는 보험료는 제외한다. 다만, 공사손해보험료는 제22조에서 정한 바에 따라 별도로 계상한다.
11. 복리후생비는 계약 목적물을 시공하는데 종사하는 노무자·종업원·현장사무소직원 등의 의료위생약품대, 공상치료비, 지급피복비, 건강진단비, 급식비 등 작업조건유지에 직접 관련되는 복리후생비를 말한다.
12. 보관비는 계약 목적물의 시공에 소요되는 재료, 기자재 등의 창고 사용료로서 외부에 지급되는 비용만을 계상하여야 하며 이 중에서 재료비에 계상되는 것을 제외한다.
13. 외주가공비는 재료를 외부에 가공시키는 실가공비용을 말하며 외주가공품의 가치로서 재료비에 계상되는 것은 제외한다.
14. 산업안전보건관리비는 작업현장에서 산업재해 및 건강장해예방을 위하여 법령에 의거 요구되는 비용을 말한다.
15. 소모품비는 작업현장에서 발생되는 문방구, 장부대 등 소모용품을 말하며 보조재료로서 재료비에 계상되는 것을 제외한다.
16. 여비·교통비·통신비는 시공현장에서 직접 소요되는 여비 및 차량유지비와 전신전화사용료, 우편료를 말한다.
17. 세금과공과는 시공현장에서 당해공사와 직접 관련되어 부담하여야 할 재산세, 차량세, 사업소세 등의 세금 및 공공단체에 납부하는 공과금을 말한다.
18. 폐기물처리비는 계약 목적물의 시공과 관련하여 발생되는 오물, 잔재물, 폐유, 폐알칼리, 폐고무, 폐합성수지 등 공해유발 물질을 법령에 의거 처리하기 위하여 소요되는 비용을 말한다.
19. 도서인쇄비는 계약 목적물의 시공을 위한 참고서적 구입비, 각종 인쇄비, 사진 제작비(VTR 제작비를 포함한다) 및 공사시공 기록책자 제작비 등을 말한다.
20. 지급수수료는 시행령 제52조제1항 단서의 규정에 의한 공사이행보증서 발급수수료, 건설산업기본법 제34조 및 하도급거래공정화에관한법률 제13조의2의 규정에 의한 건설하도급 대금 지급 보증서 발급 수수료, 건설산업기

본법 제68조의3에 의한 건설기계 대여대금 지급보증수수료 등 법령으로서 지급이 의무화된 수수료를 말한다. 이 경우 보증서 발급 수수료는 보증서 발급기관이 최고 등급업체에 대해 적용하는 보증요율 중 최저요율을 적용하여 계상한다.

21. 환경보전비는 계약 목적물의 시공을 위한 제반 환경오염 방지시설을 위한 것으로서 관련법령에 의하여 규정되어 있거나 의무 지워진 내용을 말한다.
22. 보상비는 당해 공사로 인해 공사현장에 인접한 도로·하천·기타 재산에 훼손을 가하거나 저장물을 철거하게 됨에 따라 발생하는 보상·보수비를 말한다. 다만, 당해 공사를 위한 용지 보상비는 제외한다.
23. 안전관리비는 건설공사의 안전관리를 위하여 관계법령에 의하여 요구되는 비용을 말한다.
24. 건설근로자퇴직공제부금비는 건설근로자의 고용개선 등에 관한 법률에 의하여 건설근로자퇴직공제에 가입하는데 소요되는 비용을 말한다. 다만, 제10조제1항 제4호 및 제18조의 규정에 의하여 퇴직급여충당금을 산정하여 계상한 경우에는 동 금액을 제외한다.
25. 관급자재 관리비는 공사현장에서 사용될 관급자재에 대한 보관 및 관리 등에 소요되는 비용을 말한다.
26. 기타 법정경비는 위에서 열거한 이외의 것으로서 법령으로 규정되어 있거나 의무 지워진 경비를 말한다.

제20조 〔일반관리비〕

일반관리비의 내용은 제12조와 같고 별표 3에서 정한 일반관리비율을 초과하여 계상할 수 없으며 아래와 같이 공사 규모별로 체감 적용한다.

종 합 공 사		전문·전기·정보통신·소방 및 기타공사	
공 사 원 가	일반관리비율(%)	공 사 원 가	일반관리비율(%)
50 억 원 미만	6.0	5 억 원 미만	6.0
50억원~300억원 미만	5.5	5억원~30억원 미만	5.5
30 억 원 이 상	5.0	30억 원 이 상	5.0

제21조〔이 윤〕

이윤은 영업이익을 말하며 공사원가 중 노무비, 경비와 일반관리비의 합계액(이 경우 기술료 및 외주가공비는 제외한다)에 이율을 15%를 초과하여 계상할 수 없다.

제22조〔공사손해보험료〕

① 공사손해보험료는 회계예규「공사계약 일반조건」제10조에 의하여 공사손해보험에 가입할 때 지급하는 보험료를 말하며, 보험가입대상 공사부분의 총공사원가(재료비, 노무비, 경비, 일반관리비 및 이윤의 합계액을 말한다)에 공사손해 보험료율을 곱하여 계상한다.
② 발주기관이 지급하는 관급자재가 있을 경우에는 보험가입 대상 공사부분의 총공사원가와 관급자재를 합한 금액에 공사손해 보험료율을 곱하여 계상한다.
③ 제1항의 규정에 의한 공사손해보험료를 계상하기 위한 공사손해보험료율은 계약담당 공무원이 보험개발원, 손해보험회사 등으로부터 제공받은 자료를 기초로 하여 정한다.

〔별표 3〕 일반관리비율

업 종	일반관리비율(%)
○제조업	
음·식료품의 제조·구매	14
섬유·의복·가죽제품의 제조·구매	8
나무·나무제품의 제조·구매	9
종이·종이제품·인쇄출판물의 제조·구매	14
화학·석유·석탄·고무·플라스틱제품의 제조·구매	8
비금속광물제품의 제조·구매	12
제1차 금속제품의 제조·구매	6
조립금속제품·기계·장비의 제조·구매	7
기타물품의 제조·구매	11
○시설공사업	6

〔참조〕 2019년도 사업종류별 산재보험료율(고용노동부 고시 제2018-90호)

사 업 종 류	보험요율	사 업 종 류	보험요율
전기·가스·증기 및 수도사업	8 / 1,000	건물종합관리·위생·유사서비스업	13 / 1,000
건 설 업	36 / 1,000	해 외 파 견 자	15 / 1,000

〔별표 2〕

공 사 원 가 계 산 서

· 공사명 :　　　　　　　　　　· 공사기간 :

비 목		구 분	금 액	구 성 비	비 고
순공사원가	재료비	직접 재료비			
		간접 재료비			
		작업설·부산물 등(△)			
		소　계			
	노무비	직접 노무비			
		간접 노무비			
		소　계			
	경비	전　력　비			
		수도 광열비			
		운　반　비			
		기 계 경 비			
		특허권사용료			
		기　술　료			
		연구 개발비			
		품질 관리비			
		가　설　비			
		지급 임차료			
		보　험　료			
		복리 후생비			
		보　관　비			
		외주 가공비			
		산업안전 보건관리비			
		소 모 품 비			
		여비·교통비·통신비			
		세금과　공과			
		폐기물 처리비			
		도서　인쇄비			
		지급 수수료			
		환경 보전비			
		보　상　비			
		안전 관리비			
		건설근로자퇴직공제부금비			
		기타 법정경비			
		소　계			
일반관리비(재료비+노무비+경비)×(　)%					
이윤(노무비+경비+일반관리비)×(　)%					
총　원　가					
공사손해보험료[보험가입대상공사부분의 총원가×(　)%]					

1-2 제3장 표준시장단가에 의한 예정가격작성

제37조〔표준시장단가에 의한 예정가격의 산정〕

① 예정가격은 직접공사비, 간접공사비, 일반관리비, 이윤, 공사손해보험료 및 부가가치세의 합계액으로 한다.
② 낙찰자를 결정하는 경우로서 추정가격이 100억 원 미만인 공사에는 표준시장단가를 적용하지 아니한다.

제38조〔직접공사비〕

① 직접공사비란 계약목적물의 시공에 직접적으로 소요되는 비용을 말하며, 계약목적물을 세부 공종(회계예규「정부 입찰·계약 집행기준」제19조 등 관련 규정에 따른 수량산출기준에 따라 공사를 작업단계별로 구분한 것을 말한다)별로 구분하여 공종별 단가에 수량(계약목적물의 설계서 등에 의해 그 완성에 적합하다고 인정되는 합리적인 단위와 방법으로 산출된 공사량을 말한다)을 곱하여 산정한다.
② 직접공사비는 다음 각호의 비용을 포함한다.
  1. 재료비
    재료비는 계약목적물의 실체를 형성하거나 보조적으로 소비되는 물품의 가치를 말한다.
  2. 직접노무비
    공사현장에서 계약목적물을 완성하기 위하여 직접작업에 종사하는 종업원과 노무자의 기본급과 제수당, 상여금 및 퇴직급여충당금의 합계액으로 한다.
  3. 직접공사경비
    공사의 시공을 위하여 소요되는 기계경비, 운반비, 전력비, 가설비, 지급임차료, 보관비, 외주가공비, 특허권 사용료, 기술료, 보상비, 연구개발비, 품질관리비, 폐기물처리비 및 안전점검비를 말하며, 비용에 대한 구체적인 정의는 제19조를 준용한다.
③ 제1항의 공종별 단가를 산정함에 있어 재료비 또는 직접공사경비중의 일부를 제외할 수 있다. 이 경우 제외 할 수 있는 금액의 산정은 별도로 당해 계약목적물 시공 기간의 소요(소비)량을 측정하거나 계약서, 영수증 등을 근거로 하여야 한다.
④ 각 중앙관서의 장 또는 각 중앙관서의 장이 지정하는 기관은 직접공사비를 공종별로 직접조사·집계하여 산정할 수 있다.

제39조 〔간접공사비〕

① 간접공사비란 공사의 시공을 위하여 공통적으로 소요되는 법정경비 및 기타 부수적인 비용을 말하며, 직접공사비 총액에 비용별로 일정요율을 곱하여 산정한다.

② 간접공사비는 다음 각호의 비용을 포함하며, 비용에 대한 구체적인 정의는 제10조제2항 및 제19조를 준용한다.
  1. 간접노무비
  2. 산재보험료
  3. 고용보험료
  4. 국민건강보험료
  5. 국민연금보험료
  6. 건설근로자퇴직공제부금비
  7. 안전관리비
  8. 환경보전비
  9. 기타 관련법령에 규정되어 있거나 의무지워진 경비로서 공사원가계산에 반영토록 명시된 법정경비
  10. 기타간접공사경비(수도광열비, 복리후생비, 소모품비, 여비, 교통비, 통신비, 세금과공과, 도서인쇄비 및 지급수수료를 말한다.)

③ 제1항의 일정요율이란 관련법에 의해 각 중앙관서의 장이 정하는 법정요율을 말한다. 다만 법정요율이 없는 경우에는 다수기업의 평균치를 나타내는 공신력이 있는 기관의 통계자료를 토대로 각 중앙관서의 장 또는 계약담당 공무원이 정한다.

④ 제38조의 규정에 따라 산정되지 아니한 공종에 대하여도 간접공사비 산정은 제1항 내지 제3항의 규정을 적용한다.

제40조 〔일반관리비〕

① 일반관리비는 기업의 유지를 위한 관리활동부문에서 발생하는 제비용으로서, 비용에 대한 구체적인 정의와 종류에 대하여는 제12조의 규정을 준용한다.

② 일반관리비는 직접공사비와 간접공사비의 합계액에 일반관리비율을 곱하여 계산한다. 다만, 일반관리비율은 공사규모별로 아래에서 정한 비율을 초과할 수 없다.

종 합 공 사		전문·전기·정보통신·소방 및 기타공사	
직접공사비+간접공사비	일반관리비율(%)	직접공사비+간접공사비	일반관리비율(%)
50억원 미만	6.0%	5억원원 미만	6.0%
50억원~300억원 미만	5.5%	5억원~30억원 미만	5.5%
30억원 이상	5.0%	30억원 이상	5.0%

제41조〔이윤〕

이윤은 영업이익을 말하며 직접공사비, 간접공사비 및 일반관리비의 합계액에 이윤율을 곱하여 계산한다. 다만, 이윤율은 시행규칙에서 정한 기준에 따른다.

제42조〔공사손해보험료〕

회계예규「정부 입찰·계약 집행기준」제12장에 따른 공사손해보험가입 비용을 말한다.

제43조〔총괄집계표의 작성〕

계약담당 공무원이 표준시장단가에 따라 예정가격을 작성하는 경우, 예정가격을 직접공사비, 간접공사비, 일반관리비, 이윤, 공사손해보험료 및 부가가치세로 구분하여 별표6의 총괄집계표를 작성하여야 한다.

제44조〔세부시행기준〕

계약담당 공무원은 이 장을 운용함에 있어 필요한 세부사항을 정할 수 있다.

2 배관재료의 주요 규격

2-1 배관재별 규격 및 용도

구분	관종	명 칭	규 격	증기	고온수	냉온수	냉각수	기름	냉매	급수	급탕	배수	통기	소화	비 고
금속관	강관	수도용 아연도강관	KSD 3537			○	○			○		○	○	○	
		수도용 도복장강관	KSD 3563							○					
		배관용 탄소강관	KSD 3507	◎		○	○	◎	◎	○		○	○	○	
		압력배관용 탄소강관	KSD 3562	◎	●	○	○	◎	◎	○				○	
		배관용 아크용접탄소강관	KSD 3583							○					
		배관용 스테인리스강관	KSD 3576			○	○			○	○				○ : 백관
		일반배관용 스테인리스강관	KSD 3595			○	○			○	○				◎ : 흑관
		폴리에틸렌 피복강관(PEH)	KSD 3589			○				○					● : SCH40
		경질염화비닐 라이닝강관	KSD 3761			○				○					
		수도용 에폭시수지분 체내외면 코팅강관	KSD 3608			○				○					
		수도용 폴링틸렌분체 라이닝강관(PFP)	KSD 3619			○				○					
	주철관	배수용 주철관	KSD 4037									○	○		보통압력관
		수도용 원심력덕타일주철관	KSD 4311							○				○	1종, 2종
비철금속관	동관	이음매없는 동 및 동합금관	KSD 5301			○	○		○	○	○				
		동 및 동합금용접관	KSD 5545			○	○		○	○	○	○	○	○	
	연관	연관	KSD 6702									○	○		1종, 2종
		수도용 연관	KSD 6703							○					1종, 2종
비금속관	합성수지관	일반용 경질염화비닐관	KSM 3404			○						○	○		
		수도용 경질염화비닐관	KSM 3401			○		○							
		수도용 폴리에틸렌관(PE)	KSM 3408			○		○							
		가교화 폴리에틸렌관(PE)	KSM 3357		○			○	○						
		폴리프로필렌 공중합체관(PPC)	KSM 3362		○			○	○						
		폴리부틸렌관	KSM 3363		○			○	○						
	콘크리트관	철근콘크리트관	KSF 4401									○			
		원심력 철근콘크리트관	KSF 4403									○			보통압력관
		진동 및 전압철근콘크리트관	KSF 4402									○			압력관
		코아식 프리스트레스트 콘크리트관	KSF 4405									○			압력관
	도관	도관(직관)										○			배수용

2-2 강관

(1) 배관용 탄소강관의 규격(KS D 3507)

관의 호칭		바깥지름	바깥지름의 허용차		두께	두께의 허용차	소켓을 포함하지 않은 무게(kg/m)
A	B		테이퍼 나사관	기타 관			
6	1/8	10.5	±0.5mm		2.00		0.419
8	1/4	13.8	±0.5mm		2.35		0.664
10	3/8	17.3	±0.5mm		2.35		0.866
15	1/2	21.7	±0.5mm		2.65		1.25
20	3/4	27.2	±0.5mm		2.65		1.60
25	1	34.0	±0.5mm		3.25		2.46
32	1¼	42.7	±0.5mm		3.25		3.16
40	1½	48.6	±0.5mm		3.25		3.63
50	2	60.5	±0.5mm	±1%	3.65		5.12
65	2½	76.3	±0.7mm	±1%	3.65		6.34
80	3	89.1	±0.8mm	±1%	4.05		8.49
90	3½	101.6	±0.8mm	±1%	4.05	+ 규정하지 않음 -12.5%	9.74
100	4	114.3	±0.8mm	±1%	4.50		12.2
125	5	139.8	±0.8mm	±1%	4.85		16.1
150	6	165.2	±0.8mm	±1%	4.85		19.2
175	7	190.7	±0.9mm	±1%	5.30		24.2
200	8	216.3	±1.0mm	±1%	5.85		30.4
225	9	241.8	±1.2mm	±1%	6.20		36.0
250	10	267.4	±1.3mm	±1%	6.40		41.2
300	12	318.5	±1.5mm	±1%	7.00		53.8
350	14	355.6	-	±1%	7.60		65.2
400	16	406.4	-	±1%	7.90		77.6
450	18	457.2	-	±1%	7.90		87.5
500	20	508.0	-	±1%	7.90		97.4
550	22	558.8	-	±1%	7.90		10.7
600	24	609.6	-	±1%	7.90		11.7

수도용 아연도강관(SPPW KSD3537)도 동일한 규격이며 길이는 5.5m 이상으로 한다.

(2) 압력배관용 탄소강관의 치수 및 중량(KS D 3562)

호칭지름		바깥 지름 (mm)	호칭 두께										
			스케줄 10		스케줄 20		스케줄 30		스케줄 40		스케줄 60		스케줄 80	
A	B		두께 (mm)	중량 (kg/m)	두께 (mm)	중량 (kg/m)	두께 (mm)	중량 (kg/m)	두께 (mm)	중량 (kg/m)	두께 (mm)	중량 (kg/m)	두께 (mm)	중량 (kg/m)
6	1/8	10.5	-	-	-	-	-	-	1.7	0.369	2.2	0.450	2.4	0.479
8	1/4	13.8	-	-	-	-	-	-	2.2	0.629	2.4	0.675	3.0	0.799
10	3/8	17.3	-	-	-	-	-	-	2.3	0.851	2.8	1.00	3.2	1.11
15	1/2	21.7	-	-	-	-	-	-	2.8	1.31	3.2	1.46	3.7	1.64
20	3/4	27.2	-	-	-	-	-	-	2.9	1.74	3.4	2.00	3.9	2.24
25	1	34.0	-	-	-	-	-	-	3.4	2.57	3.9	2.89	4.5	3.27
32	1¼	42.7	-	-	-	-	-	-	3.6	3.47	4.5	4.24	4.9	4.57
40	1½	48.6	-	-	-	-	-	-	3.7	4.10	4.5	4.89	5.1	5.47
50	2	60.5	-	-	3.2	4.52	-	-	3.9	5.44	4.9	6.72	5.5	7.46
65	2½	76.3	-	-	4.5	7.97	-	-	5.2	9.12	6.0	10.4	7.0	12.0
80	3	89.1	-	-	4.5	9.39	-	-	5.5	11.3	6.6	13.4	7.6	15.3
90	3½	101.6	-	-	4.5	10.8	-	-	5.7	13.5	7.0	16.3	8.1	18.7
100	4	114.3	-	-	4.9	13.2	-	-	6.0	16.0	7.1	18.8	8.6	22.4
125	5	139.8	-	-	5.1	16.9	-	-	6.6	21.7	8.1	26.3	9.5	30.5
150	6	165.2	-	-	5.5	21.7	-	-	7.1	27.7	9.3	35.8	11.0	41.8
200	8	216.3	-	-	6.4	33.1	7.0	36.1	8.2	42.1	10.3	52.3	12.7	63.8
250	10	267.4	-	-	6.4	41.2	7.8	49.9	9.3	59.2	12.7	79.8	15.1	93.9
300	12	318.5	-	-	6.4	49.3	8.4	64.2	10.3	78.3	14.3	107	17.4	129
350	14	355.6	6.4	55.1	7.9	67.7	9.5	81.1	11.1	94.3	15.1	127	19.0	158
400	16	406.4	6.4	63.1	7.9	77.6	9.5	93.0	12.7	123	16.7	160	21.4	203
450	18	457.2	6.4	71.1	7.9	87.5	11.1	122	14.3	156	19.0	205	23.8	254
500	20	508.0	6.4	79.2	9.5	117	12.7	155	15.1	184	20.6	248	26.2	311
550	22	558.8	6.4	87.2	9.5	129	12.7	171	15.9	213	-	-	-	-
600	24	609.6	6.4	95.2	9.5	141	14.3	228	-	-	-	-	-	-
650	26	660.4	7.9	103	12.7	203	-	-	-	-	-	-	-	-

(3) 배관용 스테인리스강강관의 치수 및 중량(KS D 3576)

호칭지름 A	호칭지름 B	바깥지름 (mm)	두께 및 단위 중량 스케줄 5S					스케줄 10S					스케줄 20S					스케줄 40		
			두께 (mm)	중량(kg/m) 종류				두께 (mm)	중량(kg/m) 종류				두께 (mm)	중량(kg/m) 종류				두께 (mm)	중량(kg/m) 종류	
				304외[1]	309외[2]	329J1외[3]	405		304외[1]	309외[2]	329J1외[3]	405		304외[1]	309외[2]	329J1외[3]	405		304외[1]	309외[2]
6	1/8	10.5	1.0	0.237	0.238	0.233	0.231	1.2	0.278	0.280	0.273	0.272	1.5	0.336	0.338	0.331	0.328	1.7	0.373	0.375
8	1/4	13.8	1.2	0.377	0.379	0.370	0.368	1.65	0.499	0.503	0.491	0.488	2.0	0.588	0.592	0.578	0.575	2.2	0.636	0.640
10	3/8	17.3	1.2	0.481	0.484	0.473	0.470	1.65	0.643	0.647	0.632	0.629	2.0	0.762	0.767	0.750	0.745	2.3	0.859	0.865
15	1/2	21.7	1.65	0.824	0.829	0.810	0.806	2.1	1.03	1.03	1.01	1.00	2.5	1.20	1.20	1.18	1.17	2.8	1.32	1.33
20	3/4	27.2	1.65	1.05	1.06	1.03	1.03	2.1	1.31	1.32	1.29	1.28	2.5	1.54	1.55	1.51	1.50	2.9	1.76	1.77
25	1	34.0	1.65	1.33	1.34	1.31	1.30	2.8	2.18	2.19	2.14	2.13	3.0	2.32	2.33	2.28	2.26	3.4	2.59	2.61
32	1¼	42.7	1.65	1.69	1.70	1.66	1.65	2.8	2.78	2.80	2.74	2.72	3.0	2.97	2.99	2.92	2.90	3.6	3.51	3.53
40	1½	48.6	1.65	1.93	1.94	1.90	1.89	2.8	3.19	3.21	3.14	3.12	3.0	3.41	3.43	3.35	3.33	3.7	4.14	4.16
50	2	60.5	1.65	2.42	2.43	2.38	2.36	2.8	4.02	4.06	3.96	3.93	3.5	4.97	5.00	4.89	4.86	3.9	5.50	5.53
65	2½	76.3	2.1	3.88	3.91	3.82	3.79	3.0	5.48	5.51	5.39	5.35	3.5	6.35	6.39	6.24	6.20	5.2	9.21	9.27
80	3	89.1	2.1	4.55	4.58	4.48	4.45	3.0	6.43	6.48	6.33	6.29	4.0	8.48	8.53	8.34	8.29	5.5	11.5	11.5
90	3½	101.6	2.1	5.20	5.24	5.12	5.09	3.0	7.37	7.42	7.25	7.20	4.0	9.72	9.79	9.92	9.51	5.7	13.6	13.7
100	4	114.3	2.1	5.37	5.91	5.77	5.74	3.0	8.32	8.37	8.18	8.13	4.0	11.0	11.1	10.8	10.7	6.0	16.2	16.3
125	5	139.8	2.8	9.56	9.62	9.40	9.34	3.4	11.6	11.6	11.4	11.3	5.0	16.3	16.9	16.5	16.4	6.6	21.9	22.0
150	6	165.2	2.8	11.3	11.4	11.1	11.1	3.4	13.7	13.8	13.5	13.4	5.0	20.0	20.1	19.6	19.5	7.1	28.0	28.1
200	8	216.3	2.8	14.9	15.0	14.6	14.6	4.0	21.2	21.3	20.8	20.7	6.5	34.0	34.2	33.4	33.2	8.2	42.5	42.8
250	10	267.4	3.4	22.4	22.5	22.0	21.8	4.0	26.2	26.4	25.8	25.7	6.5	42.2	42.5	41.5	41.3	9.3	59.8	50.2
300	12	318.5	4.0	31.3	31.5	30.3	30.6	4.5	35.2	35.4	34.6	34.4	6.5	50.5	50.8	49.7	49.4	10.3	79.1	79.6
350	14	355.6	-	-	-	-	-	-	-	-	-	-	-	-	-	-	-	11.1	95.3	95.9
400	16	406.4	-	-	-	-	-	-	-	-	-	-	-	-	-	-	-	12.7	125	125
450	18	457.2	-	-	-	-	-	-	-	-	-	-	-	-	-	-	-	14.3	158	159
500	20	508.0	-	-	-	-	-	-	-	-	-	-	-	-	-	-	-	15.1	185	187
550	22	558.8	-	-	-	-	-	-	-	-	-	-	-	-	-	-	-	15.9	215	216
600	24	609.6	-	-	-	-	-	-	-	-	-	-	-	-	-	-	-	17.5	258	260
650	26	660.4	-	-	-	-	-	-	-	-	-	-	-	-	-	-	-	18.9	302	304

호칭지름		바깥지름(mm)	두께 및 단위 중량															
			스케줄 40		두께(mm)	스케줄 80				두께(mm)	스케줄 120				두께(mm)	스케줄 160			
			중량(kg/m)			중량(kg/m)					중량(kg/m)					중량(kg/m)			
			종류			종류					종류					종류			
A	B		329J1외[3]	405		304외[1]	309외[2]	329J1외[3]	405		304외[1]	309외[2]	329J1외[3]	405		304외[1]	309외[2]	329J1외[3]	405
6	1/8	10.5	0.367	0.364	2.4	0.484	0.487	0.476	0.473	–	–	–	–	–	–	–	–	–	–
8	1/4	13.8	0.625	0.641	3.0	0.807	0.821	0.794	0.789	–	–	–	–	–	–	–	–	–	–
10	3/8	17.3	0.845	0.840	3.2	1.12	1.13	1.11	1.10	–	–	–	–	–	–	–	–	–	–
15	1/2	21.7	1.30	1.29	3.7	1.66	1.67	1.63	1.62	–	–	–	–	–	4.7	1.99	2.00	1.96	1.95
20	3/4	27.2	1.73	1.72	3.9	2.26	2.28	2.23	2.21	–	–	–	–	–	5.5	2.97	2.99	2.92	2.91
25	1	34.0	2.55	2.53	4.5	3.31	3.33	3.25	3.23	–	–	–	–	–	6.4	4.40	4.43	4.33	4.30
32	1¼	42.7	3.45	3.43	4.9	4.61	4.64	4.54	4.51	–	–	–	–	–	6.4	5.79	5.82	5.69	5.66
40	1½	48.6	4.07	4.04	5.1	5.53	5.56	5.44	5.40	–	–	–	–	–	7.1	7.34	7.39	7.22	7.17
50	2	60.5	5.41	5.38	5.5	7.54	7.58	7.41	7.37	–	–	–	–	–	8.7	11.2	11.3	11.0	11.0
65	2½	76.3	9.06	9.00	7.0	12.1	12.2	11.9	11.8	–	–	–	–	–	9.5	15.8	15.9	15.5	15.5
80	3	89.1	11.3	11.2	7.6	15.4	15.5	15.2	15.1	–	–	–	–	–	11.1	21.6	21.7	21.2	21.1
90	3½	101.6	13.4	13.3	8.1	18.9	19.0	18.6	18.4	–	–	–	–	–	12.7	28.1	28.3	27.7	27.5
100	4	114.3	15.9	15.8	8.6	22.6	22.8	22.3	22.1	11.1	28.5	28.7	28.1	27.9	13.5	33.9	34.1	33.3	33.1
125	5	139.8	21.5	21.4	9.5	30.8	31.0	30.3	30.1	12.7	40.2	40.5	39.5	39.3	15.9	49.1	49.4	48.3	48.0
150	6	165.2	27.5	27.3	11.0	42.3	42.5	41.6	41.3	14.3	53.8	54.1	52.9	52.5	18.2	66.6	66.9	65.5	65.1
200	8	216.3	41.8	41.6	12.7	64.4	64.8	63.4	63.0	18.2	89.8	90.4	88.3	87.8	23.0	111	111	109	108
250	10	267.4	58.8	58.4	15.1	94.9	95.5	93.3	92.8	21.4	131	132	129	128	28.6	170	171	167	166
300	12	318.5	77.8	77.3	17.4	131	131	128	128	25.4	185	187	182	181	33.3	237	238	233	231
350	14	355.6	93.7	93.1	19.0	159	160	157	156	27.8	227	228	223	222	35.7	284	286	280	278
400	16	406.4	122	122	21.4	205	207	202	201	30.9	289	291	284	282	40.5	369	372	363	361
450	18	457.2	155	154	23.8	257	259	252	251	34.9	367	369	361	359	45.2	464	467	456	453
500	20	508.0	182	181	26.2	314	316	309	307	38.1	446	449	439	436	50.0	570	574	561	558
550	22	558.8	211	210	28.6	378	380	372	369	41.3	532	536	524	520	54.0	679	683	668	664
600	24	609.6	254	252	31.0	447	450	439	437	46.0	646	650	635	631	59.5	815	821	802	797
650	26	660.4	297	295	34.0	531	534	522	519	49.1	748	752	735	731	64.2	953	960	938	932

1) 304, 304H, 304L, 321, 321H
2) 309, 309S, 310, 310S, 316, 316H, 316L, 317, 317L, 347, 347H
3) 329J1, 329J2L

(4) 일반배관용 스테인리스강관의 치수와 중량(KS D 3595, STS 304)

호칭 지름 (SU)	바깥 지름 (mm)	두께 (mm)		무게(kg/m)			
				K		L	
		K	L	STS 304 TPD	STS 316 TPD	STS 304 TPD	STS 316 TPD
8	9.52	0.7	0.5	0.154	0.156	0.112	0.113
10	12.70	0.8	0.6	0.237	0.239	0.181	0.182
13	15.88	0.8	0.6	0.301	0.303	0.228	0.230
17	19.05	0.8	0.6	0.364	0.366	0.276	0.278
20	22.22	1.0	0.7	0.529	0.532	0.375	0.378
25	28.58	1.0	0.8	0.687	0.691	0.554	0.557
30	34.0	1.2	1.0	0.980	0.986	0.822	0.827
40	42.7	1.2	1.0	1.24	1.25	1.04	1.05
50	48.6	1.2	1.0	1.42	1.43	1.19	1.19
60	60.5	1.5	1.2	2.20	2.21	1.77	1.78
75	76.3	1.5	1.2	2.79	2.81	2.24	2.26
80	89.1	2.0	1.5	4.34	4.37	3.27	3.29
90	101.6	2.0	1.5	4.96	4.99	3.74	3.76
100	114.3	2.0	1.5	5.59	5.63	4.21	4.24
125	139.8	2.0	1.5	6.87	6.91	5.17	5.20
150	165.2	3.0	2.0	12.1	12.2	8.13	8.18
200	216.3	3.0	2.0	15.9	16.0	10.7	10.7
250	267.4	3.0	2.0	19.8	19.9	13.2	13.3
300	318.5	3.0	2.0	23.6	23.8	15.8	15.9

2-3 주철관

(1) 배수용 주철관의 치수 및 중량(KS D 4307)

1) 직관 1종(mm)

호칭 지름	관 두께	안 지름	바깥 지름	중 량(kg)					
				유 효 길 이					
				1,600	1,000	800	600	400	300
50	6.0	50	62	13.8	9.2	7.7	6.2	4.7	3.9
65	6.0	65	77	17.5	11.7	9.7	7.8	5.8	4.8
75	6.0	75	87	19.9	13.3	11.1	8.9	6.7	5.6
100	6.0	100	112	26.0	17.4	14.5	11.6	8.8	7.3
125	6.0	125	137	32.0	21.4	17.8	14.3	10.7	8.9
150	6.0	150	162	38.2	25.5	21.2	17.0	12.7	10.6
200	7.0	200	214	59.5	39.8	33.2	26.6	20.1	16.8

2) 직관 2종(mm)

호칭 지름	관 두께	안 지름	바깥 지름	중 량(kg)					
				유 효 길 이					
				1,600	1,000	800	600	400	300
50	4.5	50	59	13.8	9.2	7.7	6.2	4.7	3.9
65	4.5	65	74	17.5	11.7	9.7	7.8	5.8	4.8
75	4.5	75	84	19.9	13.3	11.1	8.9	6.7	5.6
100	4.5	100	109	26.0	17.4	14.5	11.6	8.8	7.3
125	4.5	125	134	32.0	21.4	17.8	14.3	10.7	8.9
150	4.5	150	159	38.2	25.5	21.2	17.0	12.7	10.6
200	6.0	200	212	59.5	39.8	33.2	26.6	20.1	16.8

(2) 수도용 원심력 덕타일 주철관의 치수 및 중량(KS D 4311)

1) mechnical joint

호칭지름 (DN)	바깥지름 (mm)	관두께 (mm)	중 량(kg/m) 중 량(kg) 4m	5m	6m	관두께 (mm)	중 량(kg/m) 중 량(kg) 4m	5m	6m	관두께 (mm)	중 량(kg/m) 중 량(kg) 4m	5m	6m
80	98	7.4	65.2	80.0	94.8	6.7	60.0	73.5	87.0	6.0	54.8	67.0	79.2
100	118	7.5	80.7	99.1	117.5	6.8	72.7	89.1	105.5	6.1	67.5	82.6	97.7
125	144	7.6	100.6	123.6	146.6	6.9	92.6	113.6	134.6	6.2	84.2	103.1	122.0
150	170	7.7	120.7	148.4	176.1	7.0	111.1	136.4	161.7	6.3	101.1	123.9	146.7
200	222	7.8	161.3	198.2	235.1	7.1	148.9	182.7	216.5	6.4	136.1	166.7	197.3
250	274	8.3	213.7	262.5	311.3	7.5	195.7	240.0	284.3	6.8	179.3	219.5	259.7
300	326	8.8	270.7	332.5	394.3	8.0	248.7	305.0	361.3	7.2	226.7	277.5	328.3
350	378	9.4	335.4	412.1	488.8	8.5	307.0	376.6	446.5	7.7	281.4	344.6	407.8
400	429	9.9	401.6	493.5	585.4	9.0	368.8	452.5	536.2	8.1	336.0	411.5	487.0
450	480	10.5	475.4	583.9	692.4	9.5	435.4	533.9	632.4	8.6	400.6	490.4	580.2
500	532	11.0	557.4	684.3	811.2	10.0	512.2	627.8	743.4	9.0	467.0	571.3	675.6
600	635	12.1	736.6	903.5	1070.4	11.0	677.0	829.0	981.0	9.9	617.4	754.5	891.6
700	738	13.2	940.5	1152.4	1364.3	12.0	864.9	1057.9	1250.9	10.8	788.5	962.4	1136.3
800	842	14.3	1168.8	1430.9	1693.0	13.0	1075.0	1313.7	1552.4	11.7	981.0	1196.2	1411.4
900	945	15.4	1419.6	1736.7	2053.8	14.0	1306.0	1594.7	1883.4	12.6	1192.0	1452.2	1712.4
1,000	1,048	16.5	1710.4	2087.4	2464.4	15.0	1575.2	1918.4	2261.6	13.5	1439.6	1748.9	2058.2
1,100	1,144	17.6	1923.0	2361.9	2800.8	16.0	1765.4	2164.9	2564.4	14.4	1607.8	1967.9	2328.0
1,200	1,255	18.7	2249.9	2761.7	3273.5	17.0	2066.3	2532.2	2998.1	15.3	1883.1	2303.2	2723.3

2) KP mechnical joint

호칭지름 (DN)	바깥지름 (mm)	관두께 (mm)	중 량(kg/m) 중 량(kg) 4m	5m	6m	관두께 (mm)	중 량(kg/m) 중 량(kg) 4m	5m	6m	관두께 (mm)	중 량(kg/m) 중 량(kg) 4m	5m	6m
80	98	7.4	63.0	78	93	6.7	58.0	71.5	85.0	6.0	53.0	65.0	77.0
100	118	7.5	78.5	97	115	6.8	70.5	87.0	103	6.1	65.0	80.5	95.5
125	144	7.6	98.0	121	144	6.9	90.0	111	132	6.2	81.5	100	119
150	170	7.7	118	146	174	7.0	109	134	159	6.3	98.5	121	144
200	222	7.8	158	194	231	7.1	145	179	213	6.4	132	163	194
250	274	8.3	209	257	306	7.5	191	235	279	6.8	174	214	255
300	326	8.8	264	326	388	8.0	242	298	355	7.2	220	271	322
350	378	9.4	328	405	482	8.5	300	370	439	7.7	274	338	401
400	429	9.9	394	486	578	9.0	361	445	528	8.1	328	404	479
450	480	10.5	466	574	683	9.5	426	524	623	8.6	391	481	571
500	532	11.0	546	673	800	10.0	501	616	732	9.0	456	560	664
600	635	12.1	722	889	1056	11.0	663	815	967	9.9	603	740	877
700	738	13.2	921	1133	1345	12.0	846	1039	1232	10.8	769	943	1117
800	842	14.3	1134	1396	1658	13.0	1040	1279	1518	11.7	946	1161	1377
900	945	15.4	1370	1687	2004	14.0	1256	1545	1834	12.6	1142	1403	1663
1,000	1,048	16.5	1631	2008	2385	15.0	1495	1839	2182	13.5	1360	1669	1978
1,100	1,144	17.6	1895	2334	2773	16.0	1737	2137	2536	14.4	1580	1940	2300
1,200	1,255	18.7	2216	2727	3239	17.0	2032	2498	2964	15.3	1849	2269	2689

3) tyton joint

호칭지름(DN)	바깥지름(mm)	관두께(mm)	중량(kg/m) 중량(kg) 4m	5m	6m	관두께(mm)	중량(kg/m) 중량(kg) 4m	5m	6m	관두께(mm)	중량(kg/m) 중량(kg) 4m	5m	6m
80	98	7.4	64.5	79.0	94.0	6.7	59.0	72.5	86.0	6.0	54.0	66.0	78.5
100	118	7.5	80.5	98.5	117	6.8	72.5	88.5	105	6.1	67.0	82.0	97.5
125	144	7.6	101	124	147	6.9	92.5	114	135	6.2	84.0	103	122
150	170	7.7	122	149	177	7.0	112	137	163	6.3	102	125	148
200	222	7.8	163	199	236	7.1	150	184	218	6.4	137	168	199
250	274	8.3	216	265	314	7.5	198	243	287	6.8	182	222	262
300	326	8.8	274	336	397	8.0	252	308	364	7.2	230	281	331
350	378	9.4	339	416	493	8.5	311	381	450	7.7	285	349	412
400	429	9.9	405	497	589	9.0	372	456	539	8.1	339	415	490
450	480	10.5	483	592	700	9.5	443	542	640	8.6	409	498	588
500	532	11.0	563	690	817	10.0	518	633	749	9.0	472	577	681
600	635	12.1	739	906	1073	11.0	679	831	983	9.9	620	757	894
700	738	13.2	918	1130	1341	12.0	842	1035	1228	10.8	766	940	1113
800	842	14.3	1134	1396	1658	13.0	1041	1279	1518	11.7	947	1162	1377
900	945	15.4	1376	1693	2010	14.0	1262	1551	1840	12.6	1148	1409	1669
1,000	1,048	16.5	1646	2023	2400	15.0	1511	1854	2197	13.5	1375	1684	1994
1,100	1,144	17.6	1919	2358	2797	16.0	1761	2161	2560	14.4	1604	1964	2324
1,200	1,255	18.7	2245	2756	3268	17.0	2061	2527	2993	15.3	1878	2298	2718

2-4 기타 금속관

(1) 배관용 동관(C1020, C1220)의 치수

호칭지름 A	호칭지름 B	바깥지름(허용오차)(mm)	두께(mm) K형	L형	M형	비 고
8	1/4	9.52(±0.03)	0.89	0.76	–	
10	3/8	12.70(±0.03)	1.24	0.89	0.64	
15	1/2	15.88(±0.03)	1.24	1.02	0.71	1. K·L형은 주로 의료배관용
–	5/8	19.05(±0.03)	1.24	1.07	–	2. L·M형은 주로 급배수, 급탕, 냉난방, 도스가스용
20	3/4	22.22(±0.03)	1.65	1.14	0.81	3. 호칭지름은 (A)또는 (B)의 어느 것 하나를 사용한다. 다만 필요에 따라 (A)에 따를 경우 (A), (B)를 따를 경우 B의 기호를 각각 뒤에 붙여 구분한다.
25	1	28.58(±0.03)	1.65	1.27	0.89	
32	1¼	34.92(±0.03)	1.65	1.40	1.07	
40	1½	41.28(±0.03)	1.83	1.52	1.24	
50	2	53.98(±0.03)	2.11	1.78	1.47	
65	2½	66.68(±0.03)	–	2.03	1.65	
80	3	79.38(±0.03)	–	2.29	1.83	
100	4	104.78(±0.03)	–	2.79	2.41	
125	5	130.18(±0.03)	–	3.18	2.77	
150	6	155.58(±0.03)	–	3.56	3.10	

부록 335

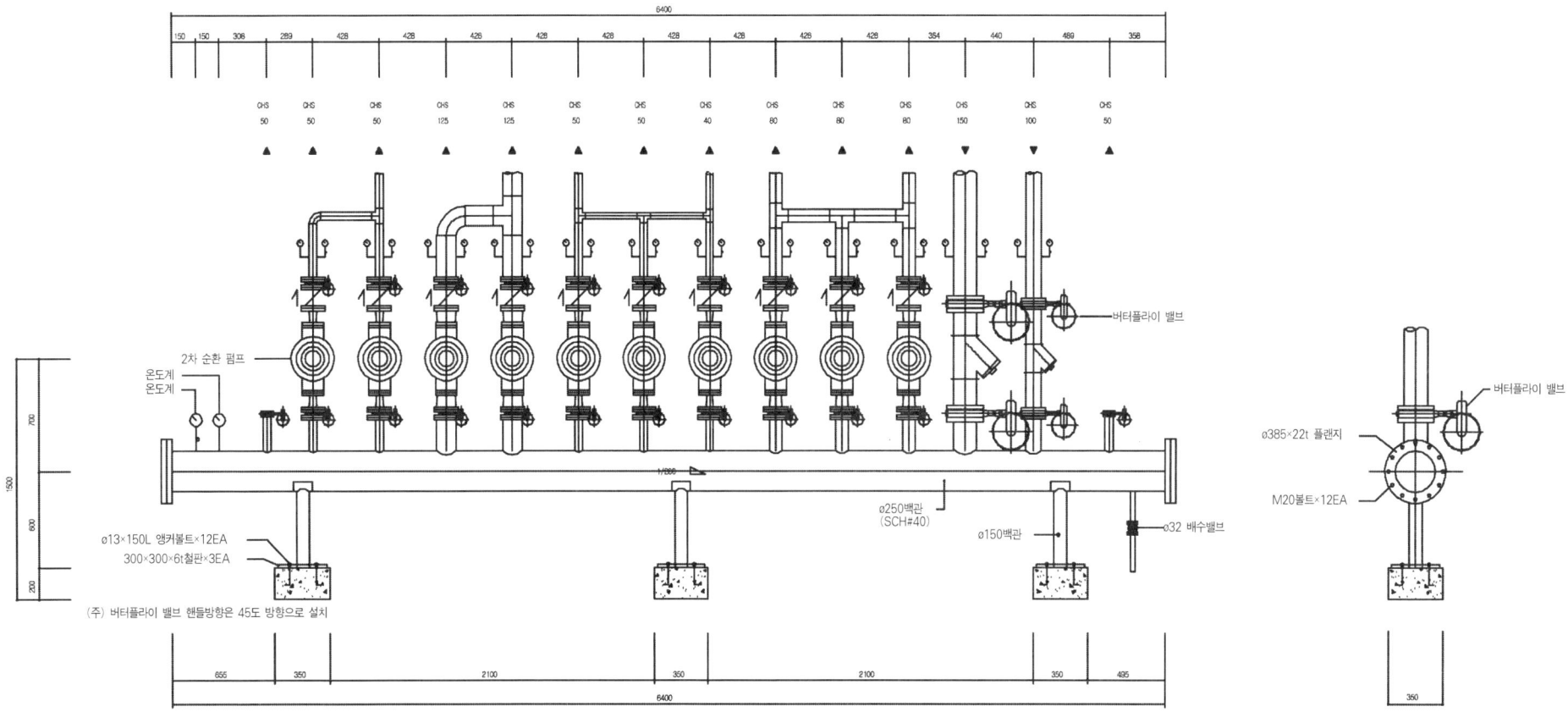

냉난방 공급 헤더 상세도
축척 : 1/40

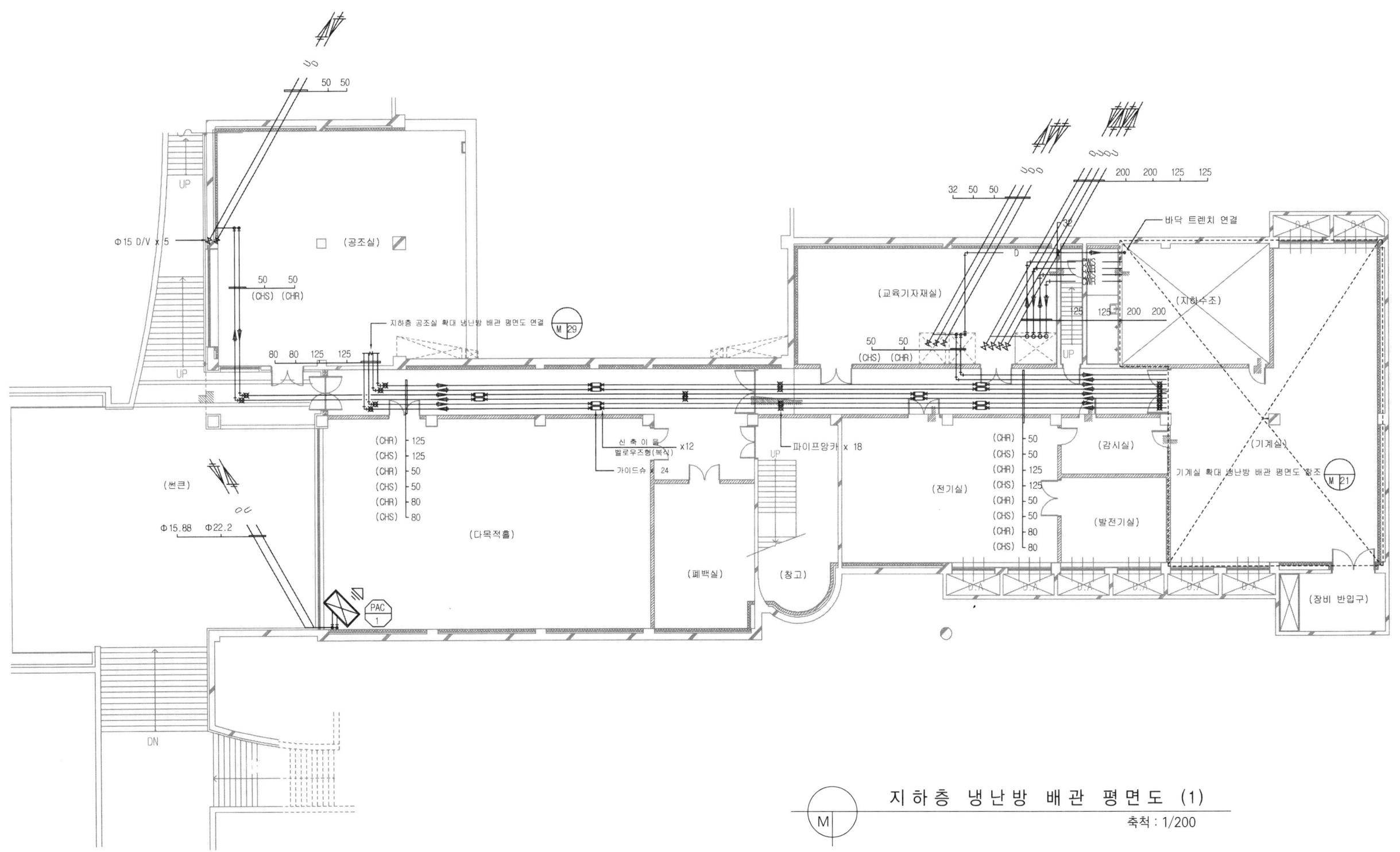

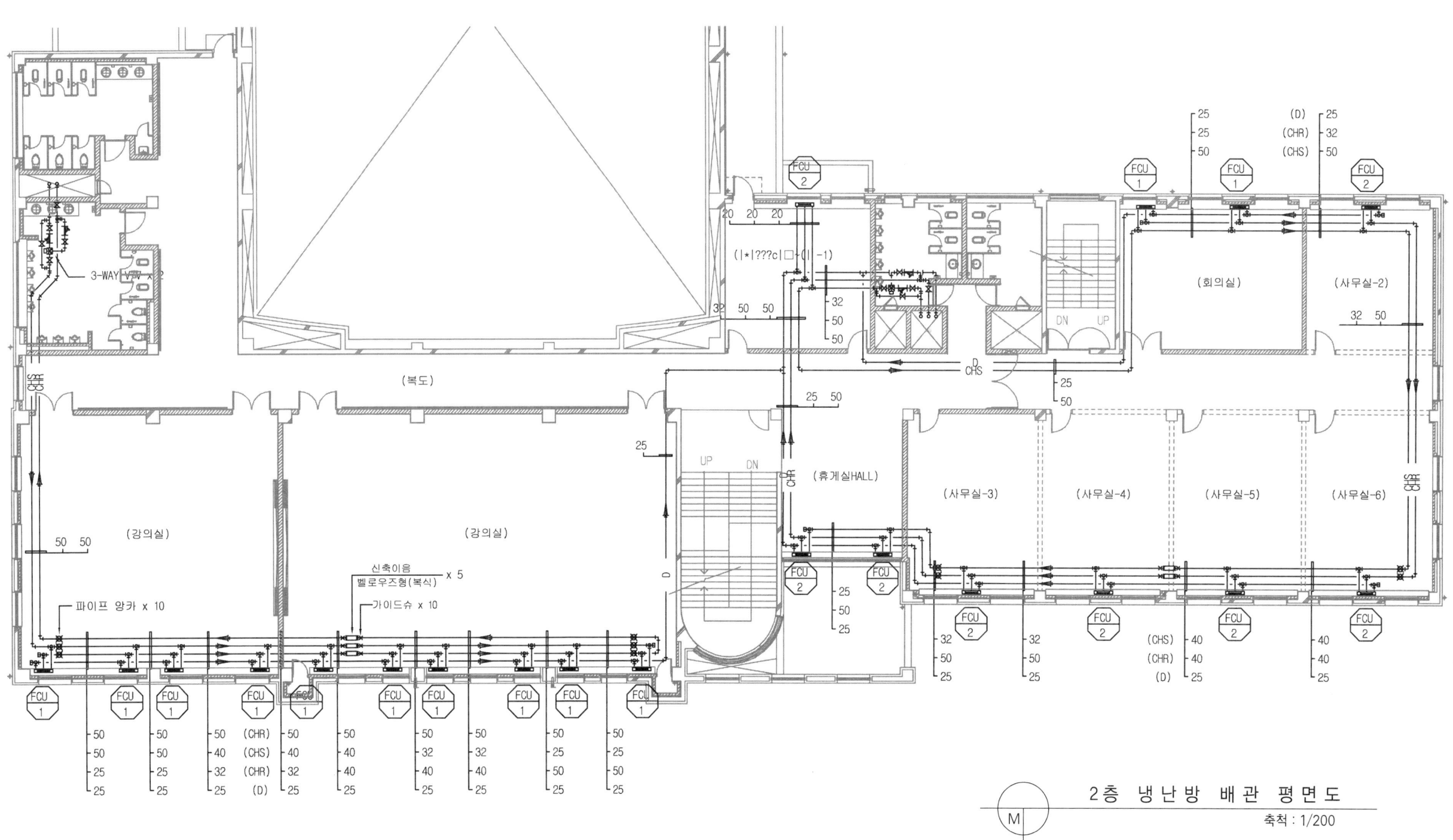

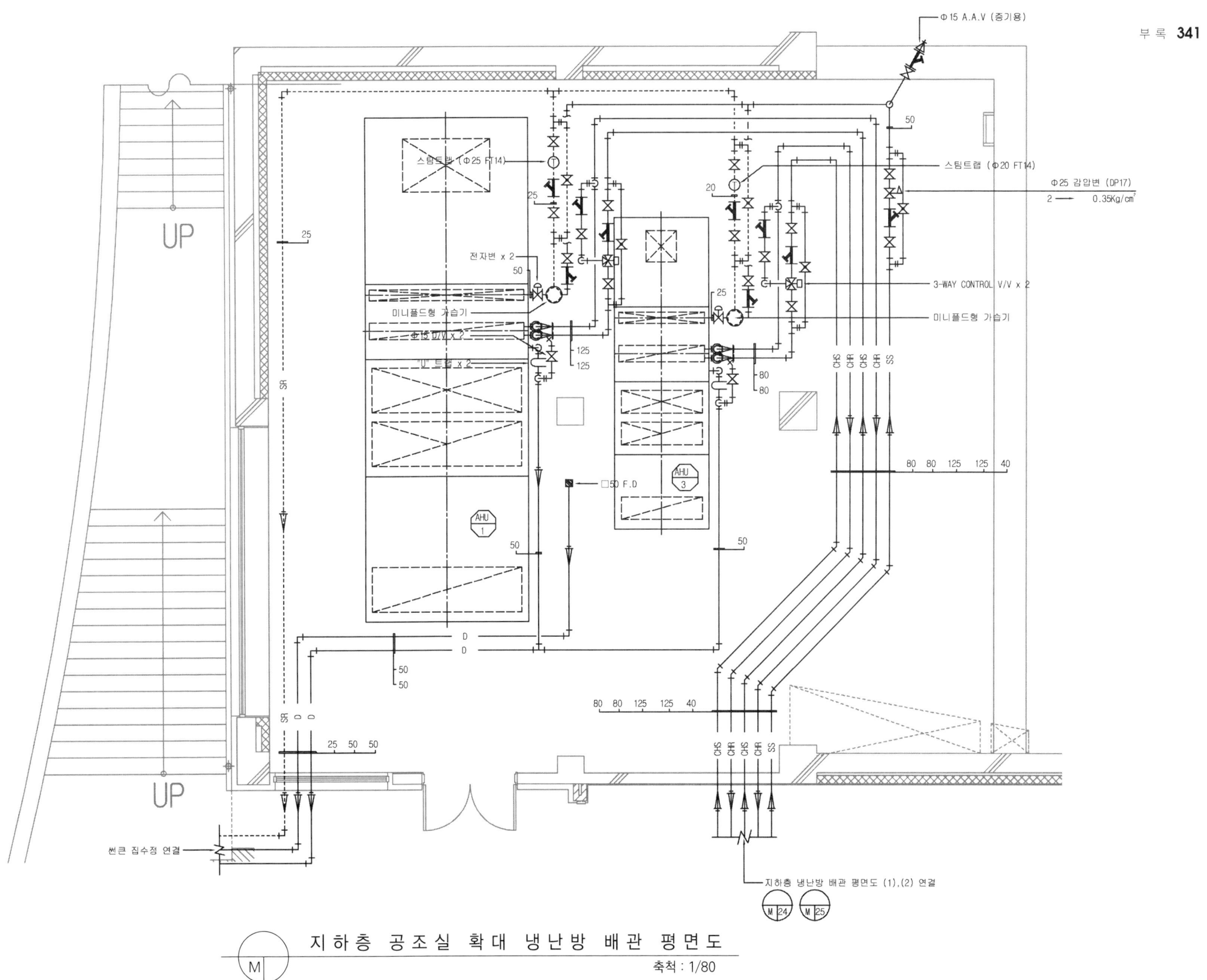

부록 **343**

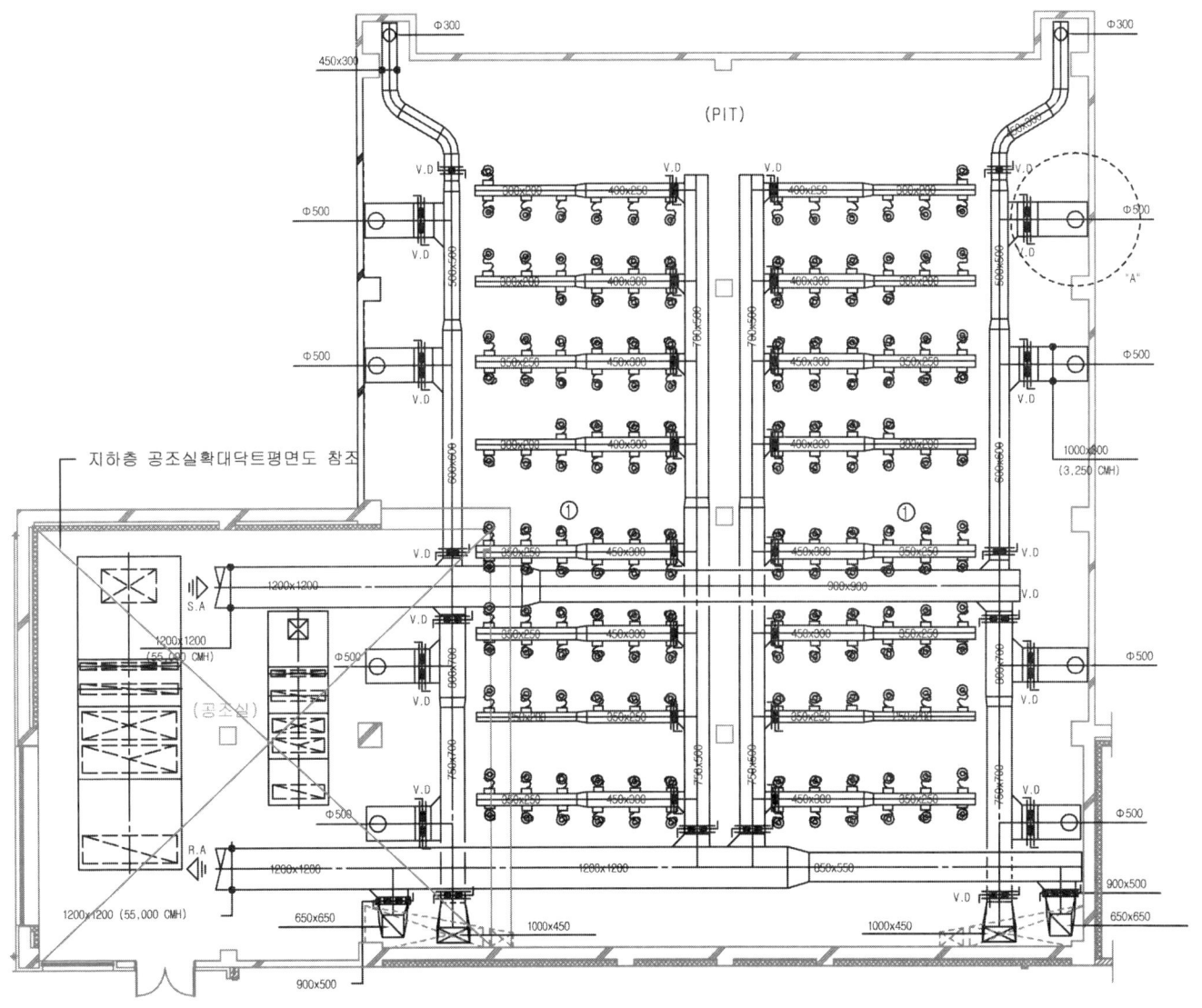

지하층 강당 덕트 평면도
축척 : 1/200

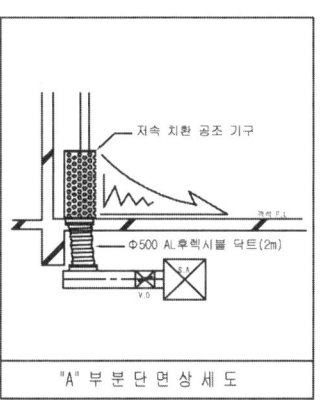

"A" 부분 단면 상세도

R.A DIFFUSER (원형)
① Q : 200 CMH
ND : Φ317, NC-25 × 162EA
MUSH ROOM TYPE
연결 후렉시블 닥트 : NDΦ350

'B' 부분단면상세도

①	S.R.A DIFFUSER (A.L) Q : 267 CMH ND : Φ150	x 36		③	S.R.A DIFFUSER (A.L) Q : 237 CMH ND : Φ150	x 6	
	(사무실2-6 , 회의실)				(사무실1)		
②	S.R.A DIFFUSER (A.L) Q : 240 CMH ND : Φ200	x 4		④	E.A DIFFUSER (A.L) Q : 255 CMH ND : Φ150	x 2	
	(휴게 HALL)				(우측화장실)		

M 2층 덕트 평면도

축척 : 1/200

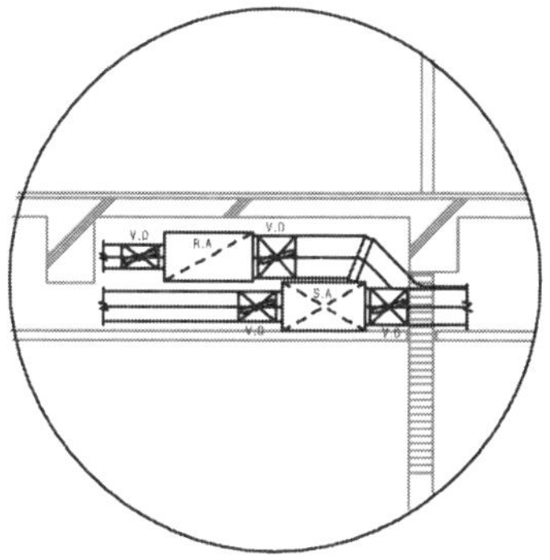

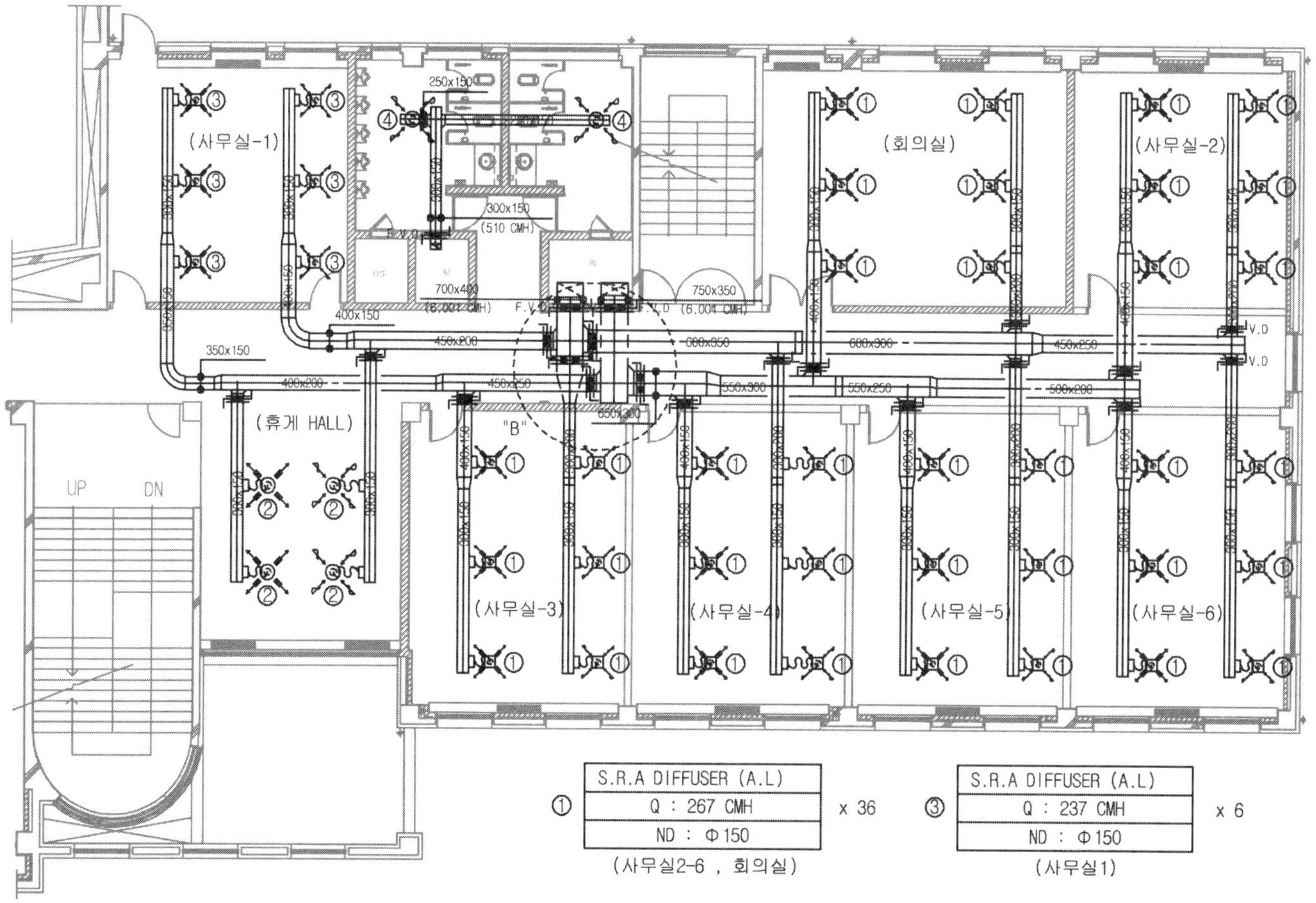

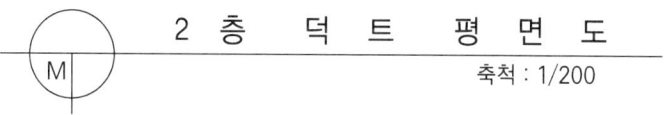

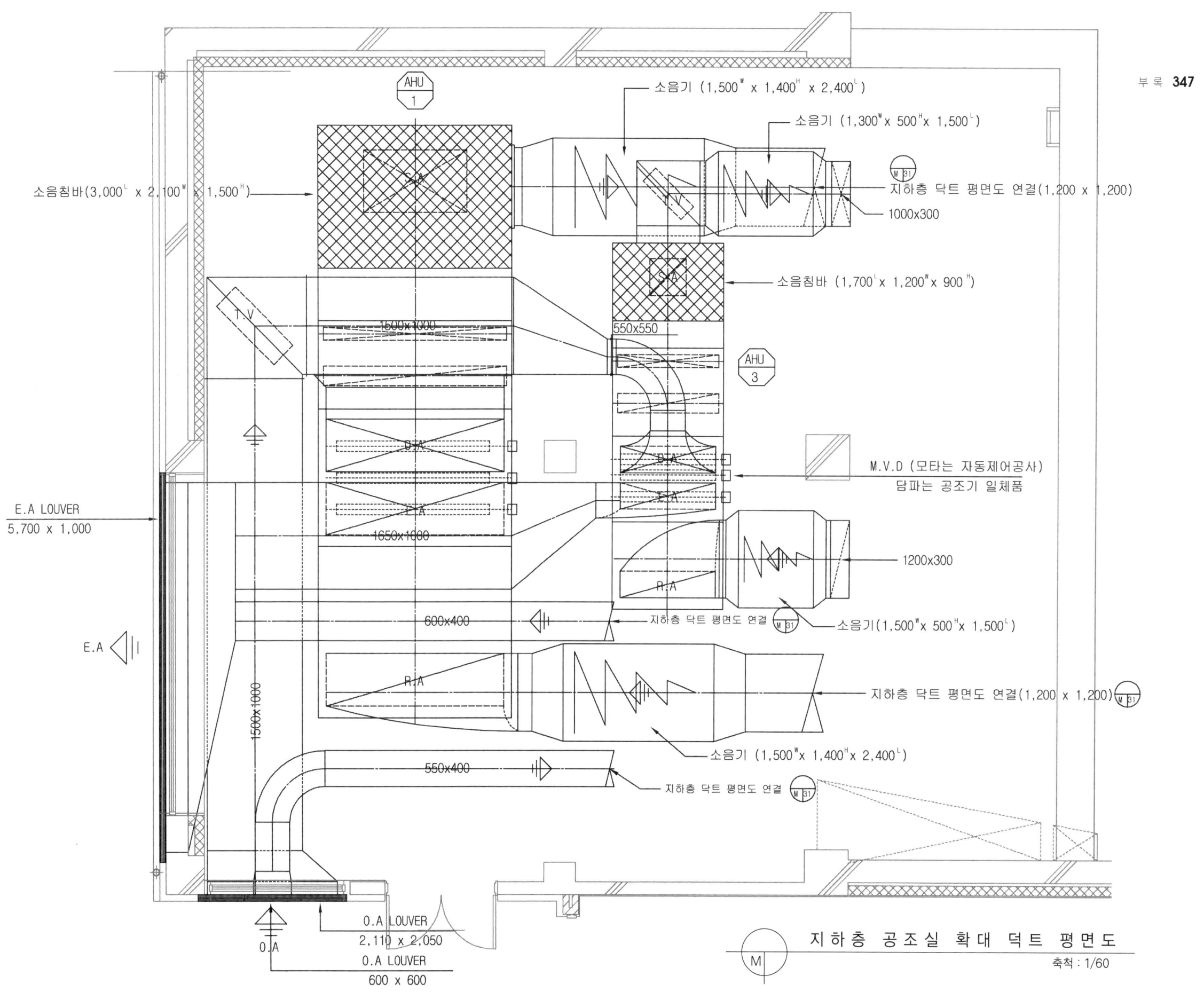

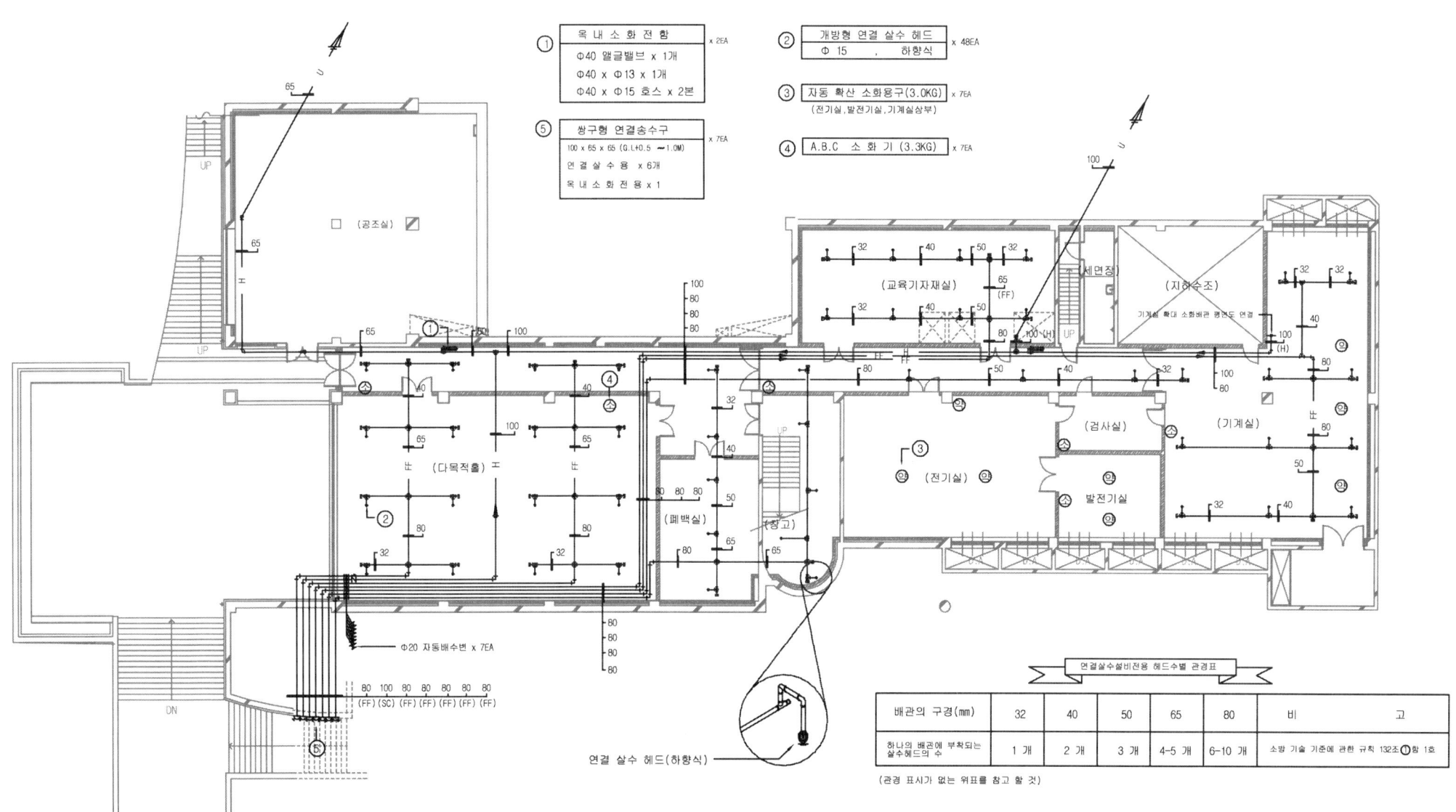

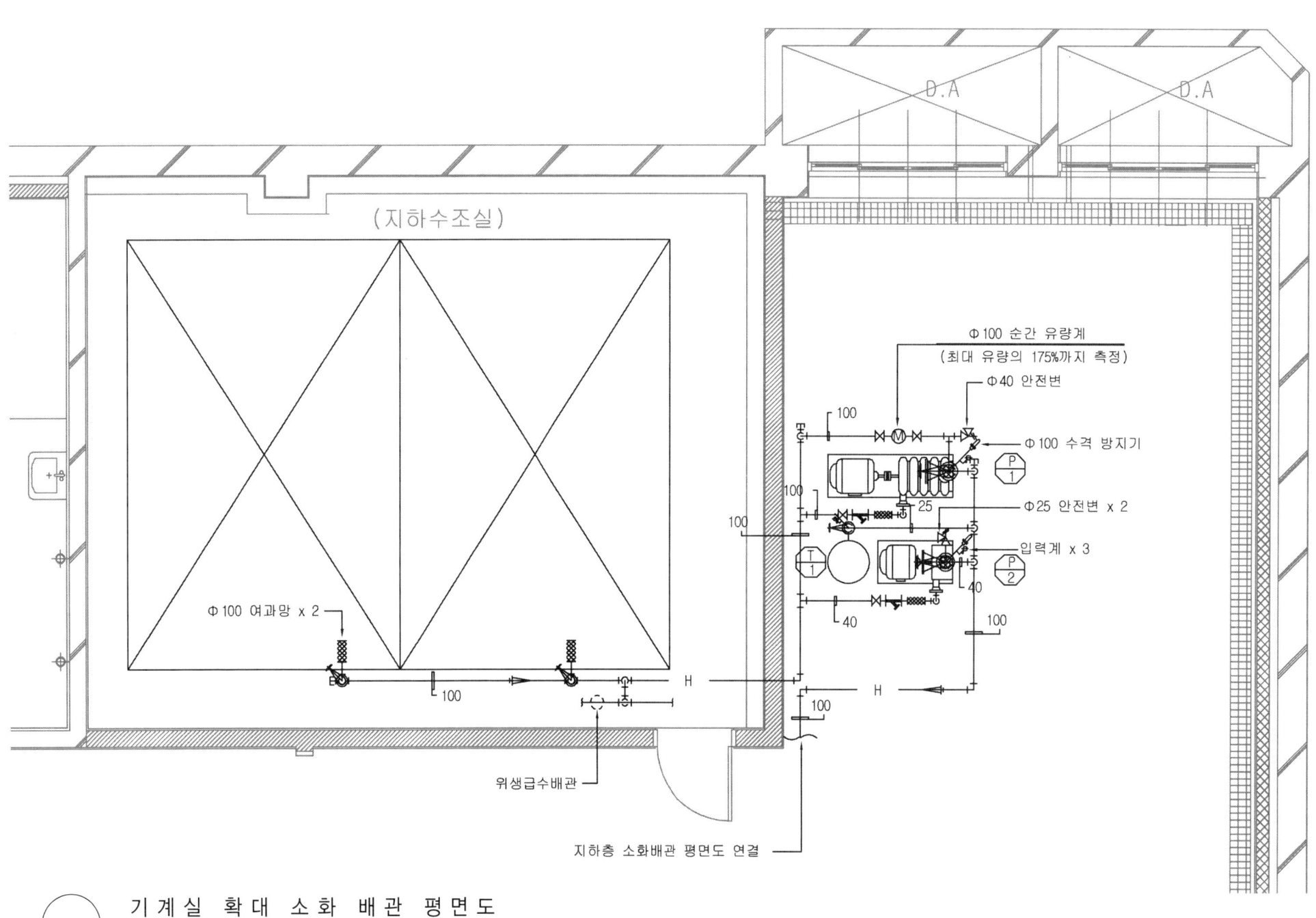

기계실 확대 소화 배관 평면도
축척 : 1/60

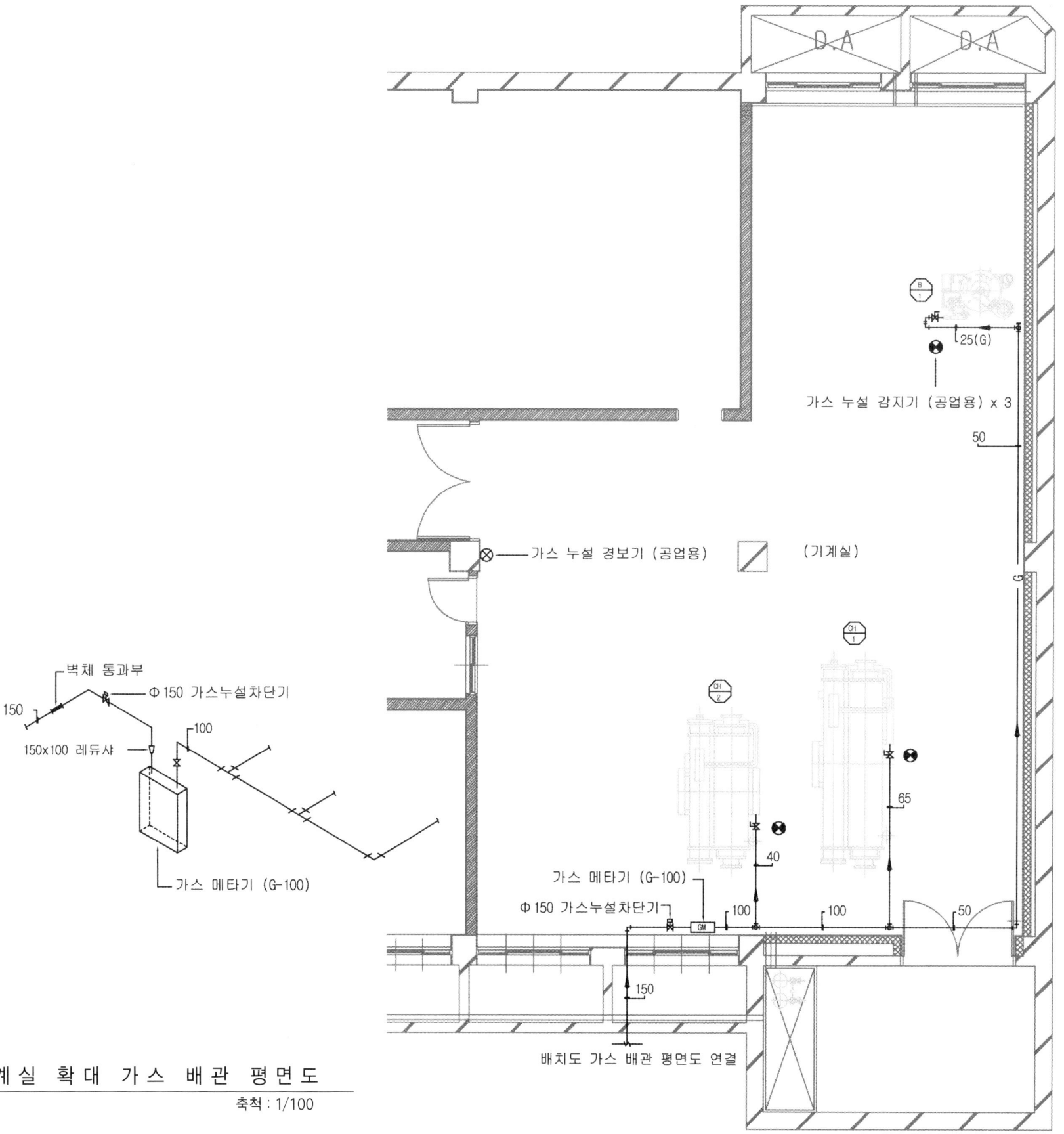

(2) 연관의 표준치수

종류 안지름(mm)	1 종 및 2 종 두께(mm)						길이(m)	3 종 두께(mm)	단위중량(kg/m)	1타래의 길이(m)
	3	4.5	6	8	10	12				
6	규정 없음							1.2	0.3	60 이상
10	1.4	2.3	3.4	5.2	7.1	9.4		1.2	0.5	40 이상
13	1.7	2.8	4.1	6.0	8.2	10.7	10 이상	1.4	0.7	30 이상
16	2.0	3.3	4.7	6.8	9.3	12.0		1.8	1.1	20 이상
20	2.5	3.9	5.6	8.0	10.7	13.7		2.0	1.6	15 이상
25	3.0	4.7	6.6	9.4	12.5	15.8		2.2	2.1	15 이상
30	3.5	5.5	7.7	10.8	14.3	18.0				
40	4.6	7.1	9.8	13.7	17.8	22.2				
50	5.7	8.7	12.0	16.5	21.4	26.5				
65	7.3	11.1	15.2	20.8	26.7	32.9				
75	8.3	12.7	17.3	23.7	30.3	37.2	3 이상		규정 없음	
90	9.9	15.1	20.5	27.9	35.6	43.6				
100	11.0	16.8	22.7	30.8	39.2	47.9				
125	13.7	20.8	28.0	37.9	48.1	58.6				
150	16.4	24.8	33.3	45.0	57.0	69.3				
180	–	–	39.8	53.6	67.7	82.1				
200	–	–	44.0	59.3	74.8	90.6				
230	–	–	–	67.8	85.5	103	2 이상			
250	–	–	–	73.5	92.6	112				
300	–	–	–	87.8	110	133				

2-5 합성수지관

(1) 수도용 경질염화비닐관의 치수(KS M 3401)

호칭지름(mm)	바깥지름(mm)	두께(mm)	단위중량(kg/m)	호칭지름(mm)	바깥지름(mm)	두께(mm)	단위중량(kg/m)
13	18.0	2.5	174	75	89	5.9	2,202
16	22.0	3.0	256	100	114	7.1	3,409
20	26.0	3.0	310	125	140	8.3	4,908
25	32.0	3.5	448	150	165	9.6	6,701
30	38.0	3.5	542	200	216	11.1	10,213
40	48.0	4.0	791	250	267	13.4	15,260
50	60.0	4.5	1,122	300	318	16.1	21,825
65	76.0	5.2	1,653				

(2) 일반용 경질염화비닐관의 치수(KS M 3404)

호칭지름 (mm)	일 반 관(VG₁)				얇 은 관(VG₂)			
	바깥지름 (mm)	두 께 (mm)	안지름 (mm)	단위중량 (kg/m)	바깥지름 (mm)	두 께 (mm)	안지름 (mm)	단위중량 (kg/m)
10	15	2.2	10	0.140				
13	18	2.2	13	0.174				
16	22	2.7	16	0.256				
20	26	2.7	20	0.310				
25	32	3.1	25	0.448				
30	38	3.1	31	0.542				
35	42	3.1	35	0.605	42	1.8	38	0.359
40	48	3.6	40	0.791	48	1.8	44	0.413
50	60	4.1	51	1.122	60	1.8	56	0.521
65	76	4.1	67	1.445	76	2.2	71	0.825
75	89	5.5	77	2.202	89	2.7	83	1.159
100	114	6.6	100	3.409	114	3.1	107	1.737
125	140	7.0	125	4.464	140	4.1	131	2.739
150	165	8.9	146	6.701	165	5.1	154	3.941
200	216	10.3	194	10.129	216	6.5	202	6.572
250	267	12.7	240	15.481	267	7.8	250	9.758
300	318	15.1	286	21.962	318	9.2	298	13.701
350					355	9.5	335	15.491
400					400	9.8	379	18.364
450					450	11.0	427	22.643
500					500	12.2	474	28.427
550					560	13.7	531	35.516
600					630	15.4	597	45.453
700					710	17.4	673	57.442
800					800	19.6	758	73.455
900					900	22.0	853	92.488
1,000					1000	24.4	947	115.837

직관의 표준길이는 4m임.

(3) 일반용 폴리에틸렌관의의 치수(KS M 3407)

호칭지름 (mm)	바깥지름 (mm)	길이 (mm)	1종			2종		
			두께 (mm)	안지름 (mm)	단위중량 (kg/m)	두께 (mm)	안지름 (mm)	단위중량 (kg/m)
10	17.0	4(120)*	2.0	13.0	0.087	2.0	13.0	0.090
13	21.5	4(120)*	2.7	16.1	0.146	2.4	16.7	0.138
20	27.0	4(120)*	3.0	21.0	0.207	2.4	22.2	0.177
25	34.0	4(90)	3.0	28.0	0.269	2.6	28.8	0.245
30	42.0	4(90)	3.5	35.0	0.389	2.8	36.4	0.329
40	48.0	4(90)	3.5	41.0	0.450	3.0	42.0	0.405
50	60.0	4(60)	4.0	52.0	0.646	3.5	53.0	0.593
65	76.0	4(40)	5.0	66.0	1.028	4.0	68.0	0.864
75	89.0	4(30)	5.5	78.0	1.325	5.0	79.0	1.26
100	114	4	6.0	102	1.869	5.5	103	1.79
125	140	4	6.5	127	2.502	6.5	127	2.60
150	165	4	7.0	151	3.195	7.0	151	3.32
200	216	4	8.0	200	4.807	8.0	200	4.99
250	267	4	9.0	249	6.706	9.0	249	6.97
300	318	4	10.0	298	8.892	10.0	298	9.24

* 길이는 4m 표준으로 하고 말은 상태로는 120mm.

(4) 수도용 폴리에틸렌관의 치수(KS M 3408)

호칭지름 (mm)	바깥지름		두께		길이 (mm)
	최소	최대	최소	최대	
10	17.0	17.5	2.5	3.0	120
13	21.5	22.0	2.5	3.0	120
20	27.0	27.6	3.0	3.5	120
25	34.0	34.7	3.5	4.1	90
30	42.0	42.8	4.0	4.7	90
40	48.0	48.9	4.5	5.2	60
50	60.0	61.1	5.5	6.3	40
65	76.0	77.3	6.6	7.5	40.4
75	89.0	90.5	8.1	9.2	30.4
100	114.0	115.9	10.4	11.7	4
125	140.0	142.3	12.7	14.2	4
150	165.0	167.6	15.3	17.0	4
200	216.0	218.8	19.5	21.7	4
250	267.0	270.1	24.3	26.8	4
300	318.0	321.3	28.9	32.2	4

3 이음쇠의 규격 및 용도

구분	관종	명칭	규격	사용 구분											비고
				증기	고온수	냉온수	냉각수	기름	냉매	급수	급탕	배수	통기	소화	
금속관	주철관	수도용 주철 이형관	KS D 4309							○				○	
		배수용 주철관	KS D 4307									○			
		수도용 덕타일 주철 이형관	KS D4 311							○				○	
	강관	강제용접식 플랜지	KS B 1503	○	○	○	○			○	○			○	
		나사식 강관제 이음쇠	KS B 1533	○	○	○	○			○	○		○	○	
		가단 주철제 관 이음쇠	KS B 1531	○	○	○	○			○	○			○	
		나사식 배수관 이음쇠	KS B 1532									○			
		일반배관용 강제 맞대기 용접식 관 이음쇠	KS B 1522	○		○	○			○	○			○	
		배관용 강관제 맞대기 용접식 관 이음쇠	KS B 1543	○		○	○			○	○			○	
		수도용 도복장 가관 이형관	KS D 3578							○					
		수도용 수지 코팅관 이음쇠	관련규격							○					
		일반배관용 스테인리스강관 프레스식 관 이음쇠	KS B 1547			○	○			○	○				
		일관배관용 스테인리스강관 그립식 이음쇠	KS B 1549			○	○			○	○				
	동관	동 및 동합금의 관 이음쇠	KS D 5578			○	○			○	○				
		동합금 납땜 관 이음쇠	KS B 1544			○	○			○	○				
		동 및 동합금 플레이어 관 이음쇠	KS B 1545						○						
비금속관	플라스틱관	배수용 경질염화비닐 이음관	KS M 3410									○	○		
		수도용 경질염화비닐 이음관	KS M 3402			○				○			○		
		수도용 폴리에틸렌관 이음관	KS M 3411			○				○					
		수도용 내충격성 경지염화비닐 이음관	관련규격			○				○					
		폴리부텐 이음관	KS M 3364			○				○	○				
		폴리프로필렌 공중합체 이음관	KS M 3369			○				○	○				
		내열성 경질 염화비닐 이음관	KS M 3415			○				○					
	도관	도 관 (이형관)	관련규격									○			배수용
이음쇠관	매개이음쇠	땜납용 니플 및 수도꼭지용													연관용은 연관에 한함
		소켓 및 엘보(연관용)	관련규격			○				○	○				
		플러그, 코킹용 소켓, 납땜용													
		니플 및 청소구(연관 및 강관용)	관련규격									○	○		

4 밸브류의 규격 및 용도

밸브류	재질	형식	규격	증기	고온수	냉온수	냉각수	기름	급수	급탕	배수	소화
게이트 밸브	청동제	0.49MPa 나사식		○		○	○	○	○	○	●	○
		0.98MPa 나사식		○		○	○	○	○	○	●	○
		0.98MPa 플랜지형	KS B 2301	○		○	○	○	○	○	●	○
	주철제	0.98MPa 플랜지형 안나사		○		○	○	○	○	○	●	●
		0.98MPa 플랜지형 바깥나사	KS B 2361	○		○	○	○	○	○	●	○
	주강제	0.98MPa 플랜지형 바깥나사	KS B 2361	○		○	○	○	○	○		○
		1.96MPa 플랜지형 바깥나사		○	○	○	○	○	○	○		○
	가단주철 나사식	0.98MPa 메탈시트	KS B 2361	○		○	○	○	○	○		○
글로브 밸브	청동제	0.49MPa 나사식		○		○	○	○	○	○		○
		0.98MPa 나사식		○		○	○	○	○	○		○
		0.98MPa 플랜지형	KS B 2301	○		○	○	○	○	○		○
		0.49MPa 솔더형				○	○		○	○		
		0.98MPa 솔더형				○	○		○	○		
	주철제	0.98MPa 플랜지형	KS B 2350	○		○	○	○	○	○		○
	주강제	0.98MPa 플랜지형		○		○	○	○	○	○		
		1.96MPa 플랜지형	KS B 2361	○	○	○	○	○	○	○		
	가단주철 나사식	0.98MPa 메탈시트		○		○	○	○	○	○		
		0.98MPa 소이트 시트	KS B 2356	○		○	○	○	○	○		
앵글 밸브	청동제	0.98MPa 나사식	KS B 2301	○		○	○	○	○	○		○
		0.98MPa 플랜지형		○		○	○	○	○	○		○
	주철제	0.98MPa 플랜지형	KS B 2350	○		○	○	○	○	○		○
	주강제	0.98MPa 플랜지형	KS B 2361	○		○	○	○	○	○		○
		1.96MPa 플랜지형		○	○	○	○	○	○	○		○
체크 밸브	청동제	0.98MPa 나사식 리프트	KS B 2301	○				○	○	○		
		0.98MPa 나사식 스윙		○		○	○	○	○	○	●	○
		0.98MPa 스윙				○	○		○	○		
		리프트										
	주철체	0.98MPa 플랜지형 스윙	KS B 2350	○		○	○	○	○	○	●	
	주강제	0.98MPa 플랜지형 스윙	KS B 2350	○		○	○	○	○	○		○
		1.96MPa 플랜지형 스윙		○	○	○	○	○	○	○		○
	가단주철 나사식 0.98MPa	리프트 메탈소프트시트	KS B 2356	○		○	○	○	○	○		
		스윙 메탈소프트시트		○		○	○	○	○	○		
볼 밸브	청동제	0.98MPa 나사식	KS B 2308	○		○	○	○	○	○		
		플랜지형		○		○	○	○	○	○		
	주철제	0.98MPa 플랜지형			○	○	○	○	○	○		

1. 표 중 압력의 MKS 공학단위는 다음과 같다.
   ① 0.49MPa=5kgf/cm^2 ② 0.89MPa=10kgf/cm^2 ③ 1.96MPa=20kgf/cm^2
2. ● : 배수펌프의 토출측에만 사용.

5 철물의 규격 및 단위중량

5-1 철 판

두께 (mm)	단위중량 (kg/m²)	두께 (mm)	단위중량 (kg/m²)	두께 (mm)	단위중량 (kg/m²)	두께 (mm)	단위중량 (kg/m²)
0.2	1.57	0.50	3.94	1.8	14.13	6.3	49.46
0.22	1.73	0.55	4.31	2.0	15.71	7.0	54.85
0.23	1.81	0.60	4.71	2.3	18.065	8.0	62.92
0.24	1.88	0.65	5.11	2.5	19.62	9.0	70.587
0.25	1.96	0.70	5.48	2.6	20.42	10.0	78.40
0.26	2.04	0.75	5.89	2.8	21.97	11.0	86.48
0.27	2.12	0.80	6.29	2.9	22.75	12.0	94.514
0.28	2.20	0.85	6.66	3.0	23.55	15.0	117.844
0.29	2.27	0.90	7.07	3.2	25.124	20.0	157.324
0.30	2.36	0.95	7.47	4.5	35.353	25.0	196.207
0.32	2.51	1.0	7.84	5.0	39.37	30.0	235.687
0.35	2.75	1.2	9.451	5.5	43.07	40.0	314.050
0.40	3.14	1.4	11.0	5.6	43.74		
0.45	3.53	1.6	12.55	6.0	47.137		

5-2 ㄱ형강(앵글)

규격 (mm)	두께 (mm)	단위중량 (kg/m)	규격 (mm)	두께 (mm)	단위중량 (kg/m)
25×25	3×3	1.12	40×40	4×4	2.39
30×30	3×3	1.36		5×5	2.95
	4×4	1.78	45×45	4×4	2.74
	5×5	2.16		5×5	3.38
32×32	3×3	1.48	50×50	4×4	3.06
38×38	3×3	1.74		5×5	3.77
	4×4	2.30		6×6	4.43
40×40	3×3	1.83	60×60	4×4	3.68
60×60	5×5	4.55	130×130	15×15	28.8
	6×6	5.37	150×150	10×10	22.9
65×65	5×5	5.00		12×12	27.3
	6×6	5.91		15×15	33.6
	8×8	7.66		19×19	41.9

규 격 (mm)	두 께 (mm)	단위중량 (kg/m)	규 격 (mm)	두 께 (mm)	단위중량 (kg/m)
70×70	6×6	6.38	175×175	12×12	31.8
75×75	6×6	6.85		15×15	39.4
	9×9	9.96	200×200	15×15	45.3
	12×12	13.00		20×20	59.7
80×80	6×6	7.32		25×25	73.6
	7×7	8.48	250×250	25×25	93.7
90×90	6×6	8.28		35×35	128.0
	7×7	9.59	100×75	7×7	9.32
	8×8	10.8		10×10	13.0
	9×9	12.08	125×75	7×7	10.7
	10×10	13.3		10×10	14.9
	13×13	17.0		13×13	19.1
100×100	7×7	10.7	150×90	9×9	16.4
	8×8	12.06		12×12	21.5
	10×10	14.9	200×90	9×14	23.3
	13×13	19.1	250×90	10×15	29.4
120×120	8×8	14.7		12×16	33.7
130×130	9×9	17.9	300×90	11×16	36.3
	10×10	19.75		13×17	41.3
	12×12	23.4	350×100	12×17	45.3

5-3 원형봉강

지 름 (mm)	단위중량 (kg/m)	지 름 (mm)	단위중량 (kg/m)	지 름 (mm)	단위중량 (kg/m)	지 름 (mm)	단위중량 (kg/m)
7	0.302	20	2.47	36	7.99	56	19.3
8	0.395	22	2.98	38	8.90	60	22.2
9	0.499	24	3.55	42	10.9	64	25.3
12	0.888	25	3.85	46	13.0	65	26.0
13	1.04	28	4.80	48	14.2	70	30.2
16	1.58	30	5.55	50	15.4	75	34.7
19	2.23	32	6.31	55	18.7	80	39.5

5-4 ㄷ형강(찬넬)

규 격 (mm)	두 께 (mm)	단위중량 (kg/m)
75×40	5.0×7.0	6.92
100×50	5.0×7.5	9.36
125×50	6.0×8.0	13.40
150×75	6.5×10.0	18.60
200×80	7.5×11.0	24.60
200×90	8.0×13.5	30.30
250×90	9.0×13.0	34.60
300×90	9.0×13.0	38.10
380×100	10.5×16.0	54.50

6 철물의 도장면적

6-1 설치공사

구 분	적 용
강 재 류	23m^2/TON
기 기 류	8.75m^2
소형 탱크 및 헤더	13m^2
컴프레서 및 펌프	6m^2
팬 류	10m^2
모 터 류	6m^2
기 타	직접 산출

6-2 제작공사

(1) 철판(양면)

두께	m²/TON	두께	m²/TON	두께	m²/TON	두께	m²/TON	두께	m²/TON
0.20	1273.9	0.55	463.2	2.0	127.39	7.0	36.40	20	12.739
0.23	1107.7	0.60	424.6	2.3	110.77	8.0	31.85	22	11.581
0.24	1061.6	0.65	392.0	2.5	101.91	9.0	28.309	25	10.191
0.25	1019.1	0.70	364.0	2.6	97.99	10	25.478	25.4	10.031
0.26	979.9	0.75	339.7	2.8	90.99	11	23.162	28	9.099
0.27	943.6	0.80	318.5	2.9	87.85	12	21.231	30	8.493
0.28	909.9	0.85	299.74	3.2	79.62	12.7	20.061	32	7.962
0.29	878.5	0.90	283.09	3.6	70.77	13	19.598	36	7.077
0.30	849.3	0.95	263.19	4.0	63.69	14	18.198	38	6.705
0.32	796.2	1.0	254.78	4.5	56.62	15	16.985	40	6.369
0.35	727.9	1.2	212.31	5.0	50.96	16	15.924	45	5.662
0.40	636.9	1.4	181.98	5.6	45.50	17	14.987	50	5.096
0.45	566.2	1.6	159.24	6.0	42.46	18	14.154	55	4.632
0.50	509.6	1.8	141.54	6.3	40.44	19	13.409	60	4.246

(2) 원형봉강

직경	m²/m	m²/TON	직경	m²/m	m²/TON	직경	m²/m	m²/TON
5.0	0.01571	101.91	26	0.08168	19.598	75	0.23562	6.794
6.0	0.01885	84.93	27	0.08482	18.872	80	0.25133	6.369
7.0	0.02199	72.79	28	0.08796	18.198	85	0.26704	5.995
8.0	0.02513	63.69	29	0.09111	17.751	90	0.28274	5.662
9.0	0.02827	56.62	30	0.09425	16.985	95	0.29845	5.364
10	0.03142	50.95	31	0.09739	16.437	100	0.3142	5.096
11	0.03456	46.32	32	0.10053	15.924	105	0.3299	4.853
12	0.03770	42.46	34	0.10581	14.987	110	0.3456	4.632
13	0.04084	39.20	35	0.10996	14.559	115	0.3613	4.431
14	0.04396	36.40	36	0.11310	14.154	120	0.3770	4.246
15	0.04712	33.97	38	0.11938	13.409	125	0.3927	4.076
16	0.05027	31.85	40	0.12566	12.739	130	0.4084	3.920
17	0.05341	29.974	42	0.13195	12.132	135	0.4241	3.774
18	0.05655	28.309	44	0.13823	11.581	140	0.4398	3.640
19	0.05969	26.819	46	0.14451	11.077	145	0.4555	3.514
20	0.05283	25.478	48	0.15080	10.616	150	0.4712	3.397
21	0.06597	24.264	50	0.15708	10.191	160	0.5027	3.185
22	0.06912	23.162	55	0.17279	9.265	170	0.5341	2.9974
23	0.07226	22.155	60	0.18850	8.493	180	0.5655	2.8309
24	0.07540	21.231	65	0.20420	7.839	190	0.5069	2.6819
25	0.07854	20.382	70	0.21991	7.279	200	0.6283	2.5478

(3) 배관재

호칭경 (A)	m²/m	m²/TON SGP	m²/TON SCH 40	호칭경 (A)	m²/m	m²/TON SGP	m²/TON SCH 40
6A	0.03299	78.68	89.41	100A	0.3591	29.469	22.408
8	0.04335	66.46	68.89	125	0.4392	29.250	20.258
10	0.05435	63.88	63.83	150	0.5190	26.273	18.748
15	0.06817	52.24	52.24	175	0.5991	24.723	-
20	0.08545	50.72	49.17	200	0.6795	22.569	16.147
25	0.10581	43.94	41.63	225	0.7596	21.097	-
32	0.13415	39.63	38.64	250	0.8401	19.790	14.101
40	0.15268	39.22	37.27	300	1.0006	18.871	12.781
50	0.19007	35.77	34.91	350	1.1172	16.492	11.846
65	0.23970	32.10	26.239	400	1.2767	16.445	10.354
80	0.27992	31.83	24.685	450	1.4363	16.409	9.196
90	0.3192	31.54	23.677	500	1.5959	16.380	8.695

(4) ㄱ형강(앵글)

규격	m²/m	m²/TON	규격	m²/m	m²/TON
20×3	0.07657	85.53	65×8	0.25120	32.79
25×3	0.09657	86.19	65×10	0.25120	26.666
30×3	0.11657	85.97	70×6	0.27292	42.78
30×5	0.11571	53.63	75×6	0.29292	42.76
35×3	0.13635	85.30	75×9	0.29120	29.231
35×5	0.13549	53.03	75×12	0.29120	22.400
40×3	0.15635	85.25	80×6	0.3129	42.74
40×5	0.15549	52.75	90×6	0.3514	42.44
45×3	0.17463	83.57	90×7	0.3514	36.64
45×4	0.17463	63.71	90×10	0.3497	26.198
45×6	0.17335	43.78	90×13	0.3497	20.515
45×8	0.17335	83.64	100×7	0.3914	35.52
50×4	0.19463	63.71	100×10	0.3897	26.122
50×6	0.19335	43.64	100×13	0.3897	20.417
50×8	0.19335	33.45	120×8	0.4706	31.95
60×4	0.23335	64.01	130×9	0.5097	28.547
60×5	0.23463	51.52	130×12	0.5076	21.727
60×6	0.23335	43.43	130×15	0.5076	17.594
60×7	0.23335	37.56	150×12	0.5888	21.643
60×9	0.23335	29.744	150×15	0.5854	17.448
65×6	0.25292	42.81	150×19	0.5854	13.970

(5) ㄷ형강(찬넬)

규 격	m²/m	m²/TON	규 격	m²/m	m²/TON
75×40×5×7	0.28576	41.81	250×80×8×12.5	0.7773	25.941
100×50×5×7.5	0.3741	40.37	250×90×9×13	0.8138	23.706
125×65×6×8	0.4798	35.96	250×90×11×14.5	0.8070	20.291
150×70×6×8.5	0.5479	34.98	280×100×9×13	0.9121	23.693
150×75×6.5×10	0.5651	30.58	280×100×11.5×16	0.9033	18.926
150×75×9×12.5	0.5553	23.424	300×90×9×13	0.9138	24.135
180×75×7×10.5	0.6231	29.414	300×90×10×15.5	0.9067	20.957
180×90×7.5×12.5	0.6776	25.185	300×90×10.5×15.5	0.9058	20.437
200×70×7×10	0.6439	30.72	300×90×12×16	0.9031	18.774
200×80×7.5×11	0.6803	27.838	300×100×10×16	0.9471	20.432
200×90×8×13.5	0.7156	23.795	300×100×12×18	0.9393	17.579
230×80×8×12	0.7383	26.252	380×100×10.5×16	1.1052	20.456
230×90×8.5×13.5	0.7737	23.605	380×100×13×20	1.0943	15.458

7 압력별 플랜지 규격

(1) 5kg/cm²

크기의 호칭	플랜지의 외경 D(A×B)	두께 t		볼트	
		강 및 가단주철	주 철	수	나사의 호칭
10	75(75×45)	9	12	4(2)	M10
15	80(80×50)	9	12	4(2)	M10
20	85	10	14	4	M10
25	95	10	14	4	M10
32	115	12	16	4	M12
40	120	12	16	4	M12
50	130	14	16	4	M12
65	155	14	18	4	M12
80	180	14	18	4	M16
(90)	190	14	18	4	M16
100	200	16	20	8	M16
125	235	16	20	8	M16
150	265	18	22	8	M16
(175)	300	18	22	8	M20
200	320	20	24	8	M20
(225)	345	20	24	12	M20
250	385	22	26	12	M20
300	430	22	28	12	M20
350	480	24	30	12	M22
400	540	24	30	16	M22

(2) 10kg/cm²

크기의 호칭	플랜지의 외경 D(A×B)	두께 t 강 및 가단주철	두께 t 주철	볼트 수	볼트 나사의 호칭	얇은 플랜지 t 강 및 가단주철	얇은 플랜지 t 주철	볼트의 호칭경
10	90	12	14	4	M12	9	12	M10
15	95	12	16	4	M12	9	12	M10
20	100	14	18	4	M12	10	14	M10
25	125	14	18	4	M16	12	16	M12
32	135	16	20	4	M16	12	18	M12
40	140	16	20	4	M16	12	18	M12
50	155	16	20	4	M16	14	18	M12
65	175	18	22	4	M16	14	18	M12
80	185	18	22	8	M16	14	18	M12
(90)	195	18	22	8	M16	14	18	M12
100	210	18	24	8	M16	16	20	M12
125	250	20	24	8	M20	18	22	M16
150	280	22	26	8	M20	18	22	M16
(175)	305	22	26	12	M20	20	24	M16
200	330	22	26	12	M20	20	24	M16
(225)	350	22	28	12	M20	20	24	M16
250	400	24	30	12	M22	22	26	M20
300	445	24	32	16	M22	22	28	M20
350	490	26	34	16	M22	24	28	M20
400	560	28	36	16	M24	24	30	M22

(3) 16kg/cm²

크기의 호칭	플랜지의 외경 D(A×B)	두께 t 강 및 가단주철	두께 t 주철	볼트 수	볼트 나사의 호칭
10	90	12	–	4	M12
15	95	12	–	4	M12
20	100	14	–	4	M12
25	125	14	–	4	M16
32	135	16	–	4	M16
40	140	16	–	4	M16
50	155	16	20	8	M16
65	175	18	22	8	M16
80	200	20	24	8	M20
90	210	20	24	8	M20
100	225	22	26	8	M20

크기의 호칭	플랜지의 외경 D(A×B)	두께 t 강 및 가단주철	두께 t 주 철	볼트 수	볼트 나사의 호칭
125	270	22	26	8	M22
150	305	24	28	12	M22
200	350	26	30	12	M22
250	430	28	34	12	M24
300	480	30	36	12	M24
350	540	34	38	16	M30
400	605	38	42	16	M30

(4) 20kg/cm^2

크기의 호칭	플랜지의 외경 D(A×B)	두께(t) 강 및 가단주철	볼트 수	볼트 나사의 호칭
10	90	14	4	M12
15	95	14	4	M12
20	100	16	4	M12
25	125	16	4	M16
32	135	18	4	M16
40	140	18	4	M16
50	155	18	8	M16
65	175	20	8	M16
80	200	22	8	M20
90	210	24	8	M20
100	225	24	8	M20
125	270	26	8	M22
150	305	28	12	M22
200	350	30	12	M22
250	430	34	12	M24
300	480	36	16	M24
350	540	40	16	M30
400	605	46	16	M30

(5) 볼트 규격

볼트	M10	M12	M16	M20	M22	M24	M30
구멍지름(mm)	12	15	19	23	25	27	33

8 기계설비 일위대가표 목록

명 칭	단위	공구손료 반영여부	잡재료비 반영여부	비 고
강관 전기아크용접	개소	○	X	
강관절단	개소	X	X	
강판전기아크용접	m	○	X	
강판절단	m	○	X	
동관용접(경납, brazing)	개소	○	X	
동관용접(연납, soldering)	개소	○	X	
스테인리스강관용접	개소	○	X	
주철관 노허브접합	수구	○	X	
주철관 허브접합	수구	○	X	
주철관 기계식접합	수구	○	X	
용접합플랜지	개소	X	X	
용접조플랜지	개소	X	X	
동절연합플랜지	개소	X	X	
동절연조플랜지	개소	X	X	
스테인리스 합플랜지	개소	X	X	
스테인리스 조플랜지	개소	X	X	
녹막이페인트(붓칠2회, 철재면)	m^2	○	○	건축공사편 기준
유성페인트(붓칠2회, 철재면)	m^2	○	○	건축공사편 기준
녹막이페인트(붓칠2회, 배관면)	m	○	○	
유성페인트(붓칠2회, 배관면)	m	○	○	
관보온	m	○	○	
칼라함석 관보온	m	○	○	
칼라함석 밸브보온	개소	○	○	
관부속보온	개소	○	○	플랜트설비공사편 기준
밸브보온	개소	○	○	플랜트설비공사편 기준
각형덕트보온	m^2	○	○	
원형덕트보온	m^2	○	○	
배관용 탄소강관배관	m	○	X	
압력배관용 탄소강관배관(#40)	m	○	X	플랜트설비공사편 기준
동관배관	m	○	X	
스테인리스관 배관	m	○	X	

명 칭	단위	공구손료 반영여부	잡재료비 반영여부	비 고
경질관(PVC) 배관	m	○	X	
폴리부틸렌(PE) 배관	m	○	X	
가교화폴리에틸렌(XL) 배관	m	○	X	
이방밸브조립설치	개소	○	○	
삼방밸브조립설치	개소	○	○	
온도조절밸브조립설치	개소	○	○	
전자밸브조립설치	개소	○	○	
감압밸브조립설치	개소	○	○	
스팀트랩조립설치	개소	○	○	
강관슬리브	개소	○	X	
PVC슬리브	개소	○	X	
일반행거	개소	X	X	
절연행거	개소	X	X	
압력계 신설	조	○	X	
온도계 신설	조	○	X	
유량계 설치	개	○	X	
적산열량계 설치	개	○	X	
터파기 및 되메우기	m³	X	X	
잡철물 제작 및 설치	톤	○	X	
아연도강판 각형덕트 제작설치	m²	○	○	
스파이럴덕트 제작설치	m²	○	○	
플렉시블덕트 제작설치	m²	○	X	
PVC덕트 제작설치	m²	○	○	
스테인리스덕트 제작설치	m²	○	○	
전실제연 급기댐퍼 설치	m²	○	X	

9 적산 연습 도면

◇ 범 례 ◇

기 호	명 칭	비 고
—— CW ——	시 수 인 입 관	· K.S.D-3576 스테인리스관 "2.5T" (용접식)
—— ○ ——	급 수 관	· ø65 이상
—— ○○ ——	급 탕 관	: K.S.D-3576 스테인리스관 "2.5T"(용접식)
—— ○○○ ——	환 탕 관	· ø50 이하 : K.S.D-3595 스테인리스관 "K"형 (원조인트식)
—— D ——	강 제 배 수 관	· K.S.D-3507 백관
—— CHS ——	냉 난 방 공 급 관	· K.S.D-5301 동관(L-TYPE)
—— CHR ——	냉 난 방 환 수 관	· K.S.D-5301 동관(L-TYPE)
—— EX ——	팽 창 관	· K.S.D-5301 동관(L-TYPE)
—— E ——	보 급 수 관	· K.S.D-5301 동관(L-TYPE)
—— RS ——	냉 매 가 스 관	· K.S.D-5301 동관(L-TYPE)
—— RL ——	냉 매 액 관	· K.S.D-5301 동관(L-TYPE)
—— D ——	간 접 배 수 관 (FCU 및 PAC 배수)	· K.S.D-3507 백관
—— SS ——	증 기 공 급 관	· K.S.D-3507 흑관
—— SR ——	증 기 환 수 관	· K.S.D-3507 흑관
——CWS——	냉 각 수 공 급 관	· K.S.D-3507 백관
——CWR——	냉 각 수 환 수 관	· K.S.D-3507 백관
—— G ——	가 스 관	· K.S.D-3507 백관
----- V -----	통 기 관	· K.S.M-3404 P.V.C-VG_2관
—— D ——	배 수 관	· K.S.M-3404 P.V.C-VG_1관
—— S ——	오 수 관	· K.S.M-3404 P.V.C-VG_1관

기 호	명 칭	비 고
엘보 기호	엘 보	· 관 재질 참조.
티 기호	티	· 관 재질 참조.
티엘보 기호	티 엘 보	· 관 재질 참조.
Y 기호	Y 관	· 관 재질 참조.
Y.T 기호	Y . T 관	· 관 재질 참조.
C.O 기호	천 정 소 제 구	· 관 재질 참조.
F.D 기호	바 닥 배 수 구	· 스탠격자형
게이트밸브 기호	게 이 트 밸 브	· ø50 이하 10kg/cm^2 청동제 · ø65 이상 10kg/cm^2 주철제
체크밸브 기호	체 크 밸 브	· ø50 이하 10kg/cm^2 청동제 · ø65 이상 10kg/cm^2 주철제
스트레이너 기호	스 트 레 이 너	· ø50 이하 10kg/cm^2 청동제 · ø65 이상 10kg/cm^2 주철제
글로브밸브 기호	글 로 브 밸 브	· ø50 이하 10kg/cm^2 청동제 · ø65 이상 10kg/cm^2 주철제
볼밸브 기호	볼 밸 브	· ø50 이하 10kg/cm^2 청동제 · ø65 이상 10kg/cm^2 주철제
(P.R.V.A)	감 압 변	· 증기용
(A.A.V)	자 동 공 기 변	· 물용 및 증기용
(S.V)	안 전 변	· 물용 및 증기용
(F.T.A)	스 팀 트 랩	· 볼 플로트식
(I.B)	스 팀 트 랩	· 버켓식
부력식 기호	부력식 정수위조절변	· 바램빌브(SUS)
신축이음 기호	신 축 이 음	· 배관 재질과 동일 재질 사용 · 벨로즈형(복식)
파이프잉카 기호	파 이 프 잉 카	
S.A	급 기 덕 트	
R.A	리 턴 덕 트	

기 호	명 칭	비 고
F.A	외기 덕트	
E.A	배기 덕트	
S.D	분지 덕트	
	분지 덕트	
	줄임 덕트	
	줄임 덕트	
M.V.D	전동 풍량 조절 댐퍼	
F.V.D	방화 겸 풍량 조절 댐퍼	
V.D	풍량 조절 댐퍼	
V.D	풍량 조절 댐퍼	
S.D	풍량 조절 댐퍼	
	플렉시블 조인트	
	플로트 스위치	・자동 제어 공사
	정수위 조절 밸브	・자동 제어 공사
	2-WAY 밸브	・자동 제어 공사
	3-WAY 밸브	・자동 제어 공사
(D.P.C.V)	차 입 변	・자동 제어 공사
	전 자 변	・자동 제어 공사
	게이트 밸브	・ø50 이하 $10kg/cm^2$ 청동제 ・ø65 이상 $10kg/cm^2$ 주철제
	게이트 체크 밸브	・ø50 이하 $10kg/cm^2$ 청동제 ・ø65 이상 $10kg/cm^2$ 주철제
	게이트 스트레이너	・ø50 이하 $10kg/cm^2$ 청동제 ・ø65 이상 $10kg/cm^2$ 주철제

◇ 위생기구 일람표 ◇

기 호	명 칭	규 격	수량	비 고
C-1	양식 대변기 (F.V)	VC-1110CR	14	• 모델은 이와 동등 또는 절수형 금구류로서 그 이상품일 것. • 옷걸이, 휴지걸이 및 양변기 설치에 필요한 부품 일체 구비.
C-2	동양식 대변기 (F.V)	VC-310	19	• 모델은 이와 동등 또는 절수형 금구류로서 그 이상품일 것. • 옷걸이, 휴지걸이 및 화변기 설치에 필요한 부품 일체 구비.
C-3	양식 대변기 (F.V)	VC-1110	2	• 모델은 이와 동등 또는 절수형 금구류로서 그 이상품일 것. • 옷걸이, 휴지걸이 및 화변기 설치에 필요한 부품 일체 구비. • 장애자용 금구 일체 구비할 것.
U-1	소변기	VU-320	26	• 모델은 이와 동등 또는 절수형 금구류로서 그 이상품일 것. • 소변기 설치에 필요한 부품 일체 구비. • 전자감응식 소변세척기 : RUE220 (매립형 배터리식)
L-1	원형세면기 (카운터형)	VL-1040	20	• 모델은 이와 동등 또는 절수형 금구류로서 그 이상품일 것. • 화장경, 수건걸이, 비누갑 및 세면기 설치에 필요한 부품 일체 구비. • 싱글레버식 혼합 수전 : FL-920G
L-2	각형세면기	VL-520	1	• 모델은 이와 동등 또는 절수형 금구류로서 그 이상품일 것. • 화장경, 수건걸이, 비누갑 및 세면기 설치에 필요한 부품 일체 구비. • 싱글레버식 혼합 수전 : FL-920G
L-3	세면기	VL-520	2	• 모델은 이와 동등 또는 절수형 금구류로서 그 이상품일 것. • 화장경, 수건걸이, 비누갑 및 세면기 설치에 필요한 부품 일체 구비. • 장애자용 금구 일체 구비할 것. • 싱글레버식 혼합 수전 : FL-920G
S-1	청소싱크	VS-210	3	• 모델은 이와 동등 또는 절수형 금구류로서 그 이상품일 것. • 청소싱크 설치에 필요한 부품 일체 구비. • 긴 몸통 가로 꼭지 : FS-103
SW-1	입식샤워기	RBT-201A (자폐식 노출형 서모스탯 샤워)	2	• 모델은 이와 동등 또는 절수형 금구류로서 그 이상품일 것. • 비누갑, 화장경 및 입식 샤워기 설치에 필요한 부품 일체 구비.
	페이퍼 타올기	TSH-243	10	• 모델은 이와 동등 또는 그 이상품일 것. • 페이퍼 타올기 설치에 필요한 부품 일체 구비.

◇ 기계장비 일람표 ◇

1. 냉온수 유닛

기호	형식	수량(대)	용량 냉방(US/RT)	용량 난방(KCAL/HR)	온수 입·출구온도(°C)	온수 유량(M³/HR)	온수 손실수두(MAQ)	온수 배관구경(MM)	냉각수 입·출구온도(°C)	냉각수 유량(M³/HR)	냉각수 손실수두(MAQ)	냉각수 배관구경(MM)	전기 동력(kW)	전기 전원	연료 종류	연료 소비량(NM³/HR) 냉방	연료 소비량(NM³/HR) 난방	연료 공급압력(MMAQ)	크기(MM)	비고
CH-1	흡수식 (2중효용)	1	200	544,500	12/7	121	5.0	125	32/37	208	6.5	150	6	3∅/380V	LNG	55	58	200~250 (저압)	–	최고사용압력: 10kg/cm² 방진장치구비 (방진패드)
CH-2	흡수식 (2중효용)	1	60	218,000	12/7	30.3	3.3	80	32/37	50	5.2	100	1.55	3∅/380V	LNG	16	21.9	200~250 (저압)	–	최고사용압력: 5kg/cm² 방진장치구비 (방진패드)

2. 냉각탑

기호	형식	수량(대)	냉각톤(R/T)	냉각열용량(KCAL/HR)	입/출구온도(°C)	순환수량(LPM)	살수압력설(KG/CM²)	송풍장치 풍량(CMM)	송풍장치 동력(HP)	송풍장치 전원	크기(MM)	비고
CT-1	대향류형 (사각)	1	300	1,170,000	37/32	2,600	–	2,200	10	3∅/380V	4,000L×4,200W×3,050H	• 방진장치 구비 (플렉시블 조인트, 방진가대)
CT-2	대향류형 (사각)	1	100	390,000	37/32	1,300	–	700	3	3∅/380V	1,500L×3,800W×3,000H	• 방진장치 구비 (플렉시블 조인트, 방진가대)

3. 공기조화기

기호	형식	수량	급기송풍기					리턴송풍기				코일능력 (KCAL/HR)		가습장치			에어필터	전원	용도	비고
			형식	DS	풍량 (CMM)	정압 (MMAQ)	동력 (HP)	형식	DS	풍량 (CMM)	정압 (MMAQ)	동력 (HP)	냉방 (6열)	난방 (6열)	형식	가습량 (KG/HR)	증기압력				
AHU 1	수평형 (RETURN FAN 내장형)	1	익형 (AIR FOIL)	#10	916	85	30	다익형 (SIRO CCO)	#7	870	35	15	390,000	266,000	증기분사식 (AHU 내장형)	120	0.35	PRE FILTER +MEDIUMFILTER	3∅/ 380V	·대강당용	·방진장치 구비 (상세도 참고) ·동파방지 히터 (타이머 부착)
AHU 2	수평형 (RETURN FAN 내장형)	1	익형 (AIR FOIL)	#3 1/2	186	90	7.5	다익형 (SIRO CCO)	#3	176	35	5	81,000	97,800	증기분사식 (AHU 내장형)	25	0.35	PRE FILTER +MEDIUMFILTER	3∅/ 380V	·사무실 계통용	·방진장치 구비 (상세도 참고) ·동파방지 히터 (타이머 부착)
AHU 3	수평형 (RETURN FAN 내장형)	1	익형 (AIR FOIL)	#2 1/2	121	85	5	다익형 (SIRO CCO)	#3 1/2	115	30	2	81,000	72,600	증기분사식 (AHU 내장형)	35.4	0.35	PRE FILTER +MEDIUMFILTER	3∅/ 380V	·강의실용	·방진장치 구비 (상세도 참고) ·동파방지 히터 (타이머 부착)

4. 보일러

기호	명칭	형식	수량	용량	최고사용압력 (KG/CM^2)	연료				동력 (kW)	전원	용도	비고
						종류	공급압력 (MMAQ)	소비량 (NM^3/HR)					
B 1	증기보일러	관류형	1	400KG/HR	7	LNG	200~400(저압)	30.6		0.75	3∅/380V	·방난방 증기 가습용 ·급탕 가열용	·상용사용압력 : 5kg/cm^2 ·가습 및 급탕용 ·정수연화장치 및 청관제 투입장치 포함.

5. 팬 류

기호	명칭	형식	수량	규격	풍량(CMM)	정압(mmAq)	동력	전원	용도	비고
F1	배기팬	씨로코(S.S)	1	#2 1/2	40	20	0.4 kW	3ø/380V	·좌측 화장실 배기용	·방진장치 구비
F2	배기팬	씨로코(S.S)	1	#1 1/2	17	20	0.4 kW	3ø/380V	·우측 화장실 배기용	·방진장치 구비
F3	급·배기팬	덕트연결형	2	#6 1/2	234	25	2.2 kW	3ø/380V	·기계실 급·배기용	·방진장치 구비
F4	급·배기팬	덕트연결형	2	#5	147	25	2.2 kW	3ø/380V	·전기실 급·배기용	·방진장치 구비
F5	급·배기팬	덕트연결형	2	#4	62	20	0.75 kW	3ø/380V	·다목적용 급·배기용	·방진장치 구비
F6	급·배기팬	덕트연결형	2	#4	67	20	1.5 kW	3ø/380V	·매가당 부매부 기계실 급·배기용	·방진장치 구비
F7	급·배기팬	덕트연결형	2	#4 1/2	72	25	0.75 kW	3ø/380V	·매가당 하부 PIT층 급·배기용	·방진장치 구비
F8	배기팬	벽부형	3	300	12	-	33 kW	3ø/380V	·1층 외부 화장실 배기용	·그릴 및 셔타 연동식

6. 팬코일 유닛

기호	명칭	형식	수량	열량 (KCAL/HR) 냉방	열량 (KCAL/HR) 난방	풍량(CMM)	냉수(온수) 온도(°C) 입구	냉수(온수) 온도(°C) 출구	소비전력	전원	배관방향	용도	비고
FCU1	상치 매입 상부 토출형		24	2,400	4,080	8.5	7(60)	12(55.4)	35 W	1ø/220V	좌측	·1층 안내 방계실×2, 1층 원장실×2, 1층 사무실×8, 2층 장의실×10, 2층 사무실×2	·표준 부속품 일체 구비
FCU1	상치 매입 상부 토출형		8	3,300	5,630	11.3	7(60)	12(55.4)	45 W	1ø/220V	좌측	·2층 사무실(2-6)×5, 2층 휴게실 HALL×2, 2층 사무실 7×1	·표준 부속품 일체 구비

7. 펌프류

기호	명칭	형식	수량	구경(MM)	유량(LPM)	양정(M)	동력(HP)	전원	용도	비고
P-1	양수펌프	부스터식(전기식)	1 SET	ø80	160 LPM×2	26	2HP×2	3φ/380V	급수 가압용	·흡·토출측 압력계 부착
P-2	냉각수순환펌프	단단 벨류트	2	ø150	3,467	16	20	3φ/380V	냉온수 유닛 200R/T용	·흡·토출측 압력계 부착 ·1대 예비
P-3	냉각수순환펌프	인라인 단단 벨류트	2	ø80	833	15	5	3φ/380V	냉온수 유닛 60R/T용	·흡·토출측 압력계 부착 ·1대 예비
P-4	냉온수순환펌프	단단 벨류트	2	ø125	2,016	11	10	3φ/380V	냉온수 유닛 200R/T 1차측 순환용	·흡·토출측 압력계 부착 ·1대 예비
P-5	냉온수순환펌프	인라인 단단 벨류트	2	ø65	505	10	3	3φ/380V	냉온수 유닛 60R/T 1차측 순환용	·흡·토출측 압력계 부착 ·1대 예비
P-6	냉온수순환2차펌프	인라인 단단 벨류트	2	ø125	1,300	17	7.5	3φ/380V	1층 대강당 AHU용	·흡·토출측 압력계 부착 ·1대 예비
P-7	냉온수순환2차펌프	인라인 단단 벨류트	2	ø50	326	12	2	3φ/380V	사무실 AHU용	·흡·토출측 압력계 부착 ·1대 예비
P-8	냉온수순환2차펌프	인라인 단단 벨류트	2	ø50	275	17	3	3φ/380V	강의실 AHU용	·흡·토출측 압력계 부착 ·1대 예비
P-9	냉온수순환2차펌프	인라인 단단 벨류트	2	ø40	194	16	2	3φ/380V	1층 사무실 FCU용	·흡·토출측 압력계 부착 ·1대 예비
P-10	냉온수순환2차펌프	인라인 단단 벨류트	1	ø40	108	17	2	3φ/380V	2층 사무실 FCU용	·흡·토출측 압력계 부착 ·1대 예비
P-11	냉온수순환2차펌프	인라인 단단 벨류트	2	ø40	80	22	2	3φ/380V	2층 강의실 FCU용	·흡·토출측 압력계 부착 ·1대 예비
P-12	급탕순환펌프	라인형	2	ø32	7	10	0.4kW	3φ/380V	급탕 순환용	·흡·토출측 압력계 부착 ·1대 예비
P-13	배수펌프	수중형	2	ø50	250	10	3	3φ/380V	장비 반입구 집수정 배수용	·흡·토출측 압력계 부착 ·1대 예비
P-14	오수펌프	원형볼텍스	2	ø50	150	10	3	3φ/380V	지하층 세면실 하부 저류조, 오·배수용	·흡·토출측 압력계 부착 ·1대 예비

8. 탱크류

기호	명칭	형식	수량	용량 (LIT)	최고사용압력 (KG/CM²)	철판 재질	철판 두께 (MM)	보온 (외부)	외형치수 (MM)	용도	비고
T1	지하수조	각형 (조립식)	1	97,500 (97.5 TON)	-	스텐	-	-	W6,500 × L5,000 × H3,000	생활용수 및 소방용수 겸용	주문 제작품(상세도 참조). 비보온용
T2	옥상수조	각형 (조립식)	1	4,500 (4.5 TON)	-	스텐	-	-	W2,000 × L1,500 × H1,500	소화용수 전용	주문 제작품(상세도 참조). 보온용
T3	급탕저장탱크	입형	1	800	3	SUS 304	·경판: 5THK ·동판: 5THK	50THK 유리솜보온+0.4THK 스텐커버(SUS 304)	W800 × L1,288 × H1,838	급탕 저장용	주문 제작품. 대류펌프: φ40×0.1kW
T4	응축수탱크	각형	1	400	3.5	SUS 304	4 THK	50THK 유리솜보온+0.4THK 스텐커버(SUS 304)	W600 × L600 × H1,200	응축수 환수 및 증기보일러 보급용	주문 제작품. -
T5	팽창탱크	압축형 밀폐형 (바닥 설치형)	1	400	8.7	-	-	-	φ610 × L1,900	-	주문 제작품
T6	냉난방공급헤더	배관	1	-	-	-	-	50THK 유리솜보온+0.4THK 스텐커버(SUS 304)	φ250 × L6,400	냉온수 공급용	주문 제작품(상세도 참조). -
T7	냉난방환수헤더	배관	1	-	-	-	-	50THK 유리솜보온+0.4THK 스텐커버(SUS 304)	φ250 × L4,200	냉온수 환수용	주문 제작품(상세도 참조). -
T8	저압증기헤더	축관	1	-	-	-	-	50THK 유리솜보온+0.4THK 스텐커버(SUS 304)	φ100 × L1,910	저압 증기 공급용	주문 제작품(상세도 참조). -

9. 패키지 에어컨

기호	형식	수량	용량 (KCAL/HR)		압축기	실내기		실외기		비고
			냉방	난방		전동기 출력	풍량 (CMM)	전동기 출력	풍량 (CMM)	
PAC1	공냉식	1	26,500	25,850 (30kW)	왕복동식 (10HP)	0.25	88	0.19×2	110×2	지하1층 다목적용 냉난방용. 난방은 전기 가열 코일 사용.

부록 325

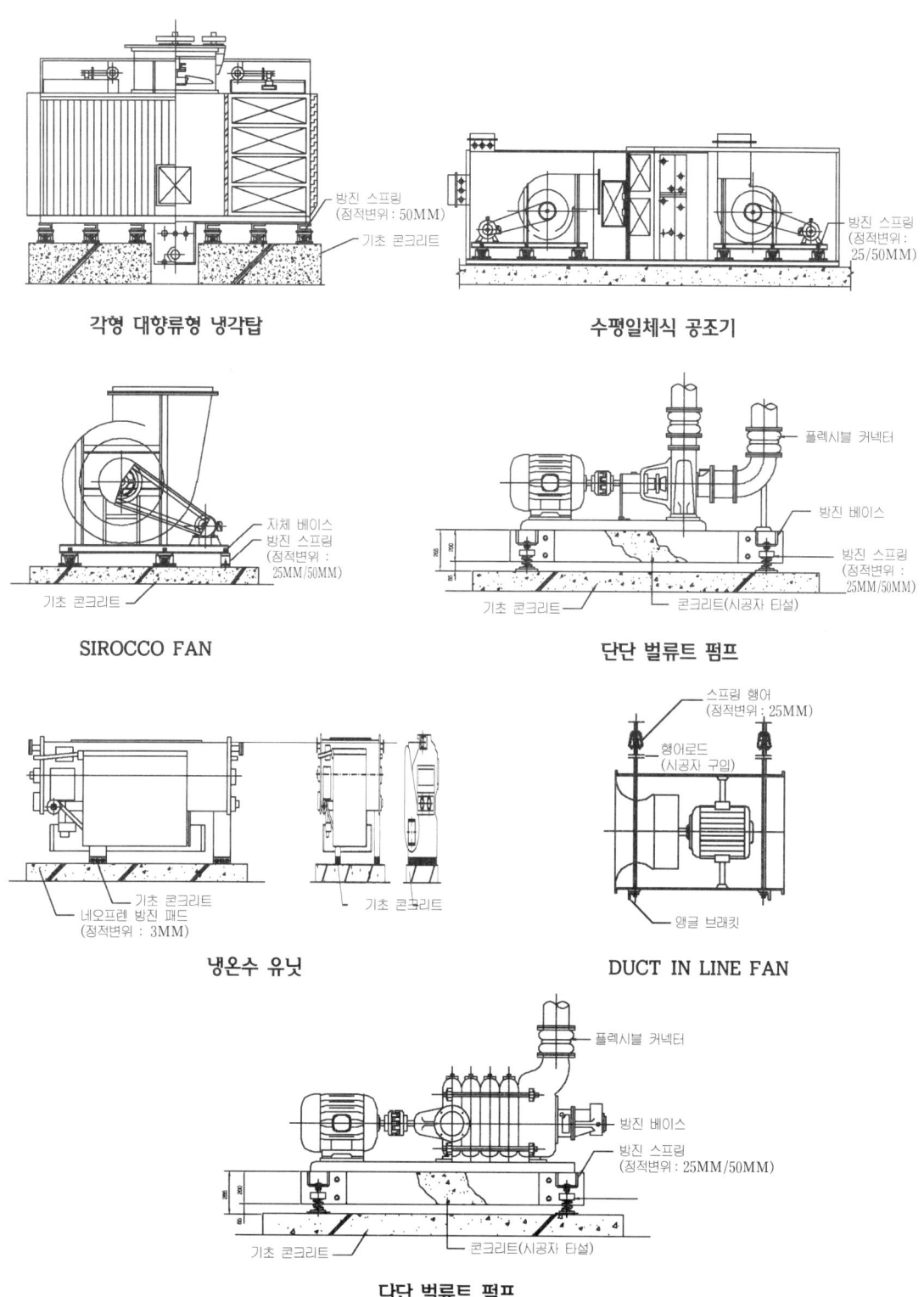

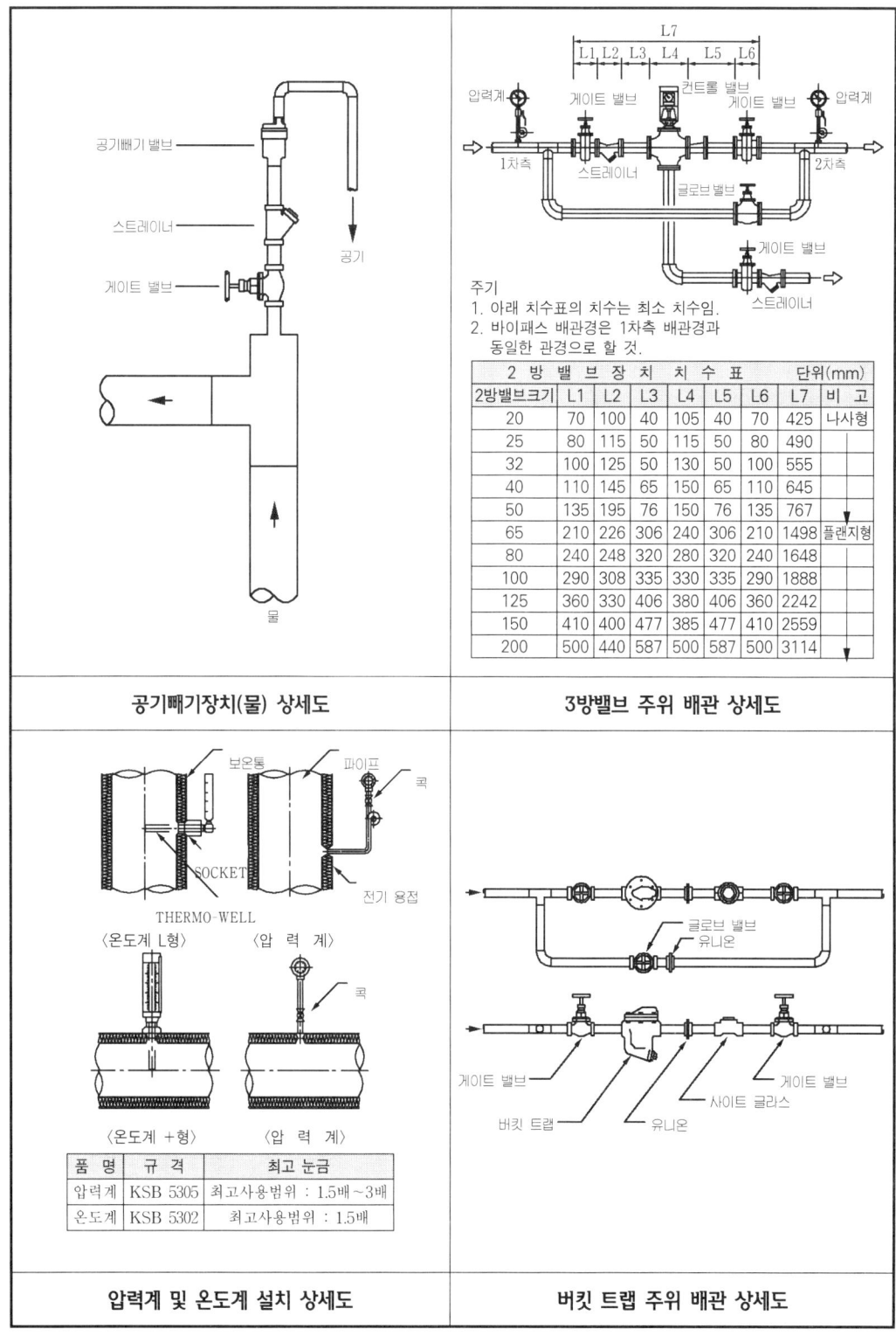

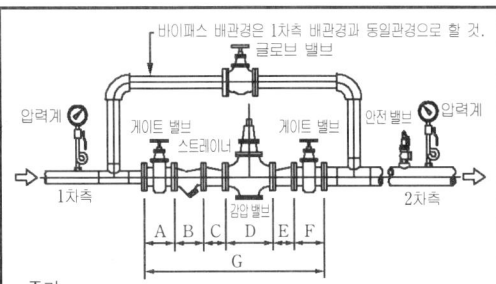

주기
1. 병렬배관의 경우 정상운전부하가 최대부하의 50%일 때 2개의 같은 용량의 밸브를 선정한다.
2. 부하변동이 15~20%에서 최대부하까지 변동인 경우 구경이 틀린 밸브를 2~3개 이상 선정한다.
3. 아래 치수표의 치수는 최소 치수임.

감압밸브장치 치수표							단위(mm)	
감압밸브크기	A	B	C	D	E	F	G	비고
20	70	100	40	160	40	70	480	나사형
25	80	115	50	160	50	80	535	
32	130	145	70	180	70	130	725	
40	150	165	85	200	85	150	865	
50	180	215	95	230	95	180	995	▼
65	210	226	306	276	306	210	1534	플랜지형
80	240	248	320	298	320	240	1666	
100	290	308	335	352	335	290	1910	
125	360	330	406	380	406	360	2242	
150	410	400	477	420	477	410	2594	
200	500	440	587	500	587	500	3114	▼

감압장치 주위 배관 상세도

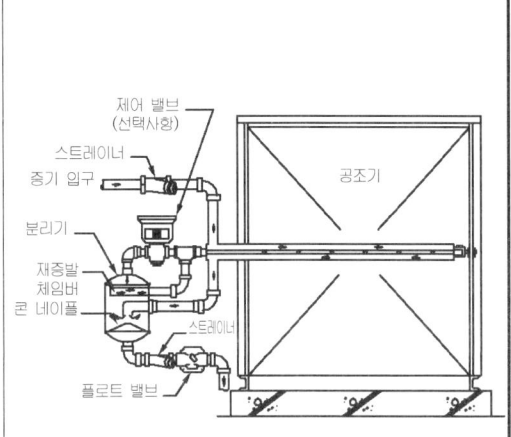

증기가습기장치 상세도 (공조기 내장형)

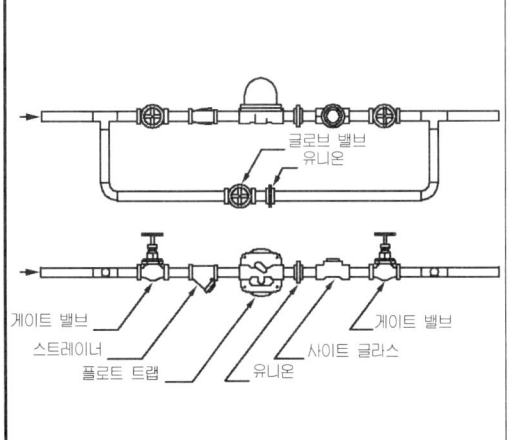

플로트 트랩 주위 배관 상세도

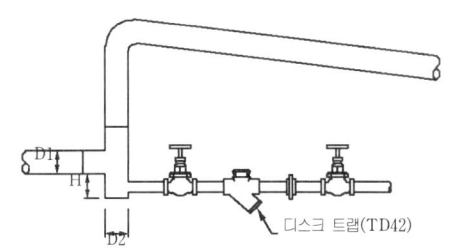

단위(mm)

D1	D2	H
50	50	100
65	65	100
75	75	100
100	100	150
125	100	200
150	100	200
200	150	200
250	200	250

디스크 트랩 설치 상세도

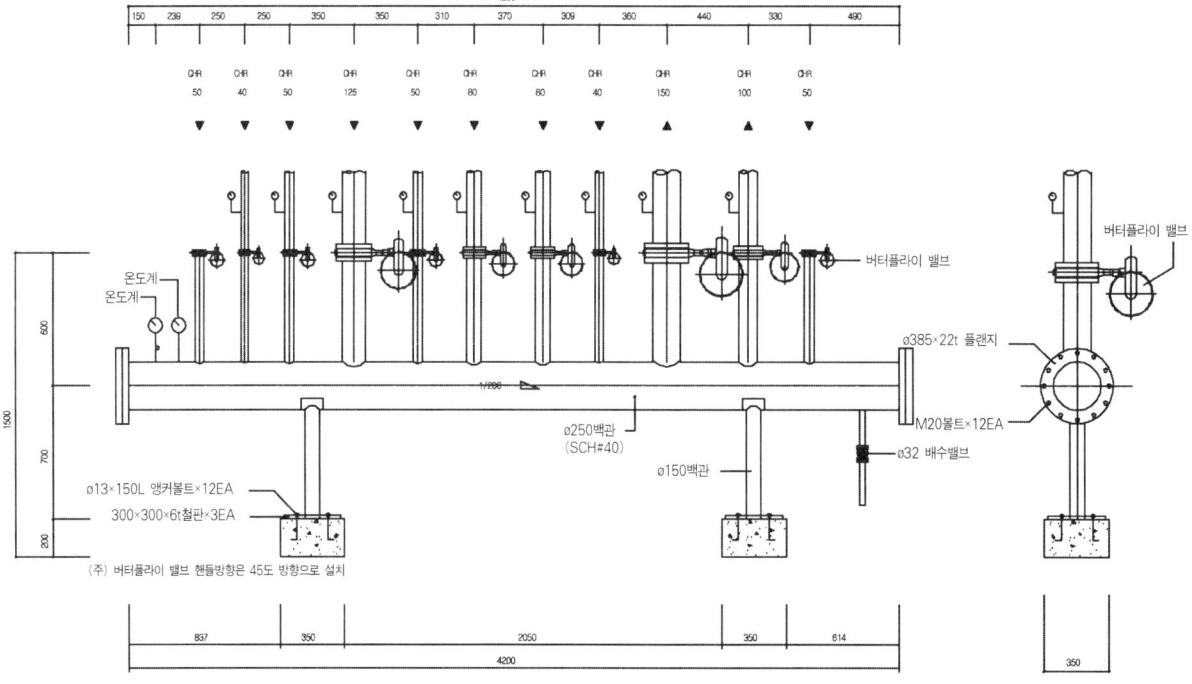

냉난방 환수 헤더 상세도

축척 : 1/40

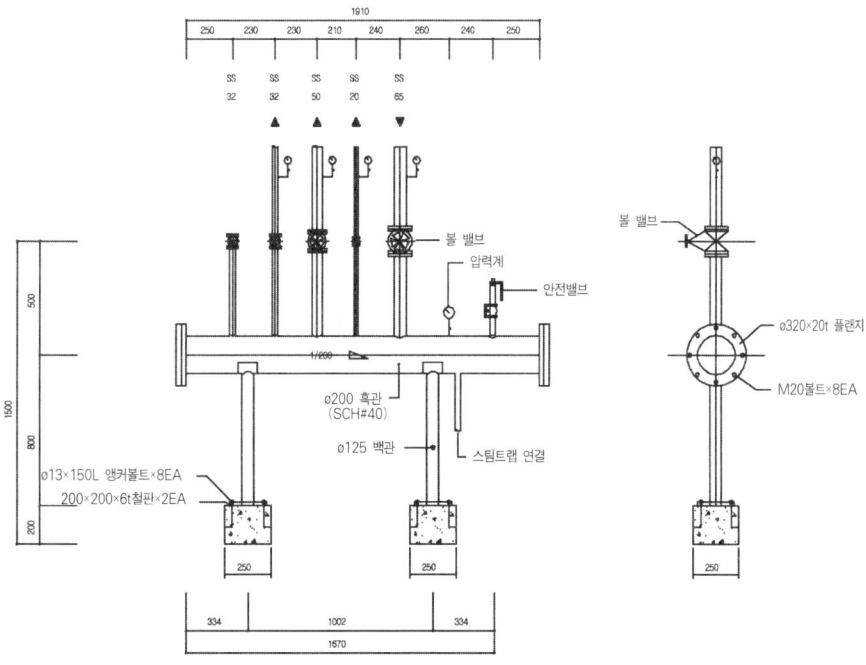

저 압 증 기 헤 더
축척 : 1/40

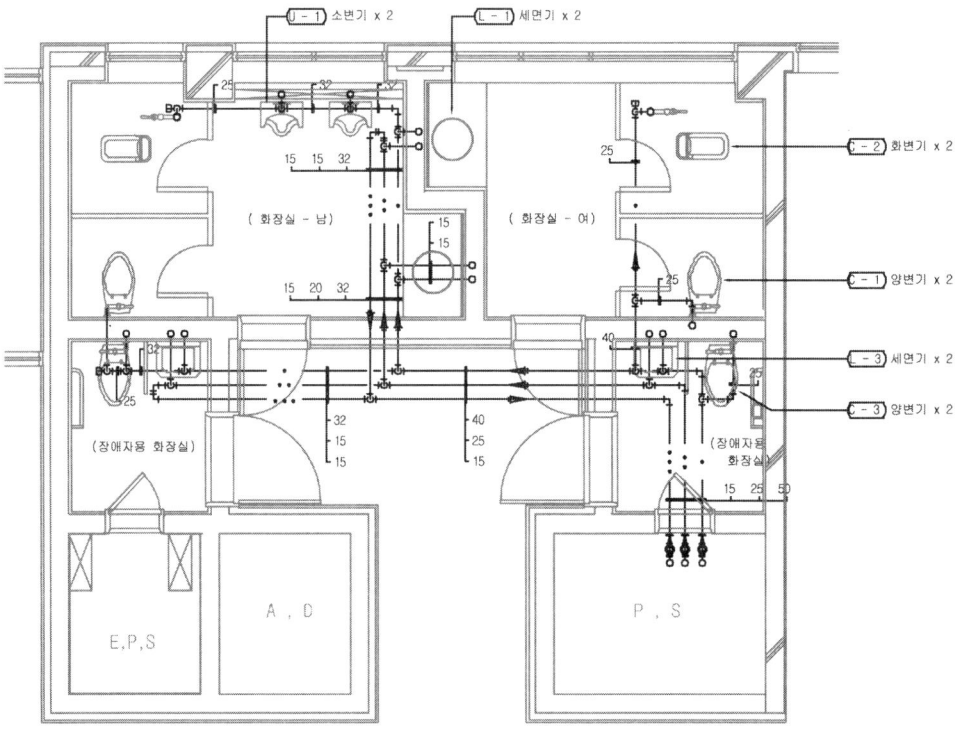

(급수, 급탕, 환탕)

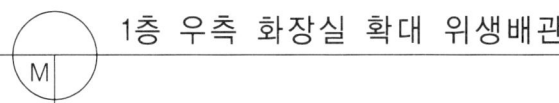

1층 우측 화장실 확대 위생배관 평면도

축척 : 1/80

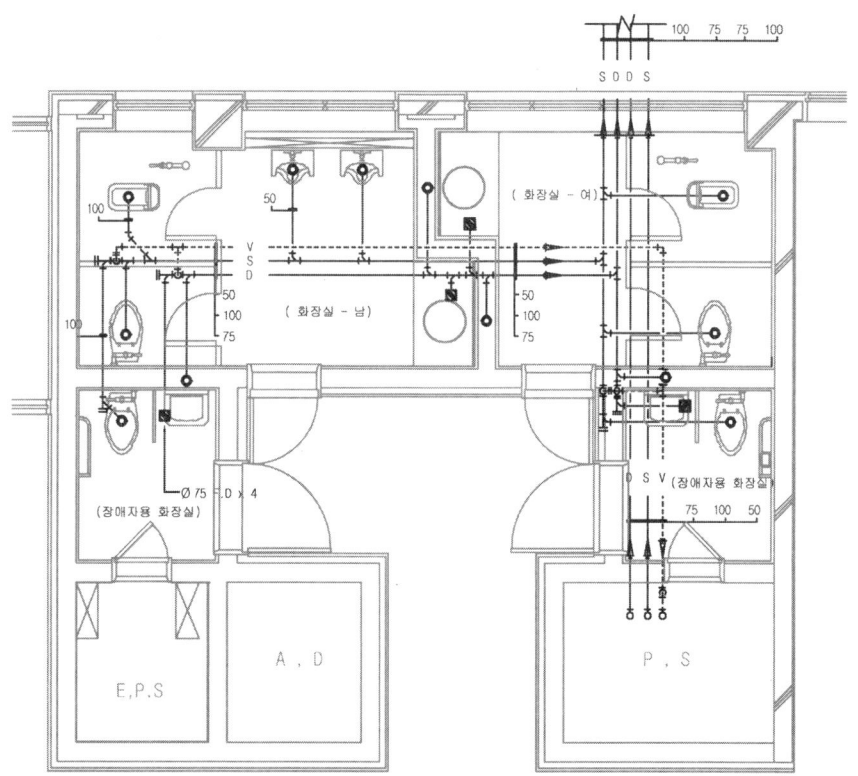

(오수, 배수, 통기)

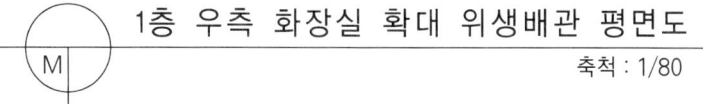

1층 우측 화장실 확대 위생배관 평면도
축척 : 1/80

(급수, 급탕, 환탕)

M 2층 좌측 화장실 확대 위생배관 평면도

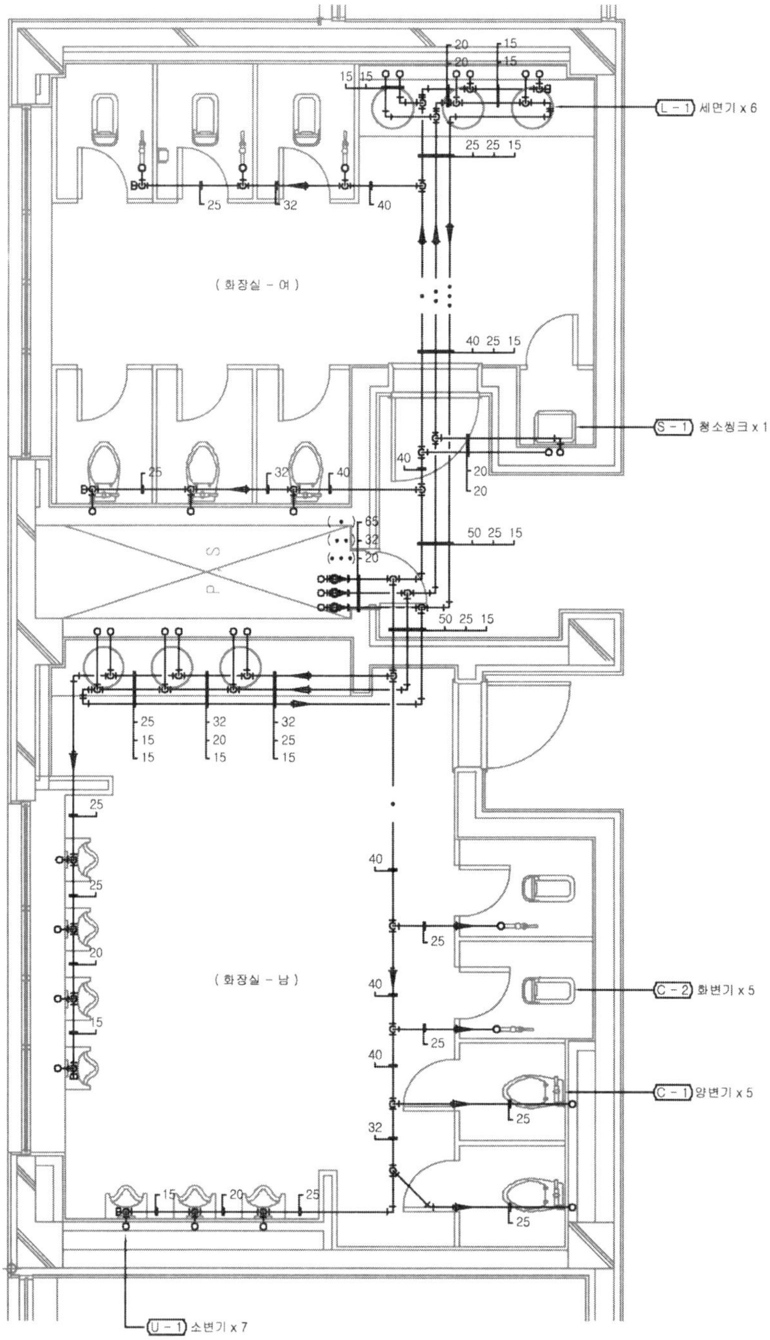

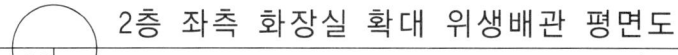

축척 : 1/80

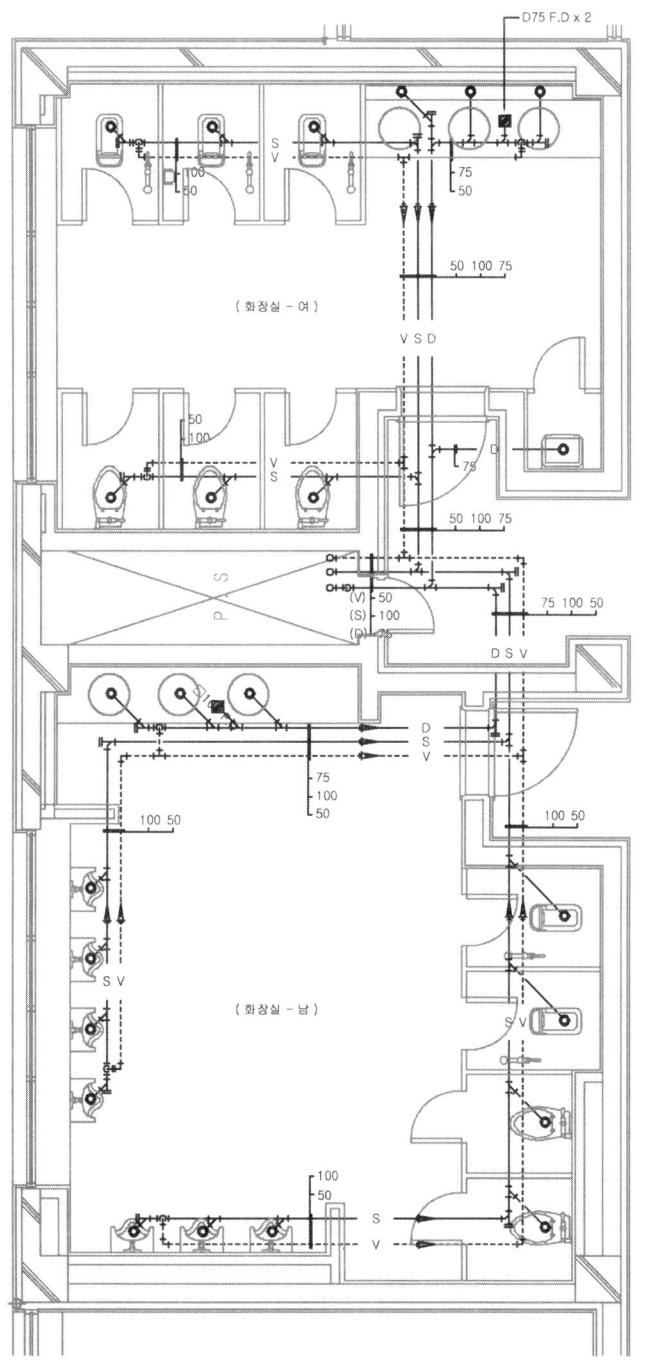

(오수, 배수, 통기)

2층 좌측 화장실 확대 위생배관 평면도
축척 : 1/80